Rüdiger Mach
Peter Petschek
Visualisierung digitaler Gelände- und Landschaftsdaten

Rüdiger Mach
Peter Petschek

Visualisierung digitaler Gelände- und Landschaftsdaten

Mit 263 Abbildungen

DIPL.- ING. RÜDIGER MACH

FREYDORFSTR. 3
76133 KARLSRUHE
DEUTSCHLAND
E-mail: 3d_info@terrainviz.com

PROF. DIPL.- ING. PETER PETSCHEK

HSR HOCHSCHULE FÜR TECHNIK RAPPERSWIL
ABTEILUNG LANDSCHAFTSARCHITEKTUR
OBERSEESTR. 10
CH-8640 RAPPERSWIL
SCHWEIZ
E-mail: peter.petschek@hsr.ch

Bibliografische Information Der Deutschen Bibliothek
Die Deutsche Bibliothek verzeichnet diese Publikation in der Deutschen Nationalbibliografie;
detaillierte bibliografische Daten sind im Internet über http://dnb.ddb.de abrufbar.

ISBN 10 3-540-30532-7 **Springer Berlin Heidelberg New York**
ISBN 13 978-3540-30532-3 **Springer Berlin Heidelberg New York**

Dieses Werk ist urheberrechtlich geschützt. Die dadurch begründeten Rechte, insbesondere die der Übersetzung, des Nachdrucks, des Vortrags, der Entnahme von Abbildungen und Tabellen, der Funksendung, der Mikroverfilmung oder der Vervielfältigung auf anderen Wegen und der Speicherung in Datenverarbeitungsanlagen, bleiben, auch bei nur auszugsweiser Verwertung, vorbehalten. Eine Vervielfältigung dieses Werkes oder von Teilen dieses Werkes ist auch im Einzelfall nur in den Grenzen der gesetzlichen Bestimmungen des Urheberrechtsgesetzes der Bundesrepublik Deutschland vom 9. September 1965 in der jeweils geltenden Fassung zulässig. Sie ist grundsätzlich vergütungspflichtig. Zuwiderhandlungen unterliegen den Strafbestimmungen des Urheberrechtsgesetzes.

Springer ist ein Unternehmen von Springer Science+Business Media
springer.de

© Springer-Verlag Berlin Heidelberg 2006
Printed in The Netherlands

Die Wiedergabe von Gebrauchsnamen, Warenbezeichnungen usw. in diesem Werk berechtigt auch ohne besondere Kennzeichnung nicht zu der Annahme, dass solche Namen im Sinne der Warenzeichen- und Markenschutzgesetzgebung als frei zu betrachten wären und daher von jedermann benutzt werden dürften.

Umschlaggestaltung: E. Kirchner, Heidelberg
Herstellung: A. Oelschläger
Satz: Druckreife Vorlage der Autoren
Gedruckt auf säurefreiem Papier   30/2132 AO 5 4 3 2 1 0

Vorwort

Dieses Buch spiegelt die völlige Veränderung wider, die in den letzten zwanzig Jahren in der Praxis der Landschaftsarchitektur und Planung stattgefunden hat. Die traditionelle Art und Weise der Darstellung – mit Stift, Bleistift, Aquarell, Marker, etc. – ist von der digitalen Modellierung und Animation verdrängt worden. Diese Umwandlung betrifft jedoch nicht nur die technischen Hilfsmittel der Darstellung. Sie ist mehr als das Ersetzen eines Werkzeuges durch ein anderes, wie es in der Vergangenheit der Fall war, als z.B. Patronen-Stifte mechanische Stifte ersetzten, welche noch durch Eintunken mit Tinte gefüllt wurden. Selbst solche Veränderungen hatten einen großen Einfluss auf das Zusammenspiel von Entwerfendem, Entwurfsmittel und Entwurfsobjekt (Entworfenem), da hierdurch z.B. längere gerade Linien oder größere Präzision im Detail möglich wurden.

Das Auftauchen der digitalen Medien als Darstellungswerkzeuge der Gestalter ging einher mit einer Umwandlung in der Art des Diskurses in Entwurf und Planung, ja sogar im Verständnis der entworfenen Welt, in der wir leben, und in der Substanz und Rolle der wesentlichen Darstellungen und Abstraktionen, die von Planern und Konstrukteuren eingesetzt werden.

In der Vergangenheit, als 2D-planare Darstellungen (Zeichnungen, meist auf Papier) als herkömmliches Kommunikationsmittel für Designer dienten (sowohl untereinander als auch nach außen hin), wurden reale Objekte oder Anordnungen in 3D mittels der Kunstfertigkeit der Konstruktionszeichner und Planer in eine Reihe von Linien in 2D umgewandelt (Pläne, Schnitte, Isometrien usw.) Diese Linien und Bilder wurden anschließend vom „geistigen Auge" des Betrachters in eine virtuelle Konstruktion umgesetzt, bewertet und bezüglich Schönheit, Tauglichkeit, Funktion usw. beurteilt. Diese stilisierte Art der Kommunikation, die noch weitgehend in vielen Bereichen des Ingenieurwesens, der Planung und der Konstruktion angewandt wird, ist abhängig von einem System von konventionellen Zeichen und Symbolen, und in den meisten Fällen ist professionelles Training nötig, um einen hohen Informationstransfer bei wenig Informationsverlust zu erreichen.

Für viele Laien sind hochstilisierte 2D-Darstellungen, wie die Höhenlinienpläne eines Geländes, so gut wie nicht zu verstehen; deshalb wird weitgehend von dem künstlerischen Entwurf, der Illustration und der Perspektivdarstellung Gebrauch gemacht, um einfache 3D-Form, Farbe und Textur zu übermitteln, so dass das geistige Auge des Betrachters weniger zu tun hat. Diese 3-dimensionalen künstlerischen Darstellungen sind jedoch trotz der Techniken, die sie immer „fotorealistischer" erscheinen lassen, in Verruf geraten wegen ihrer inhärenten Verzerrungen und unterschiedlichen Interpretationsmöglichkeiten. Die Subjektivität des Künstlers und das Bemühen, zu überzeugen oder etwas verkaufen zu wollen, sowie medienbedingte Verzerrungen überlagern häufig die objektive Basis der vorgeschlagenen Pläne.

Das Potential zur Verzerrung und zur variablen Interpretation hat sich bei Computergrafiken und digitalen Modellierungstechniken keineswegs verringert; die technischen Details haben sich jedoch völlig verändert. Das Aufkommen von bezahlbarer, komplexer und anspruchsvoller Software auf leistungsstarken Desktop-Computern ermöglicht es nun, Objektivität und Subjektivität auf neue und aufregende Weise miteinander zu kombinieren und damit zu experimentieren.

Mit den computergrafischen Visualisierungen und Methoden, wie sie in diesem Buch beschrieben werden, wird zwar die Hand des Künstlers (des Designers, des Planenden oder Visualisierers) von der eigentlichen Umsetzung einen Schritt zurückgenommen; die endgültige Visualisierung hingegen liegt viel näher an einer virtuellen Präsentation.

Während der Aquarellierer vormals Pinsel, Papier und Farbe selbst auswählte, und Pinselstriche und größere Farbflächen direkt anbrachte - in einem spezifischen Augenblick, der wenig Zögern zuließ, und mit einer sehr geringen Möglichkeit, irgendetwas zu ändern oder zu streichen - hat der moderne digital arbeitende Künstler in der virtuellen Welt nicht nur mehr Auswahlmöglichkeiten, sondern auch mehr Muße, und ein ganzes Universum von gestalterischen Möglichkeiten. Diese neuen 3D-Visualisierungen haben sowohl die endgültigen Konzeptionen des Künstlers, als auch die ersten Skizzen und die vorläufigen Modelle des Designers ersetzt. Diese grundsätzliche Veränderung ist unbestreitbar, sowohl in der Praxis als auch in der „Poesie" der Landschaftsarchitektur.

Die digitalen Methoden des 21.Jahrhunderts erlauben viele subtile Variationen und Umwandlungen, sie ermöglichen die Collage und die Zusammenstellung, das Rückgängigmachen, Wiederholen und Verfolgen unterschiedlicher Gestaltungsvarianten während der virtuellen Modellierung und Visualisierung.

Moderne, digital arbeitende Künstler nehmen in unterschiedlicher Weise Teile aus der wirklichen Welt- etwa so wie moderne Künstler in der Musik „samplen" und „remixen"-, sie messen, erfassen, fotografieren, digitalisieren, generieren, transformieren und kombinieren sowohl Daten aus der objektiven Welt als auch aus ihrer eigenen kreativen Vorstellungswelt. Die von ihnen geschaffenen virtuellen Modelle haben einen ganz eigenen Status; sie sind ebenso unabhängig von den Bedingungen der Wirklichkeit, die sie zu veranschaulichen versuchen, wie von den Renderings und Animationen, die mit ihrer Hilfe produziert werden. Wenn ihr Schöpfer es wünscht, können die Bilder, die durch die Software von diesen Modellen gemacht werden, eine objektive, faktisch korrekte Basis haben; gleichzeitig jedoch können sie auf eine Art und Weise, die vor zwanzig Jahren noch undenkbar gewesen wäre, fantastische und seltsame Objekte, Phänomene und Effekte beinhalten.

Das vorliegende Buch dient als Leitfaden durch diese reichhaltige und weiter entfaltende Welt der Möglichkeiten. In den Autoren vereint sich die spekulative abenteuerliche Neugierde des Akademikers und Forschers mit den rigorosen und realistischen Erfahrungen des Praktikers.

Rüdiger Mach und Peter Petschek bringen beide ihre besonderen Blickwinkel und Erfahrungen mit ein, die sie sowohl durch theoretische Übungen als auch durch wirklichkeitsbasierte Arbeit erlangt haben. Die Leichtigkeit, mit der sie in der Wissenschaft wie in der Kunst mit modernen digitalen Werkzeugen arbeiten, kombiniert mit ihrer reichhaltigen Erfahrung bei der Gestaltung von Gebautem und bei sozialen Prozessen, verleiht diesem Buch seine besondere Note und seinen Wert.

Obwohl viele der fundamentalen Techniken, die hier vorgestellt werden, schon seit geraumer Zeit bekannt sind und benutzt werden, und manche davon inzwischen in moderner Modellierungs- und Rendering-Software integriert sind, werden immer wieder neue optimalere Nutzungsmöglichkeiten und Kombinationen entdeckt. Die Synthese von Möglichkeiten, Sachzwängen und aktuellen Bedürfnissen ist der große Beitrag dieses Buches. Das Fachgebiet der Landschaftsarchitektur bietet ein perfektes Versuchsgelände für diese Herangehensweisen, da es das breite Spektrum der menschlichen, technischen und ökologischen Belange abdeckt, von den städtischen Grünordnungsplänen bis hin zu Gärten in Wohnbezirken, regionalen Wäldern und Naturschutzgebieten. Die Hauptelemente der Landschaft – Gelände, Vegetation, Wasser und die alles durchdringende Atmosphäre – bieten große technische Herausforderungen an die Computer-Modellierung, denn sie sind gekrümmt, unregelmäßig, verschwommen, fraktal, flüssig, ätherisch und dynamisch. Die technischen Verfahren der Modellierung und Visualisierung dieser Objekte und Phänomene entwickeln sich ständig weiter, aber manche Techniken und Methoden sind bereits so weit etabliert, dass sie bereits heute effektiv genutzt werden können und auch genutzt werden.

Die Autoren liefern Beispiele dieser Methoden und Techniken. Ihre Projekte umfassen eine Reihe von Themen und Skalen in einem geordneten und gut strukturierten Konzept. Die Gliederung beginnt mit Messsystemen und endet mit praktischen Beispielen von Arbeitsabläufen und der Organisation eines wirklichkeitsgetreuen Visualisierungsprojektes. Ebenfalls behandelt werden Fragen der Ethik im Zusammenhang mit der Erschaffung von Visualisierungen, neue Techniken für die Sammlung von „Real Time"-Daten und die Arbeit mit digitalem Videoschnitt.

Dieses Buch ist weniger ein buntes Buffet, ein Sammelsurium von digitalen Techniken und Methoden, als vielmehr ein wohldurchdachtes Menü, in dem die Gänge fein aufeinander abgestimmt sind und jeder Teil zur Wirkung des Ganzen beiträgt.

Genießen Sie das Festmahl![1]

Stephen M Ervin
Harvard Graduate School of Design
August 2005

---

[1] Ins Deutsche übersetzt von C. v. Gadow

Widmung und Dank

Für Christine, die mir beständig den Rücken stärkte und wahrlich viel Geduld zeigte und natürlich für den kleinen Wolf der hoffentlich nicht zu viel „Quality Time" mit seinem Dad verlor.
  Rüdiger Mach

Luciana und meinen Eltern, die sich immer wieder fragen was macht der Junge stundenlang vor der „Kiste".
  Peter Petschek

An diesem Buch haben, wie eigentlich immer bei Buchprojekten, mehr Menschen mitgewirkt, als einem dies selbst bewusst ist. Viele haben durch Anregungen und Gespräche, die meist nicht einmal mit diesem Projekt in Verbindung standen, so manche Idee eingestreut und dafür gesorgt, dass andere verworfen wurden.
  Einige haben uns durch tatkräftige Unterstützung geholfen.
  Zu diesen Menschen gehören unter anderem

Prof. Dr. H. Mettler, Dr. S. Ervin und natürlich Yves Maurer, der nicht nur digitale Berge im Laufschritt bezwingt.

Ein besonderer Dank geht an Dr. Christian Witschel der uns bei Springer alle Freiheiten ließ und natürlich die Hersteller der Software-Produkte die in diesem Buch erwähnt wurden und ohne die solch faszinierende 3D-Visualisierungen nicht möglich wären. Besonders erwähnen möchten wir:

R. Herfrid (Adobe), P. Rummel (AutoDesk) F. Staudacher (Leica-Geosystems), D. McClure und J. Hervin (Digital Elements), C. Quintero (Itoo Software), E. May (Anark Corporation), Dr. M. Beck (ViewTec Ltd.)

Die Korrektur übernahm Prof. B. Schubert, der uns mit Nachdruck auf den „richtigen" Weg der Deutschen Rechtschreibung brachte.

Inhaltsverzeichnis

Inhaltsverzeichnis 1

Einführung 1
   Begrifflichkeiten 3
   Fünf Prinzipien? 4
   Bezeichnungen 5
   Zielgruppen 5
   Einsatzbereiche 6
   Warum 3D-Visualisierung? 8
   Berücksichtigung gestalterischer Belange 10
      Komposition 10
      Weniger ist mehr 10
      Szene Schritt für Schritt aufbauen 11
      Unruhe generieren 11
      Licht und Oberflächen 11
      Masse, Leichtigkeit und Form 11
      Asymmetrie 12
      Horizont verstecken 12
   Zusammenfassung 12

Grundlagen und Datenherkunft 15
   Entwicklung der Landschaftsvisualisierung 15
   Grundlagendaten 23
      Geometriedaten 24
      Luftbilder, Satellitenbilder 25
      Laserscanner-Verfahren als Datengrundlage 26
      GPS als Datenquelle für Digitale Höhenmodelle 28
   Datenplausibilisierung / Datenauswertung 31
      Werkzeuge GIS 32
      Die Sache mit den Bruchkanten 33
      Koordinatensysteme 34
      Schnittstellen zur 3D-Visualisierung 35
      3D-Darstellung 39

Inhaltsverzeichnis

Zusammenfassung 42

3D-Visualisierung von Geländedaten 43
Datenimport eines DGM 43
    Import eines vorhandenen DGM als trianguliertes TIN 44
    Import von Trippeldaten (XYZ) 51
    Import eines DGM im DEM-Format 53
Erstellung eines DGM für Visualisierungszwecke 54
    Erstellung mittels geometrischer Verformung 55
    Geländeobjekt 56
    Erstellung mittels 3D-Verschiebung 57
Materialien 59
    Grundlagen zu Materialien 60
    Gemischte und zusammengesetzte Materialien 68
    Grenzbereiche 71
    Mapping-Koordinaten 78
    Kacheln 79
Geländeverformung 82
Animationen 85
    Ein kurzer Ausflug 85
    Scheitelpunkt-(Vertex-)Animation 86
    Geometrische Verformung mittels Morphing 87
    Verformung auf Grundlage animierter Displacement-Maps 88
Zusammenfassung 90

Kameraeinsatz 93
Landschaftsfotografie 93
Art der Kamera in 3D-Programmen 94
    Zielkamera 95
    Freie Kamera 95
Brennweite 96
    Standard 99
    Weitwinkel 99
    Tele 99
    Unterschied zwischen Tele und Weitwinkel 100
Szenenzusammenstellung 100
    Kamerastandpunkt, Point of View (POV) 101
    Position der Kamera und die Lage des Horizonts 101
    Frosch-, Standard- und Vogelperspektive 103
    Bildausschnitt, Blickfeld, Field of View (FOV) 105
    Die Form des Bildausschnitts 106
    Stürzende Linien 107

Filter und Linseneffekte 108
   Farb-, Grau- oder Polfilter 109
   Linseneffekte 110
Kamera in Hintergrundbild einpassen 112
Kameraführung 113
   Kamerapfade 114
   Länge der Animationssequenz 116
   Länge und Form des Pfades 116
   Dauer der Befliegung 117
Bewegungsunschärfe 123
Zusammenfassung 124

Beleuchtung 127
Einleitung 127
Lichttypen 128
   Punktlicht oder Omni-Licht 129
   Zielrichtungslicht oder Spot-Licht 130
   Gerichtetes Licht oder Parallel-Licht 131
   Bereichslichter 132
Licht und seine Definition nach der Funktion 133
   Umgebungslicht 134
   Hauptlicht, Schlüssel- oder Führungslicht 135
   Gegenlicht 135
   Fülllicht 136
   Beleuchtungsverfahren - im Vorfeld 137
Beleuchtungsverfahren 137
   Local Illumination - LI 139
   Global Illumination - GI 140
   Raytracing 141
   Radiosity 141
Tageslicht mit Standardlichtquellen 143
   Hauptlicht, Führungslicht oder Sonne 145
   Gegenlicht einrichten 146
   Fülllichter bzw. Atmosphäre einrichten 146
   Himmelslicht 147
   Diffuse Reflexion 148
Tageslicht mit photometrischen Lichtquellen 149
Sonne und Mond 151
Schatten 152
   Schatten-Map 152
   Raytrace-Schatten 153
Beleuchtungstechniken 154

Inhaltsverzeichnis

    Zusammenfassung 154

Vegetation **157**
    Einleitung 157
    Begriffe 158
        Anforderungen 159
    Warum Vegetation? 160
        Woher stammen die Informationen? 161
    Typen der 3D-Darstellung 162
        Symbole 163
        Flächendarstellung 163
        Volumendarstellung 169
        Partikelsysteme 174
    Grasflächen 177
        Die Randbedingungen 177
        Textur / Material 178
        Modellierung eines Grashalms 178
        Wachstumsbereiche 179
        Verteilung des Grashalms 180
    Waldflächen 183
    Jahreszeiten 186
    Animation von Pflanzen 190
        Äußere Einflüsse 190
        Wachstum 191
    Die „richtige" Mischung 192
    Zusammenfassung 193

Atmosphäre **195**
    Atmosphäre? 195
    Farbperspektive 196
    Dunst und Nebel 198
        Nebel als Hintergrund 198
        Nebeldichte 199
        Geschichteter Nebel 200
        Volumennebel 202
    Himmel 204
        Hintergrundbild 205
        Prozedural erzeugter Himmel 208
        Animieren vom Himmel 210
    Wolken 210
    Regenmacher 215
        Die einfache Variante 216

    Was passiert, wenn es zu regnen beginnt?......................................218
  Schnee...221
  Zusammenfassung 223

Wasser..**225**
  Aggregatzustände 226
  Weitere spezifische Eigenschaften 227
  Wasser in der Landschaftsarchitektur..228
  Wasserflächen..230
    Fresnel-Effekt..231
    Wellen auf freier Oberfläche 232
    Beispiel einer Wasserfläche..233
    Refraktion..238
  Fließendes Wasser 239
    Geometrie und Wellenform 240
  Stürzendes / Fallendes Wasser..245
    Fließendes Wasser über eine Kante..246
    Wasserfall..249
    Grenzbereiche und Übergänge 255
  Lichtreflexionen durch Caustic-Effekte 257
  Zusammenfassung 260

Datenausgabe und Postprocessing **261**
  Rendern?...261
  Im Vorfeld: Bilder und Filme 262
    Bildtypen und –formate 263
    Welches Bildformat für welchen Einsatz? 267
    Videoformate 268
  Bildgrößen..270
    Einzelbilder...271
    Filmformate 271
  Renderausgabe 272
    Ausgabegröße...272
    Bild-Seitenverhältnis 272
    Video-Farbprüfung 273
    Atmosphäre...273
    Super Black 274
    Renderausgabe als Bildsequenz..274
    Sichere Frames 274
    Bildkontrolle mit dem RAM-Player...274
    Effizienz steigern..276
  Netzwerkrendern 277

Inhaltsverzeichnis

    Randbedingungen des Netzwerkrenderns 277
    Was ist unter Netzwerkrendern zu verstehen? 277
    Rendereffekte und Umgebung 278
    Layer für die Nachbearbeitung 282
        In Layer rendern 283
        Einsatz von Z-Buffer 286
    Office-Ergänzung 289
        Einbindung von Bilddaten in Office-Dokumente 289
        Powerpoint-Präsentationen 290
        Web-Publishing und digitale Dokumentation 291
    Zusammenfassung 291

Interaktion mit 3D-Daten 293
    Interaktion? 293
    Allgemeine Anforderungen an Echtzeitdarstellungen 294
        Wiedergabe unveränderter Geometrie 294
        Level of Detail (LOD) 295
        Einbindung von „großen" Texturen 296
        Geschwindigkeit 296
        Verhalten / Aktionen 296
        Bedienung / Navigation 297
        Plattform und Preispolitik 297
        Datentransfer 298
    Verfahren und Methoden 299
    Interaktion mit Bilddaten 299
        Quicktime VR? 300
    Interaktion mit Geometriedaten 301
        Vorbereitung 301
        VRML 308
        3D-Autorenanwendungen 310
        Geländesache 312
    Zusammenfassung 314

Aus der Praxis 317
    Public Golf Bad Ragaz 317
        Veranlassung und Planung 317
        DGM und Visualisierung 318
        Plausibilisierung 319
        Ausführung 319
        Eingesetzte Software 320
        Fazit 320
    Gesamtkonzeption Bundesgartenschau München 2005 321

Planung 322
Beispiele zur Visualisierung 323
Eingesetzte Software 324

Glossar **325**
Begriffe und Definitionen 325

Abbildungen und Tabellen **349**
Abbildungsverzeichnis 349
Tabellenverzeichnis 359

Literatur/Quellen **361**
Für das Buch verwendete Software 362
Webportal zum Buch 363

Über die Autoren

Rüdiger Mach – Rüdiger Mach ist Wasserbauingenieur und seit fast zwei Jahrzehnten im Bereich der 2D-und 3D-Computergrafik zu Hause.
Er schreibt Fachbücher zum Thema 3D-Visualisierung und hat sich in den Bereichen der technisch/wissenschaftlichen Visualisierung spezialisiert. Als Mitinhaber der Ingenieurpartnerschaft art & engineering ist er verantwortlich für 3D-Visualisierung, wissenschaftliche Ergebnisdarstellung und alles, was mit Gestaltung und Kommunikation visueller Problemlösungen zu tun hat. Er unterrichtet als Dozent an der Hochschule für Technik und Wirtschaft in Karlsruhe und an der HSR Hochschule für Technik in Rapperswil.

Peter Petschek – Peter Petschek ist Professor an der HSR Hochschule für Technik Rapperwil, Abteilung Landschaftsarchitektur.
Er unterrichtet im Bachelor- und Master-Programm unter anderem die Kurse CAD, DHM, 3D-Computervisualisierung und ist weiterhin Leiter des HSR-Nachdiplomkurses 3D-Computervisualisierung in Planung und Architektur. Nach dem Studium der Landschaftsplanung an der Technischen Universität Berlin studierte Peter Petschek Mitte der 80er-Jahre in den USA (Master of Landscape Architecture), dort lernte er CAD / GIS / Bildbearbeitung kennen. Seitdem ist das Thema des Einsatzes der Informationstechnologie, insbesondere der digitalen Höhenmodellierung in der Landschaftsarchitektur, einer seiner Interessensschwerpunkte.

Einführung

Dieses Kapitel beschäftigt sich in erster Linie mit den Fragestellungen, die bereits im Vorfeld der Thematik auftauchen. Was versteht man unter digitalen Geländemodellen, was ist notwendig für eine gelungene Landschaftsvisualisierung, wer erstellt und wer benötigt digitale Geländemodelle und wo liegt der Einsatzbereich digitaler Geländemodelle?

Abb. 1. Isartal, bei Bad Tölz

Die Sache mit den Gelände- und Landschaftsmodellen ist ein Thema für sich. Inzwischen will ein jeder „georeferenzieren", Digitale Geländemodelle (DGM) erstellen und natürlich auch interaktiv damit umgehen. Die Sache erinnert ein wenig an die plötzlich aufkeimende Begeisterung, die sich Anfang der 90er um das Thema GIS ergab. GIS war im technisch/wissenschaftlichen Umfeld auf einmal in aller Munde, jedermann wollte ein GIS–System nutzen und die wenigsten wussten, was GIS eigentlich ist.

Geländemodelle und/oder die Visualisierung von digitalen Geländedaten ist inzwischen ein wichtiger Bestandteil vieler Planungen, und so manche Planung wäre ohne die Visualisierung durch Fachleute sicherlich um einiges teurer geworden.

Hinweis Kosten

Die Visualisierung von Geodaten und Landschaften hilft durch die gezielte Vermittlung der Planungsinhalte Mißverständnisse zu vermeiden und damit Kosten zu reduzieren.

Aber zur Sache: Geländemodelle und Landschaftsdaten. Lassen Sie uns einen Blick auf dieses spannende und umfangreiche Themengebiet werfen. Gibt man beispielsweise unter Wikipedia.org den Begriff „digitales Geländemodell" ein, so erhält man folgende Begriffsdefinition:

„*Ein Digitales Geländemodell (DGM) bzw. Digitales Höhenmodell (DHM) ist eine digitale, numerische Speicherung der Höheninformationen der natürlichen Erdoberfläche.*"[1]

Noch etwas detaillierter wird der Begriff im Geo-Info-Service der Uni Rostock definiert:

„*DGM bezeichnet die digitale Darstellung der Geländeoberfläche durch räumliche Koordinatentripel einer Menge von Flächenpunkten (Stützpunkte), z.B. in Form von Dreiecksnetzen oder Gittern. DGM ist ein Datenbestand zur höhenmäßigen Beschreibung des Geländes. Aus dem DGM lassen sich z.B. Höhenlinienkarten ableiten, Volumina und Neigungen berechnen. Das Digitale Geländemodell (DGM) umfasst inhaltlich sowohl das Digitale Höhenmodell (DHM) als auch das Digitale Situationsmodell (DSM). Es enthält die digitale Speicherung sämtlicher Informationen über die Geländeoberfläche sowie ergänzende Angaben speziell zur geomorphologischen Charakterisierung des Geländes..*"[2]

Ein Landschaftsmodell wird in der gleichen Quelle wie folgt beschrieben:

„*Ein Landschaftsmodell bezeichnet ein Primärmodell, entstanden durch Modellierung (z.B. Abstraktion, Typisierung) aus der Landschaft, der Realität. Die Abbildungsregeln können formal definiert und abgelegt sein; sie dienen dann der Umsetzung in Datenbankmodelle.*"

Es gibt sicherlich noch einige weitere Beschreibungen und Definitionen. Aber belassen wir es dabei und werfen lieber gleich einen Blick in die Praxis.

---

[1] http://www.wikipedia.org
[2] http://www.geoinformatik.uni-rostock.de

Begrifflichkeiten

Im Vorfeld einer Visualisierung werden immer wieder Begrifflichkeiten verwendet, die - werden sie nicht klar beschrieben - zu Unstimmigkeiten, Missverständnissen und oft auch Enttäuschungen, wenn nicht gar zu Streitereien führen können.

Es macht Sinn, sich über den Gebrauch der verwendeten Syntax klar zu werden und sich auf einen einheitlichen Sprachgebrauch zu einigen - und zwar am besten bevor es an die Umsetzung eines Projekts geht.

Die Begriffe, die am häufigsten unter unterschiedlichen Interpretationsmöglichkeiten leiden sind:

- Fotorealismus
- Realitätsnähe
- Echtheit
- Glaubwürdigkeit

Diese Begriffe hängen vom Einsatzbereich des jeweiligen Bereichs ab und können sehr unterschiedlich gebraucht werden.

So kann eine comichafte Aufbereitung einer Szene sehr wohl glaubwürdig sein und überzeugen ohne den Anspruch an Realismus zu erheben.

Die Umsetzung einer Szene für die Verwendung eines Computerspiels erfordert den Eindruck von Echtheit und Glaubwürdigkeit, muss aber nicht fotorealistisch sein.

Soll eine Szene in einem realen Film als Matte-Painting[3] verwendet werden, so muss diese fotorealistisch sein und nicht eine Sekunde Zweifel an ihrer Echtheit aufkommen lassen.

Es macht also Sinn, bevor es losgeht mit einem Auftraggeber genau festzulegen, was denn nun gefordert wird.

Der Begriff Fotorealismus wird zu oft und zu schnell verwendet, obwohl bei vielen Anforderungen Realitätsnähe die Sache eher auf den Punkt treffen würde.

---

[3] Matte-Painting – Bezeichnung für den Bildhintergrund beim Film. Die Bildhintergründe können ein Bild, ein Foto oder ein 3D-Modell sein. Interessante Informationen sind unter http://www.matteworld.com zu finden.

Fünf Prinzipien?

Betrachtet man die lange Liste all derer, die sich bereits mit dem Thema Landschaftsvisualisierung ernsthaft beschäftigten, so kann Sheppard[4] sicherlich als einer der Pioniere bezeichnet werden. Er führt fünf Prinzipien für eine gelungene Landschaftsvisualisierung auf. Diese sind:

- **Repräsentativer Charakter:** Visualisierungen sollten typische oder wichtige Ansichten / Voraussetzungen der Landschaft abbilden.
- **Genauigkeit**: Visualisierungen sollten das faktische oder erwartete Erscheinungsbild der Landschaft simulieren (zumindest für die Faktoren, die beurteilt werden sollen).
- **Optische Klarheit**: Details, Bestandteile und Gehalt der Visualisierung sollten deutlich erkennbar sein.
- **Interesse**: Die Visualisierung sollte das Interesse des Publikums wecken und möglichst längere Zeit fesseln.
- **Legitimität**: Die Visualisierung sollte sich rechtfertigen lassen, ihr Maß an Genauigkeit sollte nachweisbar sein.

Genau genommen lässt sich Sheppard's Liste noch um zwei sehr wichtige Punkte erweitern, nämlich **Internettauglichkeit**, also massentaugliche webbasierte 3D-Visualisierung wie z.B. Google Earth oder TerrainView[5] Globe und die **Faszination**.

Zwar führt er bereits den Punkt „Interesse" auf, aber eine Steigerung sollte - gerade in diesem Fall – noch möglich sein. Nicht dass Faszination unbedingt die gleiche Wertigkeit erhalten sollte, aber sie ist ein wichtiger Aspekt, der gerne außer Acht gelassen wird. Denn auch die Bereitschaft, sich auf eine 3D-Bild-Komposition einzulassen kann über die Akzeptanz einer 3D-Modellierung entscheiden.

Auch sollte man sich vielleicht ein wenig vor Augen halten, dass es manchmal geschickter erscheint, die Messlatte der Prinzipien so hoch zu halten, dass man ggf. noch darunter durch passt.

Vielleicht könnte man noch erwähnen, dass der Stand der Technik sicherlich noch bei weitem nicht so weit wäre, wenn nicht viele Entwickler und Visualisierer in dieser Art des Zeitvertreibs weit mehr sehen würden als einen regulären Job.

---

[4] Stephen SHEPPARD Manipulation und Irrtum bei Simulationen Regeln für die Nutzung der digitalen Kristallkugel, Garten + Landschaft, 1999/11
[5] http://www.earth.google.com und http://terrainview-globe.com

Bezeichnungen

Die Grundlage der Visualisierung von Geodaten bildet ein Digitales Geländemodell. Weitere Bezeichnungen für digitale Geländemodelle sind „Digitales Landschaftsmodell", „Digitales Höhenmodell" und „Digital Elevation Model".

Die unterschiedlichen Bezeichnungen beinhalten auch verschiedene Dateninhalte. So besteht ein Digitales Geländemodell aus der reinen Geometrieinformation zur Beschreibung der Geländeoberkante. Ein Digitales Geländemodell wird oft auch als Terrainmodell bezeichnet.

Ein Landschaftsmodell hingegen beinhaltet unter Umständen auch Gebäudeinformationen und dient oft als Grundlage für die Auswertung von statistischen Untersuchungen. Diese Landschaftsmodelle (also mit Gebäuden und Vegetation) werden auch als Digitale Oberflächenmodelle bezeichnet.

- Digitales Geländemodell – reine Geometrieinformation der Erdoberfläche
- Terrainmodell – Digitales Geländemodell
- Digitales Höhenmodell – Digitales Geländemodell
- Digitales Oberflächenmodell – Geländemodell mit Gebäuden und Vegetation

Zielgruppen

Bevor es an die Erstellung von Konzepten für eine Visualisierung oder gar an ein Drehbuch geht, lohnt es sich ein paar Gedanken an die möglichen Zielgruppen der geplanten Visualisierung zu verwenden.

Die Zielgruppe entscheidet über die Art der Visualisierung und Präsentation und steht eigentlich bei jedem Visualisierungsvorhaben an erster Stelle.

Die Wahl der „richtigen" Zielgruppe entscheidet über die gelungene Schnittstelle zur geplanten Kommunikation.

Legt man das **Sender – Empfänger – Model** zugrunde, könnte die Sache mit der Kommunikation wie folgt beschrieben werden:

1. Der Sender will bestimmte Inhalte vermitteln, also etwas kommunizieren,
2. der Kanal überträgt die vom Sender produzierten Nachrichten zum
3. Empfänger - er nimmt die Nachricht auf und entschlüsselt sie.

Bei den Sendern kann zwischen den Auftraggebern und den Ausführenden unterschieden werden. Beide unterliegen je nach Anforderung dem Druck, ihre Inhalte auf verständliche Art zu kommunizieren.

Bleibt man beim erwähnten Modell, so entsprechen die Möglichkeiten der Visualisierung dem Kanal. Dies können sowohl digitale Medien als auch Film, der klassische Modellbau oder auch nur eine einfache Skizze sein. Die Art der Informationsübertragung erfolgt am effektivsten auf dem Medium, auf welches sich alle Parteien einigen. Das Medium, aus welchem die höchste Informationsdichte mit geringstem Aufwand in der Erstellung zu erreichen ist.

Die Empfänger können grob in die beiden Lager „Experten" und „Laien" unterteilt werden, wobei die erstere Gruppe zu den schwierigeren aus der Sicht des Visualisierers gehört. Untersuchungen haben ergeben, dass Laien den Einsatz der neuen Medien bei Planungspräsentationen gut bis sehr gut finden. Sowohl statische Visualisierungen (die „Bilder") als auch animierte Sequenzen (die „Filme") werden von den Befragten sehr positiv bewertet.

Der direkte Vergleich der beiden Präsentationsformen fällt eindeutig zugunsten des Films aus (gemäß der Frage, welche der beiden Darstellungsformen besser gefallen hat). Auffallend viele Befragte konnten Angaben zu Verbesserungsmöglichkeiten machen. Hier ist vor allem die Interaktivität gefragt. Gewünscht sind individuelle Routenwahl, Wählen der Perspektive, Standortbestimmung und Rückwärtsgehen[6].

Die Nachricht als Bildinformation, die über die Medienkanäle transportiert wird, muss auf den Empfänger bezogen sein. Ob der Empfänger eine Nachricht versteht hängt von seinem Vorwissen ab. Je mehr Vorwissen der Empfänger hat, umso abstrakter kann die Nachricht sein, und das Gesamtbild entsteht im Kopf des Empfängers. Laien benötigen daher mehr Information (d.h. Realismus) als Experten.

Einsatzbereiche

Und wo werden Digitale Geländemodelle nun überall eingesetzt?
Weibel und Heller definieren fünf Haupteinsatzgebiete nach Berufsfeldern für Geländemodelle[7]:
1. die Vermessung und Photogrammetrie,
2. Tiefbau und Landschaftsarchitektur,

---

[6] PETSCHEK 2003
[7] (WEIBEL, HELLER 1991, Digital Terrain Modeling, Vol. 1.
    longman Scientific & Technical, Harlow, 1991)

3. Ressourcenmanagement,
4. Geologie und weitere Geowissenschaften (Earth Sciences)
5. Militär.

Mittlerweile kann sicherlich ohne Bedenken die Spiele-Industrie als sechstes, eigenständiges Einsatzgebiet hinzugezählt werden.

Während die Analyse von DHM im Ressourcenmanagement und in den Earth Sciences sicher im Vordergrund steht, ist in allen anderen Bereichen die Visualisierung des virtuellen Geländes eindeutig vorrangig.

Hinweis Profi und Laie

Es lassen sich grob zwei Arten von 3-dimensionaler Visualisierung für Landschaft und Gelände definieren, nämlich die „Technische" Visualisierung als Mittel zur Kommunikation bei Planung und Konzeption unter Fachleuten (Profis) und die „Realistische" Umsetzung und Darstellung als Werkzeug für Erklärungen / Verkauf / Medien (Laie). [8]

Nicht nur die oft beschriebene Macht der Bilder wird im digitalen Kommunikationsprozess immer stärker. Man könnte sogar so weit gehen, zu behaupten, dass bildgestaltende Maßnahmen – ob Bewegtbild oder Standbild - in der Präsentation komplexer Vorhaben längst nicht mehr wegzudenken sind.

Beschränkt man sich auf das Bau- und Planungswesen, so werden Bilder, oder genauer 3D-Visualisierungen hauptsächlich wie folgt eingesetzt:

☐ Immobilienverkauf,
☐ Wettbewerbe,
☐ Diskussions- und Entscheidungshilfe bei umfangreichen Vorhaben bereits im Vorfeld der baulichen Maßnahmen und
☐ Präsentation von Projekten im Rahmen von Bürgerentscheiden.

---

[8] *Zwar werden in diesem Buch die Grundlagen wie Datenherkunft und – formate vorgestellt, aber die Seite der Technischen Visualisierung soll hier nicht übermässig vertieft werden. Vielmehr stehen die Zusammenhänge und das Verständnis für eine Mediengerechte Visualisierung im Vordergrund.*

Je besser und schneller ein Vorhaben verständlich gemacht werden kann, desto leichter ist es, dieses zu vertreten und umzusetzen.
Der Verantwortliche entscheidet anhand seiner Fähigkeiten und Fertigkeiten auf dem jeweiligen Gebiet über das Gelingen seines Projektes, nicht alleine durch die Beherrschung spezieller Programme oder seine technische Ausbildung.

Hinweis Verantwortung und Aufgabe

Der Ingenieur, Architekt, Planer agiert somit nicht mehr nur als Handlanger technischer Umsetzung sondern vielmehr auch als Autor, als eine Art Erzähler oder Bildautor. Kritische Betrachtung und Beratung sollten mit der Planung eines Visualisierungsvorhabens Hand in Hand gehen. Reflexion der Bedürfnisse des Auftraggebers und eine schnelle und verständliche Vermittlung der Schwerpunkte des Projekts stehen vor einer Umsetzung immer an erster Stelle.[9]

Warum 3D-Visualisierung?

Auch wenn es interessant aussieht, so sollte man nie vergessen, dass eine 3-dimensionale Konstruktion natürlich erheblich mehr Zeit zur Erstellung in Anspruch nimmt, als ein schlichter 2D-Plan. Wo also liegt der Nutzen dieser Art der Darstellung für den Ingenieur und Techniker?

- Man ist in der Lage, das erstellte Modell von verschiedenen Seiten zu betrachten.
- Die 3-dimensionale Betrachtungsweise entspricht unserer natürlichen Art zu sehen und ermöglicht gerade bei Geländedaten ein viel schnelleres Verständnis der oft komplexen Oberflächen und Geometrien.
- Es besteht die Möglichkeit der Interaktion mit den 3-dimensionalen Daten.
- Man kann Problemstellen komplexer Konstruktionen 3-dimensional besser darstellen.
- Die meisten Landschaftsdaten liegen inzwischen sowieso 3-dimensional vor und werden auch in der reinen Planung 3-dimensional aufbereitet.
- Man erreicht eine große Zeitersparnis durch Vermeidung von Missverständnissen.

---

[9] R. Mach 3D Visualisierung (Galileo Verlag, 2000)

☐ 3D-Visualisierung ermöglicht eine ingenieurmäßige Analyse.
☐ Es lassen sich Konstruktionsdaten extrahieren.
☐ Man kann Nicht-Sachverständigen Inhalte besser verständlich machen.
☐ Inhalte und Konzepte lassen sich besser verkaufen.

Im Bau- und Planungswesen sind zurzeit viele Büros nur Auftraggeber und lassen die Visualisierungen extern von Spezialisten erstellen, da oft der interne Aufwand zu groß erscheint.

Hinweis Entwicklung wie bei GIS/CAD?

Es kann davon ausgegangen werden, dass der Anteil der Visualisierungen im Planungsumfang weiter wachsen wird (verstärkte Ausbildung im Bereich der 3D-Visualisierung an Hochschulen, Kostendruck, etc.). Vor einigen Jahren ließ sich eine ähnliche Entwicklung auch in den Bereichen CAD / GIS beobachten. Hier herrschte anfänglich eine große Skepsis gegenüber den digitalen Medien. Heute ist CAD Standard in nahezu allen Planungsbereichen.

Bei der Kommunikation mittels 3D-Visualisierung werden die traditionellen Medienkanäle wie Zeitungen und Zeitschriften mehr und mehr durch die neuen Medien ergänzt. Wobei der Begriff „Neue Medien" ja so neu auch nicht mehr ist. Bei diesen Medien (WWW / Touchscreens) handelt es sich um Portale für die Darstellung von Text, Einzelbildern, Animationen und Filmen.

Im Immobilienbereich ist das Internet nicht mehr wegzudenken. Ein Blick in den Immobilienteil jeder größeren Tageszeitung belegt dies.

Bei der Öffentlichkeitsinformation zu Wettbewerben und sonstigen Planungen spielen diese Medien aber bisher noch eine untergeordnete Rolle, obwohl Museen schon seit Jahren eindrücklich aufzeigen, dass man Ausstellungen auch über Internetportale und Informationsterminals multimedial aufbereiten kann, um dadurch das Interesse bei den Besuchern zu wecken. Verstärktes Interesse und Bürgermündigkeit (Volksbegehren) werden sicher in den nächsten Jahren dazu beitragen, dass Planer verstärkt visuell kommunizieren müssen. Und wenn sich so mancher Fachmann noch so gerne hinter seinen Plänen versteckt, wächst die Bereitschaft zum Einsatz der im folgenden beschriebenen Methoden zur Visualisierung bei Entscheidungsträgern langsam, aber unaufhaltsam.

Berücksichtigung gestalterischer Belange

Jede Erstellung eines Bildes, welches für kommunikative Zwecke (oder auch nicht) genutzt wird, unterliegt in gewisser Hinsicht den Grundlagen einer gelungenen Gestaltung. Je klarer diese sind, desto leichter fällt es, die bildlich umgesetzten Inhalte zu transportieren. Hierzu gehören unter anderem die Beachtung der „Regeln" der Gestaltung und die Frage: „Wer bedient, schaut an ..." oder ganz einfach: Gestaltung / Kunst als Faktor auch für die Landschaftsvisualisierung?

Mike Lin, der seinen berühmten „Graphic Workshop for Design Professionals" in den USA seit langen Jahren sehr erfolgreich unterrichtet (www.beloose.com) gibt in zwei Büchern und auf seiner Webpage viele Tipps auch zur Bildkomposition und zum Einsatz von Farben in analogen Architektur Renderings. Die meisten davon lassen sich auf die Computergraphik übertragen und für diese wie folgt sehr frei übersetzen:

Komposition

„Klein anfangen" – Am besten beginnt man mit grundlegenden Einstellungen für Beleuchtung und Kamera. Hierbei steht das „Kennenlernen" der Software mit kleinen Geländemodellen im Vordergrund. Am Anfang sollte man am besten auf Texturen und Materialien verzichten und sich erst einmal mit den Geometrien vertraut machen. Und dies geht am besten mit einfachen Graustufen und den Schwerpunkten auf Kamera und Beleuchtung. Wenn die ersten Hürden genommen sind, kann mit größeren Modellen und auch höherem Ressourcenverbrauch begonnen werden.

Weniger ist mehr

Wenn man zu lange an einem Modell arbeitet, verliert man nicht nur den Überblick über die Szene, sondern vor allem auch über das, um was es eigentlich geht, nämlich die Visualisierung eines Vorhabens, einer Idee oder eines Projekts. Und zuviel Details überladen eine Szene eher, als dass sie nutzen. Weißer leerer Raum ist nicht nur leer, sondern hilft auch maßgebliche Inhalte entsprechend hervorzuheben.

Auch kann zuviel Detailverliebtheit den Blick für das Ganze trüben. Die Kunst der 3D-Visualisierung liegt sicherlich im richtigen Gefühl für die richtige Reduktion auf die wichtigen Inhalte einer darzustellenden Szene.

Szene Schritt für Schritt aufbauen

Es ist sicherlich geschickt, nicht alles beim ersten Rendern in die Darstellung packen, sondern eher selektiv zu arbeiten. Einzelne und wichtige Elemente werden herausgehoben und in Berechnungen mit ausreichend Platz zum Rand des Bildes erst einmal auf ihre Wirkung untersucht, bevor es an die Erstellung des finalen Ergebnisses geht.

Unruhe generieren

Gerade Landschaftsmodelle sind dafür prädestiniert, „unruhig" zu sein. Es geht ganz einfach darum, klare Geometrien zu vermeiden. Die Kamera sollte so positioniert werden, dass bei der Ausgabe des Bildes die Linie zum Horizont mit „unruhigen" Elementen gespickt ist. Diese unterstützen oft die Natürlichkeit einer Szene und können – gerade bei der Computeranimation – helfen, zu kantige Erscheinungsbilder zu vermeiden.

Dies gilt auch für Übergänge unterschiedlicher Beschaffenheit. Verläuft beispielsweise eine Strasse durch eine Landschaft, so sollte die Trennlinie zwischen den beiden Bereichen eher unruhig und gezackt verlaufen als klar und geometrisch.

Licht und Oberflächen

Ein gutes Gefühl für die Komposition einer Szene lässt sich entwickeln, wenn man die Materialien der Szene in einfachen Grautönen hält und mit der Beleuchtung versucht, Tag/Nacht- oder Hell/Dunkel-Situationen zu schaffen.

Masse, Leichtigkeit und Form

Objekte werden nicht nur durch ihr eigenes Erscheinungsbild wahrgenommen sondern vor allem auch im Vergleich oder im Bezug zu anderen Objekten bzw. zur Umgebung der Komposition.

Dies kann der direkte Vergleich eines Menschen im Eingangsbereich eines Gebäudes oder eine Grasfläche mit Baumbestand am Rande sein.

Aber auch die Gewichtung von Objekten, ihr Eindruck von Schwere und Leichtigkeit hängen von ihrer Helligkeit ab. Man denke nur an ein Bergmassiv (dunkel und massiv) und den dahinter (oder darüber) befindlichen hellen Himmel als „leichten" Kontrast. Das Bergmassiv wirkt erst durch die Unterstützung des Hintergrunds. Berücksichtigt man die Abhängigkeiten dieser Hell/Dunkelbalance innerhalb einer Szene, so ist dies ein weiteres wichtiges Hilfsmittel zur gelungenen Szenengestaltung.

Asymmetrie

„In der Asymmetrie liegt die Würze" reimt sich zwar nicht, trifft aber zu. Naturnahe Szenen sind niemals symmetrisch, deshalb sollte man sie auch bei der Erstellung von 3D-Szenen Symmetrie nicht dominieren lassen. Pflanzen, Hintergründe, Menschen können als Elemente dazu beitragen, Unruhe zu „kultivieren".

Horizont verstecken

Außer am Meer, einem großen See oder einer äußerst flachen Wüstenlandschaft ist es eigentlich nie möglich, den Horizont wirklich als Linie wahrzunehmen. Ergo hat diese auch in künstlich erstellten Szenen der 3D-Welt nichts verloren. Deshalb gilt: möglichst verdecken und ggf. hinter anderen Objekten verstecken.

Es lassen sich sicherlich noch einige Punkte mehr finden, die hervorragend an die Visualisierung von Gelände- und Landschaftsdaten angepasst werden könnten.
Es empfiehlt sich auf jeden Fall, einen vertiefenden Blick auf die Welt der Farbenlehre zu werfen. Hier gibt es einiges an sehr guter und empfehlenswerter Literatur. Dass es wenig Sinn macht, in einem Schwarzweiß-Buch die Aspekte der Farbenlehre zu vertiefen, dürfte verständlich sein.

Zusammenfassung

Gelände –und Landschaftsmodelle werden in unterschiedlichen Bereichen eingesetzt. Die Visualisierung dieser Daten hilft komplexe Informationen dem Auge in gewohnter Art und Weise zur Verfügung zu stellen.
Man kann zwei Arten der Zielgruppen oder Empfänger nach dem Kenntnisstand unterscheiden. Dies sind Fachleute (Profis) und Nichtfachleute (Laien).
Es gibt die unterschiedlichsten Einsatzbereiche für digitale Gelände- und Landschaftsmodelle. Diese reichen von der photogrammetrischen Auswertung bis zur Erstellung einer Landschaft für Computerspiele.

3D-Visualisierung macht Sinn und kann helfen, Fehler im Vorfeld von Planungen zu vermeiden, Informationen auch für Nichtfachleute verständlich zu machen und eine für viele Beteiligte nutzbare Kommunikationsplattform zu schaffen.

Setzt man sich mit der Visualisierung von 3D-Daten auseinander, so ist es auch wichtig, dies unter dem Aspekt eines gewissen gestalterischen Anspruchs zu tun.

Und wie dies alles im Überblick und teilweise auch im Detail vonstatten geht finden Sie in den nachfolgenden Seiten beschrieben.

Grundlagen und Datenherkunft

Ein kurzer Überblick über die historische Entwicklung der Landschaftsvisualisierung und einige Fakten zur Datenherkunft.

Entwicklung der Landschaftsvisualisierung

Eine der ältesten kartographischen Landschaftsdarstellungen der Menschheitsgeschichte wurde während Grabungsarbeiten 1963 in Catal Höyük, Zentralanatolien, entdeckt. Die Wandmalerei ist drei Meter lang und stammt aus der Zeit um 6200 v. Chr.

Experten nehmen an, dass die Karte die Stadt Catal Höyük darstellt. Neben Häusern und Terrassen ist der Doppelgipfel des Vulkans Hasan Dağ abgebildet.

Abb. 2. Catal Höyük (Wandmalerei) - Eine der ersten kartographischen Darstellungen

In der kartographischen Forschung werden diese „molehill" (Maulwurfshügel) als erste Darstellung von Gelände angesehen (E. Imhof: Cartographic Relief Presentation).

16 Grundlagen und Datenherkunft

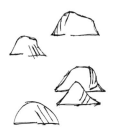

Berge in Form von `Molehills`.

Bergkette dargestellt durch Symbole welche links, rechts, aufwärts und talwärts orientiert sind.

Zusammenschmelzen von `Hügelsymbolen` zu einer Gesamtform.

Grafisch aufrecht stehende Ausrichtung der Hügelsymbole.

Schuppenartiges Zusammenfassen der Hügelsymbole.

Schattierungen und Variationen der Berg- und Hügelform.

Abb. 3. Hügel und Bergformen und ihre Entwicklungen über die Jahrhunderte[1]

Die ersten Formen von Geländedarstellungen waren eher Profil orientierte Wiedergaben der Wirklichkeit. An dieser Geländedarstellung in Profilform hielt man über Jahrhunderte fest. Karten ähnelten damals zweidimensionalen Bildern mit Städten, Burgen, Klöstern, Wäldern und Bergen.

---

[1] Nachempfunden aus Eduard Imhof, 1982, gez. von Yves Maurer

Hinweis **Landschaftsmalerei und Kartographie**

Es kann davon ausgegangen werden, dass die Landschaftsmalerei, ein wichtiger Teilbereich der Malerei, und die Karthographie gemeinsame Wurzeln haben.

Eine für die Renaissancekunst typische Neuerung war die perspektivische Landschaftsdarstellung. Sie führt auch zu realistischeren, 3-dimensionalen Darstellungen von Geländeformen. Beispiele für diese Entwicklung sind die Karten der Toskana, die Leonardo da Vinci zwischen 1502 und 1503 malte. Zum ersten Mal wurden hier Geländeformen aus der Vogelperspektive dargestellt.

Abb. 4. Auszug aus Leonardo da Vinci's Karten der Toscana [2]

Ein weiterer Pionier der Darstellung von Landschaften und Gärten war sicherlich der Gartenbaumeister und Künstler Salomon de Caus, der den berühmten Garten „Hortus Palatinus" des Heidelberger Schlosses leider nie fertig stellte.

---

[2] Mit freundlicher Genehmigung der Digitalisierungswerkstatt, Universitätsbibliothek Heidelberg

18 Grundlagen und Datenherkunft

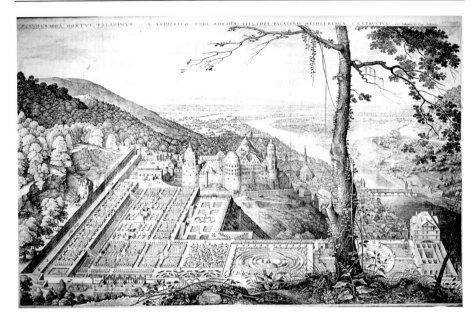

Abb. 5. Kupferstich des Hortus Palatinus des Heidelberger Schlossgartens aus dem Jahre 1620[3]

Der Übergang zur vollständigen Darstellung von Karten in der Draufsicht und nicht von der Seite, fand erst kurz vor dem Ende des 19. Jahrhunderts statt. Seitdem setzt man für die Topographie verschiedene Schraffurtypen ein (Einfärbung von Höhenschichten, Schattierungen etc.), die das Lesen und Verstehen von Karten erheblich erleichtern.

---

[3] Quelle: Unkolorierter Kupferstich von M. Merian von 1620, - Mit freundlicher Genehmigung der Digitalisierungswerkstatt, Universitätsbibliothek Heidelberg

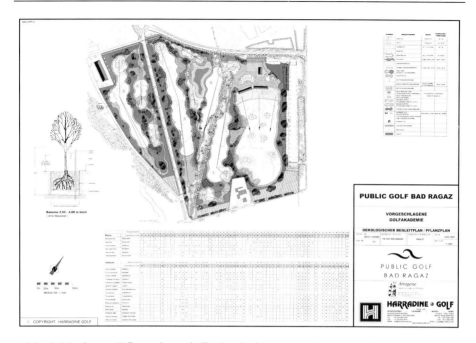

Abb. 6. Moderner Pflanzplan mit flächenhaften Farbanlagen und Schattierungen

Parallel zu dieser, schon sehr anschaulichen, Präsentationsform entwickelten sich die Höhenlinien als Darstellungsmöglichkeit der Höheninformationen von Gelände. Bei Höhenlinien handelt es sich um Linien, die Punkte gleicher Höhe oberhalb einer Bezugsfläche (Meeresspiegel) verbinden, um das Relief des Geländes abzubilden. Der Vorteil diese Methode liegt darin, dass sie eine quantitative Information über das Relief vermittelt.

Deren früheste Verwendung stammt von Pieter Bruinss aus dem Jahr 1584. Es handelt sich dabei um eine Seekarte in den Niederlanden. Heutzutage werden sie nicht nur für Seekarten, sondern auch im Freizeitbereich genutzt (Wander- oder Skitourenkarten). Die Höhenlinien gelten als die kartographische Darstellungsform von Gelände.

20 Grundlagen und Datenherkunft

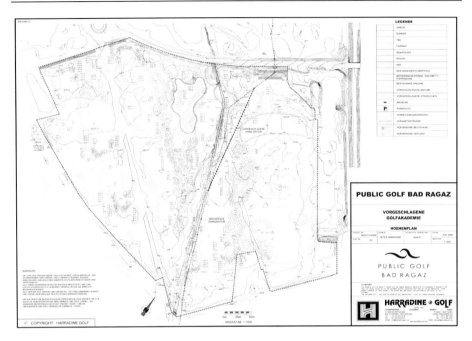

Abb. 7. Moderner Höhenplan eines Golfplatzes bei Bad Ragaz

Da Höhenlinien einen graphischen Eindruck von der Form, Neigung und Erhebung des Geländes vermitteln, kommen sie in der Landschaftsarchitektur und im Tiefbau auch in der Darstellung von geplantem Terrain (zu modellierendes Gelände) zum Einsatz.

Mit der Geländemodellierung (Grading) sollen dabei folgende Ziele erreicht werden:

□ Ebnen von Flächen für Häuser, Parkplätze, Fußballfelder etc.
□ Begeh- oder befahrbare Erschließung von Punkten auf unterschiedlichem Niveau (Strassen, Wege, Rampen mit maximal 12% bzw. 6% Gefälle).
□ Schaffung von besonderen räumlichen Situationen (Golfplätze) oder Lösung von technischen Problemen (Böschungen im Strassen- und Eisenbahnbau).

Höhenlinien können durch Interpolation zwischen einer Reihe von Punkten mit bekannter Höhe konstruiert werden. Die Ermittlung von Höhenpunkten erfolgt mit Hilfe einer Messlatte, einem Nivelliergerät und einem Höhenbezugspunkt. Horizontale oder vertikale Winkel werden mittels eines Theodoliten gemessen.

Bereits 1788 betrieb der berühmte Englische Landschaftsgärtner Humphrey Repton mit Geschäftskarten zum Thema Geländegestaltung Kundenwerbung.

Der Flyer, von dem Repton über 1000 Stück drucken lies, zeigt ihn im Vordergrund, wie er auf einer Baustelle vor einem Baunivellier stehend seinen schaufelnden Arbeitern Anweisungen gibt.

„Completely engraved, it shows an elegant Repton with a theodolite, directing labourers within an ideal landscape that is derived from Milton's L'Allegro." (G. Carter, P. Goode, K. Laurie: Humphry Repton Landscape Gardener 1752-1818. Sainsbury Centre for Visual Arts Publication, 1982, S. 12/13).

Humphry Repton ist neben Lancelot Brown und William Kent einer der einflussreichsten Vertreter des englischen Landschaftsgartenstils (1720 - 1820), der nach 1750 auch auf den europäischen Kontinent übergriff. In dieser Zeit entstanden große Landschaftsparks wie Stowe in England oder der Wörlitzer Park in Deutschland.

Abb. 8. Flyer des Red Book von H. Repton

Die Projekte bedeuteten immer enorme Landschaftsveränderungen. Neue Seen und Hügel mit eingebetteten Häusern und Brücken, akzentuiert durch aufwendige Bepflanzung mussten den Auftraggebern angepriesen und verkauft werden. Dazu wurden immer häufiger Methoden der Landschaftsmalerei verwendet.

Repton hinterließ zahlreiche Aufzeichnungen zu seinen Projekten, die unter dem Namen RED BOOKS einen hohen Bekanntheitsgrad erzielten.

Abb. 9. *Cover des Red Book von H. Repton*

Dabei handelt es sich um Bücher, eingebunden in edlem roten, marokkanischen Leder, die seine Planungen verbal und bildlich darstellen. Schlägt man eines der Red Books auf, so beschreibt Repton immer auf den ersten Seiten textlich sehr ausführlich das jeweilige Projekt. Danach folgen meist Aquarellzeichnungen der vorhandenen Situation. Das Besondere an den Zeichnungen ist, dass ein Teil davon mittels eines darüber gelegten Blattes entfernt werden kann. Nimmt man dieses Blatt weg, befindet sich dahinter die vom Landschaftsarchitekten vorgeschlagene, geplante Situation.

Repton stellte seine Projekte immer mittels der Red Books persönlich den Kunden vor, die ihm, durch die klare Darstellung beeindruckt, meist auch gleich den Auftrag erteilten. Die Red Books blieben im Besitz der Kunden und wurden in Rechnung gestellt. Repton, der von 1752 bis 1818 lebte, konnte dank seiner, auf innovativer 3D-Visualisierungstechnik basierender, Marketingstrategie zahlreiche große Parks in Großbritannien bauen und gehört damit zu den erfolgreichsten Landschaftsarchitekten seiner Zeit.

Abb. 10. Auszug aus dem Red Book. Mittels darüber gelegter Varianten konnte dem Auftraggeber eindrucksvoll eine Baustudie präsentiert werden[4].

Die ersten Digitalen Höhenmodelle (DHM) im Umfeld der Kartographie wurden im Rahmen der Forschung von Miller und Laflamme im Photogrammetrie Labor, Civil Engineering Department, M.I.T. in den späten fünfziger Jahren erstellt (siehe Miller C L, Laflamme R A (1958) The digital terrain model - theory and application. Photogrammetric Engineering).

Das Massachusetts Department of Public Works in Zusammenarbeit mit dem Bureau of Public Roads unterstützte das Projekt mit dem Ziel, Geländemodelle im Straßenbau einzusetzen.

Grundlagendaten

Sicherlich war die Notwendigkeit, Landschaftsdaten zu visualisieren, seit jeher eine Herausforderung ganz besonderer Art. Doch der mühselige Teil

---

[4] Quelle: Red Book, Schweizerische Stiftung für Landschaftsarchitektur SLA, HSR Rapperswil

war und ist die Ermittlung der Grundlagendaten. Damit ist in diesem Zusammenhang nicht die Planung, sondern vielmehr die Aufnahme der Messdaten gemeint.

So spannend es sein kann, eine beliebige Landschaft nach eigenem Gusto zu erstellen - mit welchen Methoden auch immer dies geschehen mag - der Planer hat jedoch meist im Vorfeld mit der Bearbeitung, Konvertierung und Verarbeitung von Realdaten zu tun.

Diese Realdaten stellen sicherlich in vielen Bereichen die größte Herausforderung dar. Denn Sie sind nicht immer klar beschrieben, meist GROSS, und mit groß sind in diesem Zusammenhang ASCII-Dateien > 100 Mbyte gemeint, und nicht jedem stehen alle notwendigen Werkzeuge zur Sichtung und Bearbeitung dieser Daten zur Verfügung. Zu den Details später mehr.

Geometriedaten

Im Vordergrund stehen in der Regel zuerst geometrische Daten. Diese zur Darstellung von geografischen Informationen benutzten Geometriedaten bestehen aus den Grundtypen Punkt, Linie und Polygon.

Grundsätzlich liegen diese Geodaten in drei Arten vor:

- **Vektordaten**: Kontur- oder Höhenlinien (Isolinien) oder Polygonzüge aus Messungen, die als so genannte Bruchkanten Einzug in das zu erstellende Modell halten und die z.B. Dämme, Straßenverläufe, Mauern usw. abbilden, bestimmen maßgeblich die Konturen einer abzubildenden Landschaft.
- **Rasterdaten**: Bilddaten als BMP, JPEG, GIF, georeferenzierte TIF, etc. dienen in der Regel dazu, Höheninformationen, Luftbilder oder zusätzliche Informationen über das Erscheinungsbild der Landschaft zu liefern.
- **Sachdaten**: Zusätzliche Informationen, die über die reine topografische Darstellung hinausgehen. Diese Sach- oder Attributdaten beinhalten Informationen über z.B. statistische Auswertungen.

Hinweis Rasterdaten

Der Begriff Rasterdaten kann übrigens sehr irritierend sein, da er in unterschiedlicher Art und Weise Ähnliches aber eben nicht Gleiches bezeichnet. Auf der einen Seite sind mit Rasterdaten Bilddaten bzw. Pixelbilder (JPEG, GIF, TIF) gemeint. Auf der anderen Seite (eben im Bereich der Geländemodelle) bezeichnen Rasterdaten eine Punktematrix zur Definition eines Geländemodells. Bildelemente (Pixel) einer Bilddatei werden durch ihre Farbwerte, wie RGB beschrieben. Bildelemente eines Rasterdatensatzes für Geländemodelle hingegen sind mit einer Höheninformationen versehen. Also niemals verunsichern lassen!

Luftbilder, Satellitenbilder

Luftbilder und Satellitenaufnahmen stellen auf der einen Seite die Grundlage für die Erstellung Digitaler Geländemodelle dar, auf der anderen Seite sind sie wichtige Bestandteile einer 3-dimensionalen Visualisierung, da sie als Material[5] verwendet werden können und damit der Szene den Realitätsbezug ohne aufwendige Modellierungsarbeit ermöglichen.

Luftbilder

Bei der Luftbildfotografie (Aerofotografie) werden Aufnahmen des vorhandenen Geländes aus der Vogelperspektive angefertigt. In der Regel werden die Daten durch Befliegungen aufgenommen.

Die Befliegung wird in der Regel vorgenommen, um entweder ein Einzelobjekt gezielt aufzunehmen oder um ein bestimmtes Gebiet systematisch zu erfassen. Im zweiten Fall wird das Gebiet in parallelen Streifen, die eine gewisse Überdeckung (30-50%) aufweisen müssen, überflogen. Die sich überlappenden Streifen werden anschließend montiert und ausgewertet.

Abb. 11. Beispiel eines Luftbildes (Orthofoto)

Die Auswertung erfolgt meist als Einzelbildauswertung oder als stereoskopische Auswertung.

Für die Stereoskopie sollten Orthofotos verwendet werden. Hierbei wird aus zwei Bildern mit unterschiedlichen Blickwinkeln eine Höheninformation abgeleitet.

Liegen keine Orthofotos vor, müssen die „normalen" Aufnahmen entzerrt werden. Dies bedeutet, dass die Verzerrung eines Fotos, die durch Linsenkrümmungen entsteht, durch entsprechende Maßnahmen

---

[5] oder auch Textur. Wird auf ein räumliches Objekt aufgebracht um die Oberfläche realer wirken zu lassen.

(heute i.d.R. durch Software) korrigiert wird. In Deutschland erstellt beispielsweise das Bundesamt für Eich- und Vermessungswesen Digitale Geländemodelle aus Luftbilddaten. Aus Stereoaufnahmen werden dabei Punkte in einem definierten 3D-Koordinatensystem errechnet und hieraus ein Raster-DGM interpoliert.

Satellitenbilder

Ein Satellitenbild ist eine kleinmaßstäbliche Abbildung der Erdoberfläche. Man unterscheidet zwei Arten:

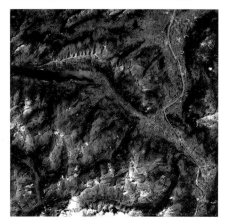

1. **Passive Systeme** (fotografische Kameras, digitale beziehungsweise CCD-Kameras, Infrarot- und Multispektral-Sensoren): sie registrieren das von der Erde reflektierte Sonnenlicht, beziehungsweise andere Strahlungen in Form geometrischer Abbildungen.
2. **Aktive Systeme**: sie strahlen eigens erzeugte elektromagnetische Wellen ab (Radar- und andere Funkwellen, Laser) und scannen deren diffuse Reflexion. [6]

Abb. 12. Beispiel eines Satellitenbildes

Die Herstellung und Bearbeitung von Satellitenbildern ist ein Standardverfahren der Fernerkundung und vieler Geowissenschaften. Sie dient auch der kostengünstigen Erzeugung von Landkarten und für großräumige Analysen im Umweltschutz. Die Klassifizierung und Interpretation von Satellitenbilddaten liefert wichtige Datenbestände von Geoinformationssystemen (GIS).

Laserscanner-Verfahren als Datengrundlage

Um große Flächen gleich als 3D-Informationen zu erheben bedient man sich der Befliegung mit Laserscannern. Hierbei tasten die Sensoren die Topografie einer Oberfläche direkt ab und liefern sozusagen ad hoc 3D-

---

[6] www.wikipedia.org

Daten in Form von Punktwolken. Es gibt auf dem Markt unterschiedliche Scannertypen.

Dies sind **Permante Laser** und **Gepulste Laser**. Bei den gepulsten Lasern werden die erste und die letzte Reflexion des Signals getrennt gemessen. Somit können beispielsweise aufgrund der hohen Durchdringungsraten durch Laub- und Nadelwälder der Untergrund (Waldboden) und die Kronenbereiche separat ermittelt werden.

Die Flughöhe beträgt meist 1.000 - 1.800 m. Hierbei sind Genauigkeiten von 0.1 - 0.3 m zu erreichen.

Als Ergebnis liegt ein Raster-Modell vor. Kombiniert man dieses mit Orthofotos, hat man eine sehr gute Grundlage für die Erstellung eines DGM.

Abb. 13. Schema einer Laserscann-Befliegung

GPS als Datenquelle für Digitale Höhenmodelle

GPS[7] ist die Kurzform für NAVSTAR GPS, welches seinerseits für „NAvigation System with Time And Ranging Global Positioning System" steht. GPS stellt eine Lösung dar für eines der ältesten und schwerwiegendsten Probleme der Menschheit. Es liefert eine Antwort auf die Frage:

„Wo auf der Welt bin ich hier eigentlich?"

Man könnte sich vorstellen, dass sich diese Frage leicht beantworten lassen müsste. Ist es doch mit Blick auf die umliegenden Objekte relativ einfach, den eigenen Standpunkt in Relation zu eben denselben auszumachen. Aber was ist, wenn es an umliegenden Objekten mangelt? Wie ist das mitten in der Wüste oder auf hoher See? Viele Jahrhunderte hindurch ist dieses Problem mittels Navigation nach der Sonne und den Sternen gelöst worden. Diese Methoden funktionierten gut, jedoch nur innerhalb bestimmter Grenzen. Bei Bewölkung, beispielsweise, sind Sonne und Sterne nicht zu sehen und eine Orientierung ist nicht möglich.

GPS ist ein satellitenbasiertes System, das mit Hilfe einer Konstellation von 24 Satelliten dem Anwender eine genaue Position liefert. Damit ist nicht nur die Bestimmung der Lage in der Horizontale, sondern auch in der Vertikale oder Höhe gemeint. Es lassen sich also Höhenpunkte aufnehmen, falls keine sonstigen Höhendaten vorhanden sind.

GPS hat zahlreiche Vorteile gegenüber traditionellen Vermessungsmethoden:

1. Sichtverbindung zwischen den Punkten ist nicht erforderlich.
2. Nutzbarkeit zu jeder Tages- oder Nachtzeit und bei jedem Wetter.
3. In kürzerer Zeit kann mit weniger Leuten deutlich mehr Arbeit erledigt werden.
4. GPS liefert Resultate mit sehr hoher geodätischer Genauigkeit.

Mit einem GPS lassen sich sehr genaue Höhenaufnahmen durchführen.

---

[7] GPS wurde 1978 vom amerikanischen Militär entwickelt (Glonass ist übrigens die russische Antwort auf GPS, Galileo das europäische System).

Hinweis Die Sache mit der Genauigkeit

An dieser Stelle erscheint es angebracht, den Begriff „genau" näher zu definieren. So bedeutet der Begriff „genau" für einen Wanderer in der Wüste ungefähr 15 m, für ein Schiff in Küstengewässern bedeutet ‚genau' 5 m und für einen Vermessungsingenieur bedeutet ‚genau' 1 cm oder weniger.

GPS kann eingesetzt werden, um all diese Genauigkeiten in all diesen Anwendungsbereichen zu erreichen. Der Unterschied liegt in der Art des GPS-Empfängers und der eingesetzten Technik. Mittlerweile werden auf dem Markt Produkte angeboten[8], die speziell für Anwender mit wenig oder ohne Vermessungskenntnisse entwickelt wurden. Zusammen mit einer Antenne können damit auch Höhenaufnahmen gemacht werden. Die gemessene Punktwolke wird danach via Bluetooth[9] auf den PC übertragen, und ein Geländemodell ist mit den Daten schnell erzeugbar. Die Genauigkeit der Höhen hängt von der Aufnahmetechnik ab.

Es gibt unterschiedliche Qualitäten der GPS-Messung, die sich nach ihrer Aufnahmetechnik unterscheiden lassen. Diese sind:

☐ Einfache Navigation
☐ Differentielles GPS (DGPS)
☐ Real-Time GPS (RTK).

Einfache Navigation

Dies ist die einfachste Technik, die von GPS-Empfängern eingesetzt wird, um dem Anwender augenblicklich eine Position sowie Höhe zu liefern. Die erreichte Genauigkeit liegt für den zivilen Nutzer bei unter 100 m (für gewöhnlich um die 30...50 m - Marke). Die Empfänger, die für diesen Betriebsmodus gebraucht werden, sind typischerweise kleine, gut transportable Einheiten, die in der Hand gehalten werden können und wenig kosten.

Beim Einsatz einer Antenne kann eine Genauigkeit von 1 bis 2 Meter erreicht werden. Für die meisten Geländemodelle sind diese Daten zu ungenau.

---

[8] z. B. GS20 von Leica-Geosystems
[9] Bluetooth ist ein Industriestandard für die drahtlose Vernetzung von Geräten über kurze Distanz.

Differentielles GPS (DGPS)

Bei DGPS wird ein zweiter stationärer GPS-Empfänger zur Korrektur der Messung des ersten eingesetzt. Die erreichbare Genauigkeit erhöht sich dabei auf bis zu einen Meter. Allerdings muss darauf hingewiesen werden, dass mit zunehmender Entfernung der Empfänger zueinander auch der Fehler zunimmt.

RTK Real-Time GPS

RTK steht für „Real-Time-Kinematic" und ist eine kinematische (nicht statische) "on-the-fly"-Vermessung, die in Echtzeit durchgeführt wird. Eine stationäre Referenzstation (Base-Station) und ein beweglicher Empfänger (Rover) kommen bei dieser Methode zum Einsatz. Die Referenzstation ist mit einer Funkverbindung versehen und sendet die Daten, die sie von den Satelliten empfängt. Der Rover ist ebenfalls mit einer Funkverbindung ausgestattet und empfängt das von der Referenz ausgestrahlte Signal. Des Weiteren empfängt der Rover Satellitendaten direkt von den Satelliten, und zwar über seine eigene GPS-Antenne. Diese beiden Datensätze können im Rover-Empfänger in Echtzeit, d. h. sofort weiterverarbeitet werden, um die Mehrdeutigkeiten zu lösen und so eine hoch genaue Position in Bezug zum Referenzempfänger zu erhalten.

Real-Time Korrektur

DGPS-Geräte haben die Fähigkeit zwei GPS Frequenzen zu empfangen (L1 + L2). Die Differenz zwischen den Signalen gibt dem Rover Aufschluss über die Aktivitäten in der Atmosphäre. Die Position kann somit in Echtzeit korrigiert werden. Diese Geräte sind massiv teurer als L1-Geräte. Alternativ zu L2-Geräten sind daher L1-Geräte, welche die Fähigkeit haben Korrekturdaten zu empfangen und anhand dieser die Präzision der Position zu erhöhen[10]. Die Korrekturdaten stammen von einer Referenzstation und können per Mobile empfangen werden. Eine Basisstation, deren Position exakt vermessen ist, misst sich mittels GPS konstant neu ein. Aus der Differenz zwischen der absoluten und neu gemessenen Position kann ein Korrekturfaktor evaluiert werden. Dieser kann über das GSM-Netz (Mobiltelefonnetz) in Echtzeit empfangen werden. Via Mobile und Bluetooth kann das Signal dem Rover übermittelt werden.

---

[10] In der Schweiz wird von der Swisstopo ein Referenzpunktnetz (swipos) betrieben http://www.swisstopo.ch/de/geo/swiposgisgeo.htm

Hinweis: Korrektur mit EGNOS

Die europäische Alternative Galileo beinhaltet übrigens auch ein System namens EGNOS, welches plausibilisierte Korrekturdaten sendet. Diese können durch eine breite Vielfalt an Geräten interpretiert und verarbeitet werden[11].

Postprocessing Korrektur

Eine andere Möglichkeit besteht darin, die Daten zu erheben und am Folgetag zu korrigieren. Für das `Postprocessing` via Internet sind die Korrekturdaten erst 24 Stunden nach der Datensammlung verfügbar, anhand welcher die am Vortag gemessenen Punkte korrigiert werden können. Für Geländemodelle ist dies ein machbarer Weg. Die Genauigkeit ist akzeptabel. Meistens muss auch das Geländemodell nicht innerhalb von 24 Stunden fertig sein.

Hinweis: Übrigens: GPS

Ursprünglich war GPS gedacht, zu jeder Zeit an jedem Ort auf der Erde Einsätze im militärischen Bereich zu unterstützen. Doch schon bald wurde deutlich, dass auch Zivilisten GPS würden nutzen können, und zwar nicht nur zur Bestimmung der eigenen Position. Wie sich herausstellte, waren die ersten beiden Hauptanwendungen im zivilen Bereich die Navigation auf See sowie die Vermessung. Heute reichen die Anwendungen von fahrzeugautonomen Ortungs- und Navigationssystemen über den Einsatz im Bereich Logistik von Transportunternehmen ("Flottenmanagement") bis hin zur Automation und Steuerung von Baumaschinen.

Datenplausibilisierung / Datenauswertung

Hat man alle Daten beisammen und kann diese lesen, so bedeutet dies noch lange nicht, dass somit dem Landschafts- oder Geländemodell nichts mehr im Wege steht. Oft müssen diese Daten weiteren Maßnahmen unterzogen werden bevor es an die endgültige Visualisierung geht.

Eine hervorragende Möglichkeit, einen schnellen Überblick über vorhandene Daten zu bekommen, ist sicherlich der Einsatz eines GIS.

---

[11] http://www.esa.int

32   Grundlagen und Datenherkunft

GIS steht für Geografisches Informationssystem und die Produkte wie ESRI's ArcGIS oder Civil3D (Map3D) aus dem Hause AutoDesk sind den meisten Lesern sicherlich ein Begriff.

Tipp Open Source

Die Beispiele im Buch wurden mit eben den genannten Programmen erstellt, aber es lohnt sich sicherlich, auch mal einen Blick in die Open Source-Ecke zu werfen [12].

Werkzeuge GIS

Es gibt natürlich unterschiedliche Werkzeuge (Programme), um sich mit dem Thema Geodatenhandling zu beschäftigen. Für manch einen mag der CAD-basierende kleine Geländemodellierer bereits ausreichen, für den nächsten ist es bereits die eigene Geodatenbank zur Verwaltung seiner Projekte. Eines steht fest: An erster Stelle der Geodatenbearbeitung steht sicherlich der Begriff GIS.

Ein GIS ist ein Werkzeug, um das Fachleute aus der Praxis, die in irgendeiner Form mit Geodaten zu tun haben eigentlich nicht mehr herumkommen. Es sollte zum Standard gehören wie der Einsatz einer Textverarbeitungssoftware.

Für eine erste Plausibilisierung von Geodaten gibt es eigentlich nichts Besseres, denn ein GIS kann so ziemlich alles an Daten verwerten, was für die 3D-Modellierung so ansteht. Hierzu gehören:

- Geodaten - vektorbasierende Geodaten, Geodatenbanken und die meisten gängigen Geodatenformate
- CAD - Daten wie z.B. - DWG, DXF, DGN [13]
- Sachdaten in beliebigen Datenbanken
- oder auch offene Vermessungsformate, die meist als ASCII-Dateien vorliegen.

---

[12] Viele Informationen sind unter http://opensourcegis.org/ oder http://grass.itc.it/ zu finden.
[13] DWG (DraWinG) ist das AutoCAD Binärformat, DXF (Data Exchange Format) die ASCII-Variante des DWG, DGN die binäre Zeichnungsdatei von Microstation.

Die Sache mit den Bruchkanten

Wird ein DGM nicht „fertig" für die Visualisierung zur Verfügung gestellt und der Visualisierer hat noch Änderungen vorzunehmen, so kann es hilfreich sein, ein paar Aspekte zum Thema Bruchkanten näher zu beleuchten.

Bruchkanten sind Polygonzüge, die beispielsweise den Verlauf einer Straßentrasse oder eines Dammes genau beschreiben.

Liegt z.B. ein Raster-DGM zugrunde, so lassen sich Bruchkanten nicht abbilden, was zu ungenauen Darstellungen führen kann.

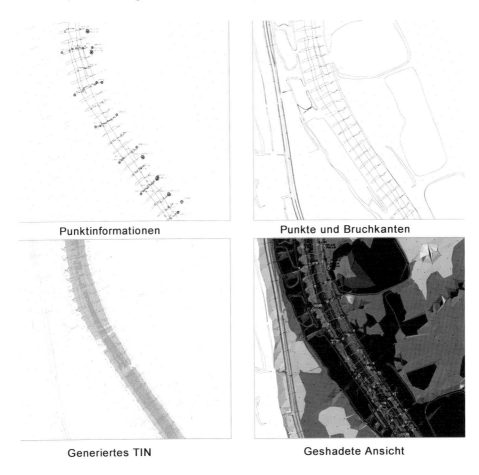

Abb. 14. Punkte, Bruchkanten und ein aus diesen Informationen erzeugtes TIN

In einem TIN, welches nicht an ein definiertes Raster gebunden ist, lassen sich ohne Probleme beliebige Linieninformationen genau vermaschen und abbilden.

Koordinatensysteme

Die Erdoberfläche, die ja annähernd die Form einer Kugel hat, muss auf einer Ebene abgebildet werden. Hierbei soll die Längen-, Winkel- und Flächentreue möglichst gewahrt werden.

Deutsche Vermessungsdaten werden in der Regel in sogenannten Gauß-Krüger-Koordinaten angegeben. Gauß-Krüger-Koordinaten sind ebene rechtwinklige Koordinaten, die aus Rechts- und Hochwert (zweidimensional) bestehen.

Zur Vermeidung störender Abbildungsverzerrungen auf der Gauß-Krüger-Abbildungsebene dürfen die Rechtswerte bestimmte Beträge nicht überschreiten. Es wurden daher Abbildungsstreifen mit einer seitlichen Ausdehnung von drei Längengraden (Meridianstreifensysteme) festgelegt. Der Rechtswert eines Punktes ist dann der senkrechte Abstand vom Mittelmeridian des Abbildungsstreifens. Der Hochwert ist der Abstand des Punktes vom Äquator, gemessen entlang des Mittelmeridians.

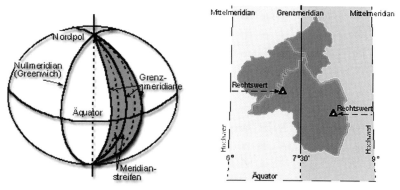

Gauß-Krüger-Koordinaten als Grundlage in Deutschland. Die Daten werden immer in Rechtswert (X), Hochwert (Y) und Höhe in Bezug auf das Bezugssystem angegeben

Abb. 15. Gauß-Krüger-Koordinaten im deutschen Bezugssystem[14]

Rheinland-Pfalz liegt beispielsweise im Bereich zweier Mittelmeridiane. Die Gauß-Krüger-Koordinaten der westlich des Grenzmeridians 7° 30' gelegenen Punkte sind auf den Mittelmeridian 6° und die östlichen auf den Mittelmeridian 9° bezogen.

Im Schweizer Landeskoordinaten-System befindet sich der Nullpunkt für y und x in der Nähe von Bordeaux in Frankreich. Alle Landeskoordina-

---

[14] http://www.lverma.rlp.de - Landesamt für Vermessung und Geobasisinformation, Rheinland-Pfalz

tenpunkte der Schweiz sind daher im positiven Bereich. Da nun alle Punkte im ersten Quadranten liegen, können die Vorzeichen weggelassen werden. Außerdem können Y- und X-Werte nicht mehr verwechselt werden, da die Y-Werte stets größer als 480 km und die X-Werte stets kleiner als 300 km sind.

Der Vorteil der Projektbearbeitung im Landeskoordinatensystem liegt darin, dass die Daten (z.B. Absteckachsen, Mauerachsen, geplante Baumstandorte) mit Landeskoordinaten im CAD definiert und direkt an den Geometer, zur genauen Absteckung auf der Baustelle, gegeben werden können.

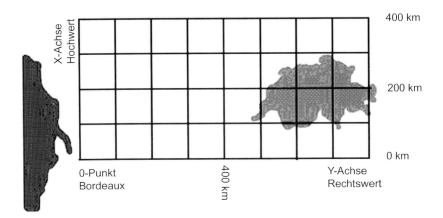

Abb. 16. Landeskoordinaten in der Schweiz

Hinweis Rechtswert und Hochwert

Die Landeskoordinaten besitzen einen Rechts- und Hochwert. Geometer reden vom y-Wert (Ordinate) und meinen den Rechtswert. Der x-Wert (Abszisse) ist in der Vermessung der Hochwert. Der Ordinatenwert y muss immer zuerst angegeben werden und nachher der Abszissenwert x.

Schnittstellen zur 3D-Visualisierung

Die Schwierigkeit bei der Umsetzung von Visualisierungsvorhaben mit gängigen Geländemodellierungswerkzeugen liegt in der Qualität der Ausgabe. So lassen sich bereits in GIS-Applikationen hervorragende 3Dgabe. So lassen sich bereits in GIS-Applikationen hervorragende 3D-Darstellungen generieren und Auswertungen der Daten vornehmen.

Für die Zielgruppe der Profis sind Visualisierungen auf GIS-Grundlage in der Regel die Plattform des Austauschs. Für eine hochwertige Visualisierung zu Präsentationszwecken sind diese Programme aber weder gedacht noch besonders geeignet.

Spezielle Programmanwendungen haben sich auf die Visualisierung von Geodaten spezialisiert, wie z.B. der World Builder von Digital Element (www.digi-element.com) oder diverse Plug-In-Anbieter für alle gängigen 3D-Programme. Allerdings scheitert die Umsetzung der Daten oft an der Lesbarkeit von öffentlichen Daten wie z.B. Atkis[15] o.Ä., die für Visualisierungen nicht konzipiert wurden. Oder genauer formuliert: für die keinerlei für die Visualisierung nutzbare Datenschnittstellen vorliegen.

Hier hilft der Einsatz eines GIS als „Datenkonverter"[16]. Mit entsprechender Funktionalität versehen fällt es damit meist leichter, Geodaten zu lesen und für weitere Verwendung im Rahmen einer Visualisierung zu bearbeiten und zu exportieren.

Viele Planer erstellen mit speziellen, für CAD-Plattformen programmierten Werkzeugen ihre digitalen Geländemodelle, deren weitere Präsentation in 3D-Anwendungen umgesetzt werden soll.

Solche Programme, wie z.B. Civil 3D als AutoCAD-Applikation bieten entsprechende Ausgaben der Daten als DWG oder DXF-Daten, bzw. bieten direkte Schnittstellen in die Welt der 3D-Visualisierung.

---

[15] ATKIS, (Amtliches Topographisch-Kartographisches Informationssystem) stellt die topographische Basisinformation der fachlichen Informationssysteme im großräumigen mittel- bis kleinmaßstäblichen Bereich dar. ATKIS (www.atkis.de) zielt auf einen bundeseinheitlichen digitalen topographischen Basisdatenbestand über die Objekte, die Erscheinungsformen und das Relief der Erdoberfläche und gilt heute als das landschaftsbeschreibende Geo-Informationssystem (GIS) der deutschen Landesvermessung. Die Landschaftsbeschreibung erfolgt in unterschiedlichster Form und kann somit verschiedenste Anwenderanforderungen erfüllen. ATKIS liefert objektbasierte, signaturbasierte und bildbasierte Beschreibungen der Erdoberfläche in Form folgender digitaler Modelle:
- Digitale Landschaftsmodelle (DLM)
- Digitale Geländemodelle (DGM)
- Digitale Topographische Karten (DTK)
- Digitale Orthophotos (DOP).

[16] Natürlich wird jeder GIS-Anwender an die Decke gehen, wenn sein GIS als Datenkonverter betrachtet wird, aber nochmals kurz zur Erinnerung: Visualisierung für Präsentationszwecke ist einfach nicht die Domäne des GIS.

Hinweis Civil 3D

Civil3D von AutoDesk liefert übrigens den kompletten VIZ-Renderer gleich mit und erspart so den Wechsel zur Visualisierung in spezialisierten Programmen.

Datenaustausch

In der Regel besitzt der 3D-Anwender oder Visualisierer keine GIS-Anwendung. Dennoch gibt es Möglichkeiten solche Daten zu handhaben.

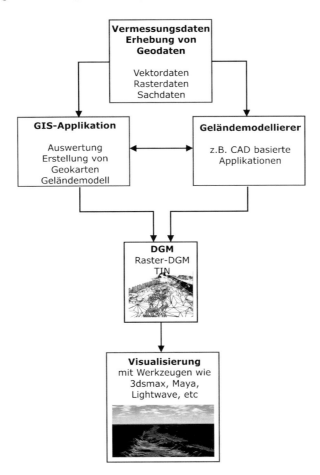

Abb. 17. Gängiger Datenfluss bei der Erstellung von 3D-Visualisierungen aus Geodaten

Der erste Ansatz führt zum Gespräch mit dem Auftraggeber und der Frage nach dem geeigneten Austauschformat. So ermöglichen die gängigen GIS-Produkte die Umwandlung von Raster-DGM in TIN und eine Ausgabe von CAD-Daten, wie DWG oder DXF.

Was auch (fast) immer funktioniert, ist die Ausgabe der Geländeinformationen als Punktdaten mit Rechtswert, Längswert und Hochwert (XYZ) im jeweiligen Koordinatensystem (z.B. Gauß-Krüger).

Die meisten 3D-Programme sind in der Lage CAD-Daten, zumindest das Autodesk-Austauschformat DXF (Data Exchange Format) oder ASCII-Punkt-Daten zu importieren. Auch VRML (Virtual Reality Modeling Language) ist ein oft benutztes Datenaustauschformat.

Hinweis ASCII?

Der amerikanische Standard ASCII (American Standard Code for Information Interchange) umfaßt maximal 256 Zeichen und kann von (fast) jedem Computersystem gelesen werden. Das AutoCAD-Format DXF liegt im ASCII-Format vor. ASCII ist nur die Sprache, die Inhalte können natürlich variieren. Hier ist in der Dokumentation des jeweiligen Programmes zu prüfen, welche Art von ASCII-Dateien gelesen, bzw. geschrieben werden können.

Koordinaten

Aber Vorsicht ist geboten, denn bei der Erstellung eines Geländemodells werden in der Regel Bezugskoordinatensysteme verwendet, deren Koordinaten für eine Aufblähung des Speichers sorgen.

Ein Beispiel: Sie arbeiten mit einem CAD-Programm und Gauß-Krüger-Koordinaten zur Beschreibung ihrer Landmarken. Sie haben ein Geländemodell und wollen dieses in einem 3D-Programm visualisieren. Das Geländemodell ist in ihrem CAD-Programm mit den Originalkoordinaten versehen, sie wollen schließlich konstruktive Informationen auswerten. Stellen wir uns vor, die Koordinatenwerte liegen in einer Größenordnung von 10^7 Einheiten (Meter) vor (z.B. 34.000.000, 5.500.000).

Stellen wir uns weiter vor, Sie importieren diese Daten in ein 3D-Programm. Sie werden feststellen, dass unter Umständen aufgrund der hohen Werte, die den aufzubauenden Polygonen zugrunde liegen, diese nicht mehr korrekt wieder gegeben werden.

Verschieben Sie die Objekte ihrer Zeichnung jedoch vor dem Export um z.B. 10^6 Einheiten (hier Meter) in Richtung Ursprung, verkleinern Sie die

Werte, ohne die Darstellung als solche zu verändern - Koordinaten können Sie im 3D-Programm dann aber nur noch unter Verwendung dieses Verschiebevektors ermitteln. Auch tauchen die üblichen Probleme wie umgekehrte Normalenausrichtung und die damit verbundene Materialfehlbelegung sozusagen als Standardproblem immer wieder auf.

3D-Darstellung

Die Grundlage der 3-dimensionalen Visualisierung von Landschafts- und Geodaten bildet in der Regel ein Digitales Geländemodell. Weitere Bezeichnungen für Digitale Geländemodelle sind „Digitales Landschaftsmodell", „Digitales Höhenmodell" und „Digital Elevation Model". Die unterschiedlichen Bezeichnungen beinhalten auch verschiedene Dateninhalte. So besteht ein Digitales Geländemodell aus der reinen Geometrieinformation zur Beschreibung der Geländeoberkante, ein Landschaftsmodell hingegen beinhaltet unter Umständen auch Gebäudeinformationen und dient oft als Grundlage für die Auswertung von statistischen Untersuchungen.

Grundsätzlich werden Digitale Geländemodelle nach der Art der Geometriedatenverwaltung und zwei maßgeblichen Kriterien unterschieden:

- Raster-DGM
- TIN.

Raster-DGM

Unter einem Raster-DGM ist ein gleichmäßiges Raster mit definierter Weite (z.B. 25 m, 50 m, etc.) zu verstehen. Jedem Rasterpunkt wird eine Höhe zugewiesen. Der Vorteil eines Raster-DGM besteht darin, dass der Aufbau der 3D-Daten über eine Matrix sehr schnell erfolgen kann und die Darstellung wenig Speicherplatz erfordert, da nicht für jeden Punkt alle Raumkoordinaten vorgehalten werden müssen.

Zellinformationen beziehen sich IMMER auf die Mitte des Rasterelements

Abb. 18. Bezugspunkt der Rasterelemente

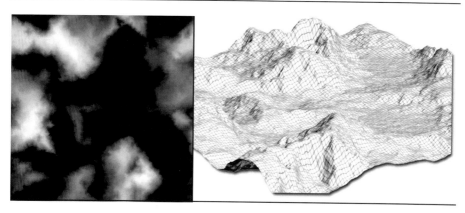

8 Bit DGM (Graustufen)   Rasterdaten als Drahtgitter-Modell

Abb. 19. DGM 8 Bit Graustufenbild (gleichmäßiges Pixelraster mit Attributwerten für die Geländehöhe) und darauf aufbauendes Drahtgitter-Modell

TIN

Das Triangular Irregular Network (TIN) oder im Deutschen die „unregelmässige Dreiecksvermaschung" kommt für die Darstellung von digitalen Geländeoberflächen zum Einsatz.

Weitere Begriffe sind „Digitales Höhenmodell" (DHM) bzw. „Digitales Geländemodell" (DGM).

Wichtig: Ein TIN ist aber immer die Grundlage für all diese Modelle!

Die TIN-Datenstruktur basiert auf zwei Elementen: Punkten mit X-, Y-, Z-Werten und -Kanten. Über eine Triangulation (Dreiecksvermaschung) zwischen den Punkten wird ein Mosaik aus Dreiecken gebildet und es entsteht eine zusammenhängende Oberfläche.

Je mehr Punke in einem Modell existieren, desto mehr unterschiedliche Möglichkeiten der Dreiecksbildung gibt es. Ungenauigkeiten verursachen lange, schmale Dreiecke und sollten daher vermieden werden. Deshalb werden an den Triangulationsalgorithmus bestimmte Bedingungen gestellt. Neben der Vermeidung von langen, schmalen Dreiecken ist ein Kriterium für den Algorithmus, dass eine maximale Anzahl von Dreiecken entsteht, deren Seiten sich nicht schneiden. Die Delaunay-Triangulation erfüllt die Bedingungen am besten. Wenn das Programm wie zum Beispiel Civil 3D von Autodesk anhand von Punktdaten ein trianguliertes DGM erstellt, wird mittels der Delaunay-Triangulation der Punkte das DHM berechnet. Bei der Delaunay-Triangulation befindet sich kein anderer Punkt innerhalb des Kreises, der von den Scheitelpunkten eines beliebigen Dreiecks definiert wird. Die Delaunay-Triangulation hat mehrere Vorteile gegenüber anderen Methoden:

☐ Die Dreiecke sind relativ gleichwinklig und verhindern lange, schmale Dreiecke und damit das Potential numerischer Ungenauigkeit.
☐ Es wird sichergestellt, dass jeder Punkt der Oberfläche sich so nah wie möglich an einem Knoten befindet.
☐ Die Triangulation ist unabhängig von der Reihenfolge der Punkteberechnung.

TIN werden aus Punkten, Linien und Flächen erzeugt. Die Generierung erfolgt weitgehend automatisch. Der Ursprung der Ausgangsdaten kann stark variieren (mit dem GPS selbst erhoben oder von einer Karte digitalisiert, bezogen vom Vermessungsbüro oder Vermessungsamt).

Die TIN-Oberfläche besteht immer aus zusammenhängenden Flächen von Dreiecken. Für jeden Punkt auf der Fläche kann seine Höhe aus den X-, Y-, Z-Knotenwerten des umgebenden Dreiecks interpoliert werden. Damit ist auch die Neigung und der Flächeninhalt bestimmbar.

Als ganz wichtig ist festzuhalten, dass die Genauigkeit der Modelle und Berechnungen immer von den Ausgangsdaten abhängt.

Ein Problem bei der automatischen Generierung eines TIN auf der Basis von Höhenlinien ist die Bildung von Horizontaldreiecken. Eigentlich sollte das Dreieck immer zwischen niedrigeren und höheren Punkte gebildet werden. Da sich aber oft keine passenden Höhenpunkte auf der nächst höheren Höhenlinie in der Nähe befinden, wird auf dem nächsten Punkt der selben Höhenlinie vermascht. Es entsteht eine Ebene, dort wo in der realen Situation ein Gefälle existiert. Dieser Fehler führt dann bei der Auswertung zu nicht korrekten Aussagen und Mengenangaben. Normalerweise haben DHM-Programme Befehle, mit denen die Dreiecke gedreht werden können. Eine visuelle Überprüfung bzw. die Kenntnis des Geländes vor Ort ist trotz Automatisierung notwendig

Das TIN bietet aber auch die Möglichkeit, Gelände in unterschiedlichen Rastern darzustellen. Weiterhin hat es gegenüber Rastergeländemodellen u. a. den Vorteil, dass Bruchkanten eingebaut werden können. Bruchkanten stellen Geländebrüche im Modell dar.

Stützmauern, die in steilem Gelände das Abrutschen von Hängen verhindern, sind klassische Bruchkanten. Aber auch Böschungsober- und Unterkanten von Dämmen werden in digitalen Geländemodellen mit Bruchkanten definiert. Die Bruchkantendaten beeinflussen die Triangulation des DGM. Eine Bruchkante zwischen den Punkten hat zur Folge, dass das

Programm diese Punkte mit einer Dreieckskante im DGM (TIN) verbindet, auch wenn dies die Delaunay-Eigenschaft verletzt. Bei Stützmauern haben Bruchkanten mehr als einen Z-Wert für einen X-, Y-Punkt. Es gibt einen Z-Wert für die Mauerunterkante und einen Wert für die Maueroberkante. Da Dreiecksvermaschungen nur immer einen Z-Wert für einen Punkt im Gelände abspeichern können, umgeht man das Problem damit, dass zwei Linien verwendet werden, die sich sehr nahe aneinander befinden und bei denen die erste Linie die Unterkante, die zweite Linie die Oberkante repräsentiert. Da in einem DGM immer nur ein z-Wert bei einem mit x und y definierten Punkt vorkommen darf, handelt es sich um ein 2.5-D und nicht um ein 3-D-Modell. Da die Berechnung in der Ebene geschieht und die reale Lage der Daten nicht berücksichtigt wird, ist es sehr schwierig oder nur über Umwege mit einem normalen DHM-Programm Tunnel oder Überhänge zu konstruieren.

Zusammenfassung

Das vorliegende Kapitel sollte einen kurzen Überblick über die Entwicklung der Landschaftsvisualisierung und einen ersten Eindruck der Datengrundlagen vermitteln.

So setzen sich die geometrischen Grundlagen eines Digitalen Geländemodells aus den Grundtypen Punkt, Linie und Polygon zusammen.

Luftbilder und Satellitenbilder sind einerseits die Grundlage und andererseits auch Materialien für die fertigen 3D-Modelle.

Geodaten werden auf unterschiedliche Art und Weise erhoben. Hierzu gehören außer den klassischen Vermessungsverfahren auch der Einsatz von GPS und die Generierung von Punktewolken durch Laserscanner-Befliegungen.

Geodaten müssen, bevor sie in einem DGM verarbeitet werden können, plausibilisiert , bzw. für die Visualisierung vorbereitet werden. Hierzu gehören unter anderem der Einsatz unterschiedlicher Werkzeuge und die Beachtung der dem jeweiligen Datensatz zugrunde liegenden Bezugskoordinatensysteme.

Der Datenaustausch zu den Visualisierungswerkzeugen erfolgt meist über CAD-Formate, wie DWG oder DXF oder entsprechende Importer. Die in der Visualisierung am häufigsten verwendeten Typen von DGM sind Raster-DGM und TIN.

3D-Visualisierung von Geländedaten

Fünf Schwerpunkte bilden die Grundlage dieses Kapitels. Diese sind der Import vorhandener Geodaten, die Modellierung nach Gutdünken, einige Informationen zu Materialien, ein paar Worte zu Verformungen und ihre Animation.

Datenimport eines DGM

Selten wird der 3D-Modellierer sein Geländemodell sozusagen „frei Schnauze" erstellen können. Vielmehr geht es meist darum, vorhandene Daten darzustellen oder als Grundlage für eine Planungsmaßnahme zu verwenden.

Steht, wie bereits zuvor erwähnt, ein GIS zur Verfügung, so ist der Datenexport für die weitergehende 3D-Visualisierung in der Regel kein Problem. Sollte kein GIS zur Verfügung stehen, bleibt meist nichts anderes übrig, als auf die gängigen Formate der 3D-Visualisierungsprogramme zurückzugreifen.

Und hier hat sich inzwischen einiges getan. Die meisten 3D-Programme sind der Lage folgende Daten direkt zu importieren:

- CAD-Schnittstelle - meist DWG und DXF
- Punkte - meist ENZ[1] oder Rasterdaten[2] als ASCII-Datensatz
- VRML-Schnittstelle - Datenformat zur Beschreibung von interaktiven 3D-Welten
- diverse 3D-Formate - Schnittstellen zwischen 3D-Werkzeugen. Die häufigsten sind OBJ, 3DS und LWO[3]
- Import als RAW[4]-File oder Graustufenbild.

---

[1] Easting Northing Z (ENZ, für Erhebung/Höhe - Elevation ist ein spaltendefiniertes ASCII-Format)

[2] z.B. DEM als Header definierte ASCII-Datei

[3] OBJ - Alias Wavefront-Dateiformat, 3DS - 3D Studio DOS-Format - das 3ds Format ist allerdings aufgrund seiner Beschränkungen (64.000 Polygone) nur für kleine Geländemodelle geeignet. LWO - Lightwave Object Format.

[4] RAW - (Roh) ist ein Rohdatenformat das herstellerabhängig verlustfrei komprimiert bei Digitalkameras Verwendung findet. Es unterstützt CMYK-, RGB- und Graustufenbilder mit Alpha-Kanälen sowie Mehrkanal- und Lab-Bilder ohne Alpha-Kanäle

Tipp Austausch mit dem Auftraggeber

Im Vorfeld lohnt sich immer ein Gespräch mit dem Auftraggeber. Eine Diskussion über die geplante Umsetzung, die erforderlichen Daten und deren Vor- und Nachteile für eine Visualisierung kann die geplante Visualisierung erheblich erleichtern und weckt auch das Verständnis für eine sonst immer wiederkehrende Problematik „Das geht doch bei Ihnen auf Knopfdruck ...". Geodaten werden oft vom Auftraggeber zur Verfügung gestellt. Definieren Sie im Vorfeld, vielleicht im Rahmen eines kurzen Gesprächs (am besten protokolliert), welche Austauschformate Sie am besten verarbeiten können. Sie werden überrascht sein, was machbar ist.

Nahezu alle Geländemodellierer und GIS-Werkzeuge sind in der Lage CAD-Daten zu generieren. Ist dies nicht der Fall bietet sich als Alternative der Datenaustausch über das VRML-Format (Virtual Reality Modeling Language) an. Ist auch diese Option nicht vorgesehen, kann mit Sicherheit ein Trippeldatensatz (XYZ) erzeugt werden. Allerdings ist zu beachten, dass beim Import von Geländedaten über eine Triangulierung (Neuvermaschung) vorhandene Bruchkanten nicht mehr vorhanden sind und ggf. Fehler im neu erstellten Geländemodell auftauchen können

Tipp Datenaustausch in 3ds max

In 3ds max ist ein „Speichern unter vorhergehende Version" nicht möglich. Hier hilft ein kleines Script von Borislav Petrov „Bobo"names **Back from Five**. *Dieses kleine Programm ermöglicht ein Speichern sämtlicher 3ds max-Daten in ein ausführbares Script. Download und Infos sind unter http://www.scriptspot.com/ zu finden.*

Import eines vorhandenen DGM als trianguliertes TIN

Eine sehr häufig in der Praxis vorkommende Anforderung lässt sich wie folgt beschreiben:
Das Geländemodell ist bereits fertig modelliert. Die Daten werden auf Wunsch zur Verfügung gestellt. Eine wichtige Voraussetzung ist die Darstellung aller wichtigen Bruchkanten des Modells in der Visualisierung. Die Visualisierung soll als Entscheidungshilfe bei einem öffentlichen Dis-

kurs dienen. Der Datensatz wurde in einem CAD-basierten Geländemodellierer erstellt. Dies bedeutet, dass die Geländedaten als CAD-Datensatz vorliegen. Die CAD-Daten beinhalten in der Regel ein zusammenhängendes Netz (Mesh) und liegen im DWG- oder DXF-Format vor. Die meisten PC-CAD-Programme sind in der Lage, diese Dateiformate aus dem Hause AutoDesk zu lesen und zu schreiben.

Bevor es an den Import der Daten geht, lohnt es sich, diese mittels einer CAD-Anwendung zu überprüfen. Optimal ist eine entsprechende Aufbereitung des Datensatzes bereits im Vorfeld durch den Auftraggeber.

Ist dies nicht der Fall, führt kein Weg daran vorbei, die Daten vor der Weiterverarbeitung selbst zu überprüfen. Die Kriterien für einen erfolgreichen Import lassen sich wie folgt festhalten:

☐ Liegen alle zugehörigen Daten des DGM auf einer Ebene (Layer)? Ist dies nicht der Fall, empfiehlt es sich, diese auf eine gemeinsame Ebene zu legen, da sonst Schwierigkeiten mit Materialbelegungen auftauchen können - es kann beim Import passieren, dass importierte Ebenen in eigenständige Objekte umgewandelt werden.
☐ Sind „unnötige" Informationen in der Datei vorhanden? Dies können beispielsweise noch vorhandene Konstruktionshilfen oder separate Punktinformationen sein, die sich in deaktivierten Layern befinden. Es ist sinnvoll, diese Daten vor dem Import zu löschen und die Datei zu bereinigen um den Import der Daten zu beschleunigen.
☐ Sind eventuell einzelne Bestandteile des DGM in Blöcken referenziert? Ist dies der Fall, sollten vorhandene Blockreferenzen aufgelöst und die Ebenenzuordnung nochmals überprüft werden.

Grundsätzlich ist eine nachträgliche Bearbeitung zwar auch im jeweiligen 3D-Visualisierungsprogramm möglich, jedoch ist diese meist mit erheblich größerem Aufwand verbunden. Auch ist der Datenimport eines DGM häufig eine Frage der Geduld, da dieser je nach Größe des Modells einige Zeit in Anspruch nehmen kann.

Ein weiterer Aspekt ist die Sache mit den Koordinaten. Die Vereinfachung der Bearbeitung stellt in diesem Fall ein entsprechender Verschiebevektor dar.

Die Geoinformationen bedingen je nach Ort der Aufnahme sehr große Zahlenwerte, da die Koordinaten der einzelnen Objekte und Punktinformationen beispielsweise in Gauß-Krüger-Koordinaten angegeben werden.

Diese „großen" Koordinaten sind für einen mit Double-Precision (64 Bit) programmierten Geländemodellierer oder ein CAD-Programm kein Problem. Für eine 3D-Umgebung wie z.B. 3ds max, die Single-Precison

(32 Bit) programmiert ist, kann dies jedoch unter Umständen ein heftiges Handicap darstellen.

Die „großen" Zahlenwerte eines Geländemodells können zu eigenartigen Effekten bei der Verwendung von Kameras, Transformationen jeder Art und Animationen führen.

Deshalb gilt es die „Datenwerte" klein zu halten. Dies kann zwar im jeweiligen 3D-Programm vorgenommen werden, allerdings können hier bereits Deformationen der Geometrie auftauchen, so dass es auf jeden Fall zu empfehlen ist, die Reduktion außerhalb der Visualisierungssoftware vorzunehmen.

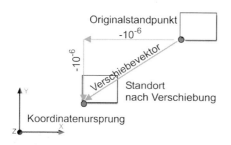

Erreicht wird die Verkleinerung der Werte durch eine Verschiebung des Geländemodells in Richtung des Koordinatenursprungs. Wichtig ist es, diesen Verschiebevektor zu notieren um einen nachträglichen Import weiterer Informationen des Auftraggebers wie z.B. Gebäudeinformationen o. Ä. zu erleichtern.

Abb. 20. Verschieben der Objekte in Richtung Ursprung reduziert die erforderliche Speichermenge

Hinweis Optimaler Datenimport

Es gibt für die zur Visualisierung verwendeten Programme eigentlich nur ein einziges optimales Importformat. Dies ist das „hauseigene" native Datenformat. Allerdings ist dies so gut wie nie zu erreichen. Deshalb sollte auf jeden Fall versucht werden, eine Schnittstelle zu verwenden, die Geometrieinformationen möglichst verlustfrei transportieren kann. Im Zweifelfall lohnt sich auch der Kontakt zum Hersteller oder der Besuch diverser Diskussionforen.

Die nachfolgenden Visualisierungsbeispiele sind hier gelegentlich sehr AutoDesk-spezifisch, da einige der aufgeführten Funktionen nur in der Schnittstelle AutoCAD und 3ds max funktionieren. Diese Beispiele sind besonders gekennzeichnet. Alle anderen Beispiele funktionieren mit anderen Visualisierungswerkzeugen als 3ds max in ähnlicher Art und Weise.

DGM-Import einer DWG-Datei

Das vorliegende Beispiel eines DGM wurde mit der AutoCad-basierten Anwendung Civil3D erstellt. Die Anwendung selbst verwendet ein eigenes internes Datenformat zur Beschreibung und Verwaltung der Geländedaten. Sie besitzt aber eine direkte AutoCad-Integration und ermöglicht somit die Erstellung von CAD-Daten im DWG- und DXF-Format. DWG (**Dra-WinG**) ist das AutoCad eigene binäre Datenformat, DXF (**D**ata E**X**change **F**ormat) die Import/Exportschnittstelle im ASCII-Format.

Abb. 21. Beispiel eines DGM in AutoCAD-Umgebung (Civil3D)

Folgende Maßnahmen wurden vor dem Export der Datei durchgeführt:

1. Alle zum DGM gehörigen Objekte wurden auf einen Layer gelegt.
2. Der Befehl *BEREINIG (_PURGE)* wurde ausgeführt, um alle nicht benötigten Elemente zu entfernen.
3. Konstruktionselemente wie Polygonzüge und nicht mehr benötigte Referenzpunkte wurden entfernt.
4. Das verbliebene Objekt wurde um 5.400.000 x 3.400.000 Einheiten in X- und Y-Richtung zum Ursprung der Datei hin verschoben.

Der anschließende Import[5] in 3ds max gestaltet sich entsprechend einfach.

DATEI • IMPORT -AKTUELLE SZENE VOLLSTÄNDIG ERSETZEN.

Die Voreinstellungen des Import-Dialogfensters bleiben erhalten, wichtig ist, dass die Option OBJEKTE ABLEITEN VON LAYER aktiv ist.
Die maßgeblichen Bruchkanten, die wichtige Bestandteile des Modells sind, bleiben erhalten und werden vollständig in die erstellten Dreiecke integriert.

Abb. 22. Das importierte DGM. Zur Veranschaulichung wurden die aus der Originaldatei extrahierten Bruchkanten mit eingefügt (dicke Konturlinien)

Tipp **LandXML**

Speziell bei 3ds max gibt es seit der Version 7 die Möglichkeit, LandXML-Formate zu importieren. Dieses Format bildet die Topologie eines TIN in einer Knoten- und Elementliste ab. Das Format ist als Schnittstelle für TIN optimal, da auch alle Bruchkanteninformationen erhalten bleiben.

---

[5] Eine Alternative ist auch die Option DWG-Linking - Diese geht allerdings nur bei 3dsmax ab Version 6. Hierbei wird eine externe Referenz auf die DWG erstellt.

Datenimport eines DGM   49

LandXML ist ein offenes OpenSource-Format und wird von vielen GIS-Produkten und -Herstellern inzwischen unterstützt.[6]

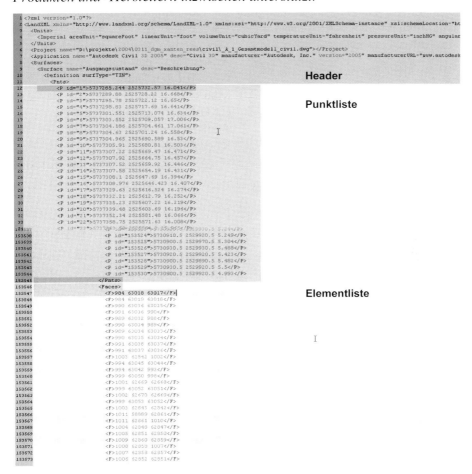

Abb. 23. Beispiel eines DGM im LandXML-Format

DGM als VRML-Datei

Liegt ein Datensatz als VRML-Datei (*.WRL) vor, hat dies den Vorteil, dass (falls) vorhandene Mapping-Informationen in VRML-Formaten übernommen werden. Ähnlich wie der Import einer im CAD-Format vorliegenden Datei lässt sich eine VRML-Datei ohne Schwierigkeiten in nahezu jedes 3D-Programm importieren. Der maßgebliche Vorteil besteht bei

---

[6] http://www.landxml.org

VRML darin, dass die Daten im Vorfeld mit gängigen VRML-Viewern[7] betrachtet und kontrolliert werden können. Allerdings ist darauf zu achten, dass VRML-Dateien in einem anderen Koordinatensystem ausgerichtet sein können.

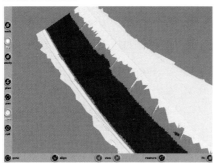

Das nachfolgende Beispiel ist ein Auszug aus der ins VRML-Format konvertierten Datei.
Man sieht nach dem Eintrag des CAD-Koordinatensystems die Transformation in die VRML-Koordinaten:

Abb. 24. DGM als VRML-File im Cortona-VRML-Viewer

```
#CAD x,y,z = x*,y*,h*        -> turned to ->      VRML:
x',y',z' = x*,h*,-y*

coord Coordinate { point [
            2568885.38  46.54  -5642910.73
            2568885.34  46.54  -5642910.69
            2568886.29  46.54  -5642908.87
```

Doch auch hier steckt der Teufel im Detail. Ein Import großer Polygonzahlen kann 3ds max in die Knie zwingen. Ist der Verschiebevektor nicht berücksichtigt, wird die Angelegenheit noch etwas zäher. Denn um die Datei zu importieren ist Geduld vonnöten. Hier kann man sich mit einem Trick behelfen. Ist es nicht mehr möglich eine entsprechend verschobene Datei zu erhalten, so kann mit einem ASCII-Editor das Problem schnell behoben werden.

Am Beispiel:
Die Koordinaten der Elemente bewegen sich in einem Bereich von X/Y 2.560.000 /5.640.000:

```
    coord Coordinate { point [
            2568885.38  46.54  -5642910.73
            2568885.34  46.54  -5642910.69
            2568886.29  46.54  -5642908.87
        ]}
```

---

[7] VRML-Viewer - eine Übersicht ist unter http://www.web3d.org zu finden

Um diese Zahlenwerte zu verkleinern entfernen Sie über die Option „*Suchen/Ersetzen*" alle Werte _256 und -564. Das Ergebnis könnte so aussehen:
```
coord Coordinate { point [
    8885.38 46.54 -2910.73
    8885.34 46.54 -2910.69
    8886.29 46.54 -2908.87
]}
```
Man kann natürlich auch eine kleine Anwendung in Delphi oder Visual Basic zur „echten" Koordinatentransformation erstellen. Der vorgestellte Weg erscheint einfacher. Allerdings hat sich der Anwender beim Import einer VRML-Datei damit auseinander zu setzen, dass das ursprünglich zusammenhängende Gitter in einzelne Elemente zerlegt wird (dies geschieht übrigens auch ohne die Anwendung einer Transformation).

Hier hilft nichts anderes als die Bearbeitung des Netzes und das Anhängen aller zugehörigen Objekte an das erste Netzobjekt.

Ähnlich wie beim direkten Import mittels CAD-Schnittstelle bietet VRML den Vorteil, dass die importierten Dreiecke die im DGM integrierten Bruchkanten abbilden. Somit ist eine korrekte Wiedergabe des Originalmodells einwandfrei möglich.

Import von Trippeldaten (XYZ)

Liegen die Daten des Digitalen Geländemodells nur als Punktinformationen vor, so gibt es unterschiedliche Ansätze, diese im jeweiligen 3D-Programm zu importieren. Für die meisten Tools gibt es auf dem freien Markt Importer für ASCII-Daten.

Bei 3ds max hilft beispielsweise ein kleines freies Plug-In der Firma Habware[8] weiter. Das Terrain2-Plug-In (Terrain Mesh Import Utility) ermöglicht eine Delaunay-Triangulation beliebiger Trippeldaten und erzeugt daraus direkt in 3ds max ein bearbeitbares Netz.

---

[8] http://www.habware.at

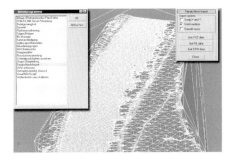

Allerdings gibt es beim Neutriangulieren von Punktdaten i.d.R. keine Möglichkeit, Bruchkanteninformationen zu erhalten, so dass diese bei der Vermaschung der Punkte-Trippel nicht berücksichtigt werden können.

Abb. 25. Screenshot aus dem in direkt 3ds max triangulierten Modell

Zur schnellen Übersicht oder auch für eine qualitative Darstellung von Punktdaten liefern solche Triangulierer jedoch hervorragende Dienste.

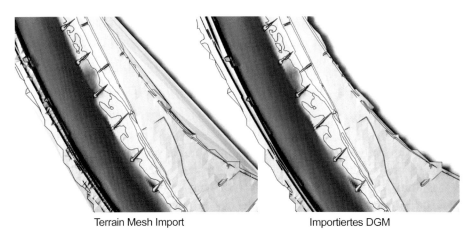

Terrain Mesh Import   Importiertes DGM

Abb. 26. Das linke Bild zeigt das mit Terrain Mesh Import in 3ds max triangulierte DGM, das rechte Bild das direkt über die CAD-Schnittstelle importierte DGM. Beide Datensätze wurden im Vorfeld in Richtung des Ursprungs verschoben.

Der erste Unterschied, der sofort ins Auge sticht, ist der beim CAD-Import erhalten gebliebene Umring des Modellausschnitts. Bei dem neu triangulierten Modell wurde die Umrandung ignoriert, so dass hier auf jeden Fall eine Nachbearbeitung erforderlich ist. Sieht man in der Betrachtung der einzelnen Darstellungen sonst keinen großen Unterschied, so zeigt die Differenzdarstellung der beiden übereinander gelegten Modelle deutlich die Unterschiede.

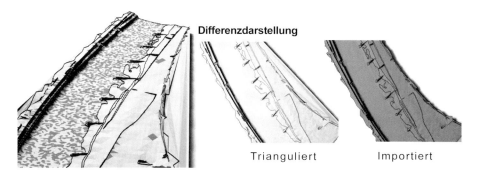

Abb. 27. Differenzdarstellung der beiden überlagerten Modelle

Import eines DGM im DEM-Format

Eine andere Möglichkeit Digitale Geländemodelle in 3D-Anwendungen zu importieren ist die Verwendung des Raster-DGM-Formats DEM (USGS Digital Elevation Model). Der in 3ds max seit Version 7.x integrierten LandXML-Importer kann übrigens auch USGS-Formate interpretieren. Dies allerdings nicht immer fehlerfrei.

Ein weiteres sehr nützliches Importwerkzeug der Firma Habware ist ein Importer namens DEM2MAX. Das Plug-In ist in der Lage USGS-DEM-Daten einzulesen und zu bearbeiten.

Nach Installation des Plug-Ins über kopieren in den Plug-In-Ordner von 3ds max oder nachträglichen Aufruf via *ANPASSEN • PLUG-IN-MANAGER • NEUES PLUG-IN* laden lässt sich über *DATEI • IMPORTIEREN* das DEM-Format direkt auswählen.

Die vorgegebene Rasterweite ist nachträglich variierbar und ermöglicht, ähnlich der Verwendung des MultiRes-Modifikators, eine den jeweiligen Anforderungen der Darstellung angepasste Auflösung. Auch wird automatisch ein Multi-/Unterobjekt-Material erzeugt, welches in Abhängigkeit der unterschiedlichen Höhenniveaus automatisch eine Zuordnung höhenkodierter Informationen ermöglicht.

Der Nachteil des DEM-Formats besteht jedoch darin, dass Bruchkanten nicht abgebildet werden können und der Betrachter sich mit einer Verzerrung dieser Informationen anfreunden muss. Allerdings liegen auch sehr viele Topografie-Informationen als DEM-Format zum freien Download zur Verfügung, so dass der 3D-Anwender hiermit einen schnellen Zugriff auf reale Erddaten erhält.

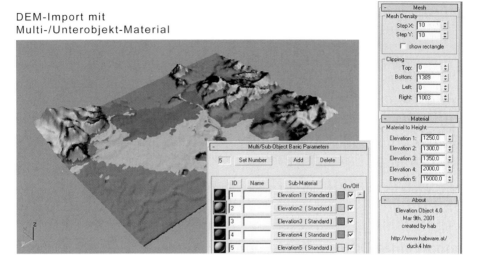

Abb. 28. DEM-Import und Bearbeitung der Höhenkodierung mittels automatisch generiertem Multi-/Unterobjekt-Material

Hinweis Datenkonverter

Zur Zeit ist Okino's Polytrans wohl der einzige reine Konverter, der auch das USGS-Format beherrscht[9].

Erstellung eines DGM für Visualisierungszwecke

Lassen Sie uns nach all dem Import vorhandener Daten noch einen kurzen Blick auf einige Möglichkeiten der Erstellung eines Geländemodells „frei Schnauze" in 3D-Visualisierungswerkzeugen werfen. Grundsätzlich gibt es drei Arten zur Erstellung einer Geländeoberfläche. Diese sind:

1. die Erstellung mittels geometrischer Verformung
2. Einsatz des Geländeobjekts (3ds max -spezifisch)
3. die Erstellung mittels 3D-Verschiebung (Displacement).

Betrachtet man die Angelegenheit etwas genauer sind letztendlich auch 3D-Verschiebungen oder Displacement-Verfahren nichts anderes als eine

---

[9] http://www.okino.com

geometrische Verformung, aber die grundsätzliche Einwirkung auf die zu modifizierende Geometrie gestaltet sich etwas anders.

Erstellung mittels geometrischer Verformung

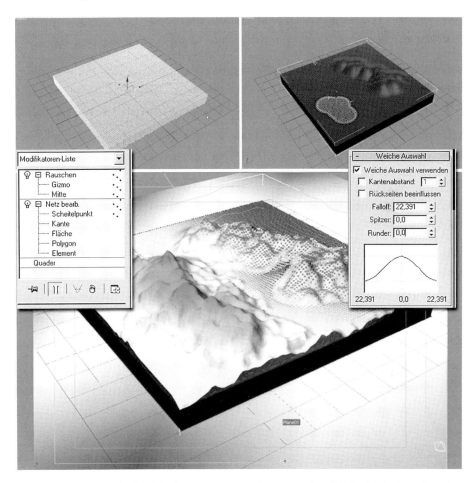

Abb. 29. Geometrische Verformung eines Quaders durch Manipulation der einzelnen Gitterpunkte des Netzes (Netz Bearb.-Modifikator in 3ds max) und anschließendem Einsatz von Rauschen

Hiermit ist die beliebige Einwirkung mittels verschiedener Transformationen auf ein beliebiges als Netz zu behandelndes Objekt gemeint. Durch Transformation einzelner Unterobjekte wie Punkte, Kanten oder Flächen (Polygone) wird eine Verformung der Oberfläche erzielt.

Eine sehr beliebte Methode ist hierbei die grobe Modellierung mit Hilfe einer weichen Punktauswahl (Soft Selection). Bei dieser Methode werden Bereiche von Punkten eines Netzes (meist) in Z-Richtung verschoben und anschließend mit einem fraktalen Rauschen versehen. Das Ergebnis ist ein in der Regel recht ansehnliches Geländeobjekt.

Geländeobjekt

Eine sehr spezielle Möglichkeit in 3ds max Topografien zu erstellen ist unter der Erstellungspalette ZUSAMMENGESETZTE OBJEKTE • GELÄNDE (COMPOUND OBJECTS • TERRAIN) zu finden.

Hinter dieser Funktion ist ein Triangulierungsmechanismus verborgen, der auf Linien (Shapes) basierend ein Gelände erstellt (trianguliert). Die Vorgehensweise ist einfach: Es muss mindestens eine Linie ausgewählt sein, dann wird die Option Gelände aktiv.

Somit besteht auch direkt in 3ds max die Möglichkeit, schnell und einfach „linienbasierte" Geländemodelle zu erstellen. Der Vorteil dieses Objekts besteht vor allem darin, dass nachträglich weitere Linien in das bestehende Netz integriert werden können. Punktdaten lassen sich hiermit allerdings nicht verarbeiten.

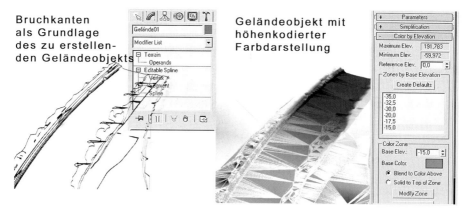

Abb. 30. Erstellung eines Geländeobjekts auf Grundlage von Bruchkanten oder Höhenlinien

Der Begriff linienbasiert wurde übrigens deshalb mit Anführungszeichen versehen, da bei der Erstellung des Terrain-Objekts nur die Stützpunkte zur Triangulation herangezogen werden. Es können damit also auch keine „echten" Bruchkanten eingebaut werden.

Erstellung mittels 3D-Verschiebung

Sieht man vom Import oder der Erstellung eines Geländemodells auf Grundlage der direkten geometrischen Verformung einmal ab, so ist die Möglichkeit mittels einer 3D-Verschiebung (Displacement) eine sehr weit verbreitete Möglichkeit zur Erstellung Digitaler Geländemodelle.

Programme wie z.B. Terragen oder Plug-Ins wie Dreamscape (3ds max-Plug-In) nutzen die Möglichkeit der Zuordnung von Höheninformationen auf Grundlage eines Graustufenbildes. Hierbei wird jedem Bildpunkt, oder besser seiner Grauschattierung eine bestimmte Höhe zugewiesen. Je heller desto höher oder auch umgekehrt, ermöglicht diese Art der Oberflächenbearbeitung eine schnelle und sehr effiziente Möglichkeit zur Erstellung von Geländemodellen für die Visualisierung.

Allerdings ist diese Art der höhenkodierten Darstellung nur eine sehr vage, denn mit 256 Graustufen lassen sich keine allzu ausgeprägten Details erreichen. Für eine qualitative Auswertung eines vorhandenen Modells oder die Erstellung eines Geländemodells für eine freie Gestaltung ist dies allerdings mehr als ausreichend. Anhand eines Beispiels könnte die Vorgehensweise in etwa so aussehen:

Abb. 31. Erstellung eines beliebigen Graustufenbildes zur Definition der Höhen eines Geländemodells

In Photoshop (oder einem beliebigen anderen Bildbearbeitungsprogramm) wird eine höhenkodierte Darstellung erstellt. Diese basiert auf einem Graustufenbild in welchem die Höhenzuordnungen mit Hilfe der Zeichen- und Malwerkzeuge des Bildbearbeitungsprogramms generiert werden.

In 3ds max wird ein Quader, eine Ebene oder ein *BEARBEITBARES POLYGON* erstellt und diesem der Modifikator *VERSCHIEB.(3D)* zugewiesen. In den Eigenschaften des Modifikators wird unter *BILD* das erstellte

Photoshop-Bild geladen und anschließend unter PARAMETER • STÄRKE die Skalierung in Z-Richtung definiert.

Natürlich lässt sich auch ein beliebiges Map direkt in 3ds max verwenden. Lädt man ein Map wie z.B. Rauschen in den Material-Editor, kann dieses mit Drag and Drop direkt auf BILD • MAP gezogen und instanziert werden.

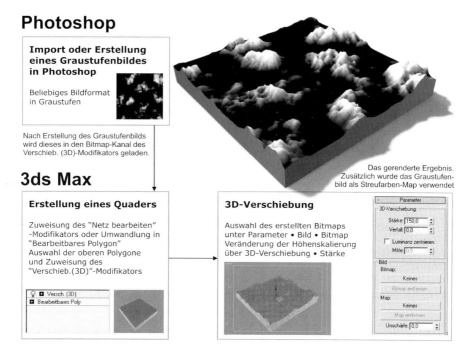

Vorgehensweise bei der Verwendung eines Displacement-Maps (3D-Verschiebung)

Abb. 32. Vorgehensweise bei der Verwendung eines Displacement-Verfahrens zur Erzeugung eines Geländemodells

So wie Pixelgrafiken oder auch prozedural erzeugte Graustufenbilder für die Verformung von Geometriedaten eingesetzt werden, sind Bilddaten aller Art auch die Grundlage für Materialien / Texturen. Texturen können zusätzliche Informationen über die Beschaffenheit oder die Höhe eines Geländemodells liefern und sind ein weiterer äußerst wichtiger Aspekt in der Modellierung und Visualisierung von Geländedaten.

Materialien

Materialien bestimmen das Erscheinungsbild einer 3D-Landschaft in einer sehr bestechenden Art und Weise. So kann ein gelungenes Material die Form unterstützen und hervorheben.

Ein Material kann aber auch die Geometrie dominieren und von dieser ablenken, in guter wie in schlechter Hinsicht. Materialien beschreiben die Art des Erscheinungsbildes einer Oberfläche. Sie setzen sich aus Maps für die Texturen und Reflexionen, Refraktionen und weiteren zusammen. Materialien werden in der Regel in einem eigenen Material-Editor erstellt und verändert.

Maps und Mapping

Man darf getrost davon ausgehen, dass es wenig Bereiche gibt, die zu Beginn der 3D-Modellierung einem Anfänger das Leben so schwer machen können wie „Materialien" und die damit zusammenhängende Syntax.

War es jetzt ein **Map** oder ist es eine **Textur** und wo ist denn jetzt der Unterschied zum Begriff **Material**? Und dann sind da noch solche Begriffe wie **Shader**, **prozedurale Maps** und **Raytrace-Materialien.** Die ganze Angelegenheit ist anfänglich ein wenig schwer zu durchschauen aber wenn man sich über drei maßgebliche Begriffe im Klaren ist, ist der Rest eigentlich ziemlich verständlich.

- **Material** - Der Begriff Material bezeichnet sozusagen alles was auf das Objekt gepackt („**gemappt**") wird. Ein Material hat verschiedene Parameter und setzt sich in der Regel aus verschiedenen **Maps** (oder Kanälen) zusammen. Es gibt Maps für Streufarbendarstellung (Diffuse), Reflexion (Reflexion), Erhebung und Relief (Displacement, Bump) und noch einige mehr. Es lässt sich festhalten:

- **Map** - Bestandteil Material!
- **Shader** - Shader definieren die Art der Berechnung des Materials beim Rendern.

Maps sind verantwortlich für die Art der Oberfläche (z.B. eine Holzmaserung), die Art wie diese Oberfläche glänzt (**Glanzfarben**), wie die Rauheit, die Reliefhaftigkeit erscheint (**Relief**), ob ein Material nur an bestimmten Stellen durchsichtig erscheint (**Opazität**) und so weiter.

Ein Map kann ein Bild, also ein Bitmap (Pixelbild wie JPEG, TGA, BMP, PNG etc.) oder ein sogenanntes **Prozedur-Map**, wie z.B. Rauschen sein.

Ein **Prozedur-Map** erzeugt anhand mathematischer Berechnungen Muster und Strukturen und ist auflösungsunabhängig. Das bedeutet, das die Qualität des Maps nicht bei abnehmender Entfernung der Kamera zum mit dem Map versehenen Objekt abnimmt.

Bei einem Bitmap (Pixelbild) verhält sich das wiederum ganz anders. Ein Bitmap besteht aus einer bestimmten Anzahl an Pixeln (Bildpunkten). Sie kennen den Effekt sicherlich bereits: Sie zoomen in einem Bildbearbeitungsprogramm auf ein Pixelbild, z.B. das JPEG-File aus Ihrer Digital-Kamera, und je weiter Sie einzoomen, desto größer werden die Bildpunkte. Sie sehen die immer stärker wachsenden Quadrate und die Qualität der Darstellung sinkt.

Grundlagen zu Materialien

Ein paar grundlegende Begriffsdefinitionen, bevor es an die Details geht:

- **Flächennormale:** Die Flächennormale definiert, welche Seite einer Fläche oder eines Objekts gerendert wird, also als „Außenseite" gelten soll. Die Flächennormale zeigt somit auch an, auf welcher Seite einer Fläche ein Material angebracht wird.
- **Glanzfarbenstärke:** Je nach Art der Oberfläche, reflektiert diese mehr oder weniger stark. Gesteuert wird die Stärke der Reflexion durch die Glanzfarbenstärke. Diese bestimmt durch ein Graustufen-Map die Stärke der Reflexion bei Glanzverhalten. Weiß entspricht hierbei voller Reflexion und Schwarz keiner Reflexion.
- **Hochglanz:** Hochglanz beschreibt die Fähigkeit eines Materials zu glänzen und hängt direkt von der Glanzfarbenstärke ab. Ist diese null, können Sie an Hochglanz drehen, soviel Sie wollen, es ändert sich nichts.
- **Kacheln:** Eine außerordentlich wichtige Angelegenheit beim Einsatz von Bildern als Materialien. Ein Bild wird beim Kacheln immer wieder (in alle Richtungen) an das nächste gelegt bis die gesamte Fläche davon bedeckt ist.
- **Maps:** Maps sind Bilddaten, die Materialien zugewiesen werden, um z.B. die Oberfläche, ihre Rauheit oder die Lichtdurchlässigkeit zu definieren. Maps können aus Bildern oder prozeduralen Informationen bestehen (Schachbrett, Rauschen, Marmor).

- **Material-Bibliothek:** Dies ist die Möglichkeit, erstellte (oder vorhandene) Materialien und Maps zu verwalten.
- **Opazitäts-Map**: Diese Map bestimmt die Transparenz, die „Durchsichtigkeit" eines Materials und ermöglicht deren Manipulation.
- **Relief-Map:** Diese Art des Mappings sorgt dafür, dass eine Oberfläche rau wirkt. Einem Relief-Map liegt immer eine Graustufeninformation zugrunde. Sollten Sie ein Farbbild einsetzen, so wird dieses auf Graustufen reduziert.
- **Shader:** Ein Shader definiert die Art der Schattierungs-Grundparameter und deren Berechnung beim Rendern.
- **Streufarben:** Meist ist, spricht man von Mapping oder Textur eigentlich die Streufarbe oder das Streufarben-Map eines Materials gemeint. Dies ist die Oberfläche, die man sieht, wenn ein Objekt beleuchtet wird. Sehr oft sind Streufarbe und Umgebungsfarbe gekoppelt.
- **Umgebungsfarbe:** Sie bestimmt die Darstellung der sich im Schatten befindlichen Teile eines Objekts.

Tipp **Ablage von Materialien / Ressourcensammlung**

Erstellen Sie eigene Ordnerstrukturen, um Ihre Maps und Bilddaten zu verwalten und zu benennen. Achten Sie auf eine regelmäßige Sicherung dieser Daten, denn auch Sie gehören zu den Projektdaten und der Verlust kann schmerzlich sein.
In 3ds max findet man unter den Dienstprogrammen ein kleines Werkzeug names Ressourcensammlung (Ressource Collector), welches alle Texturen einer Datei in ein bestimmtes Zielverzeichnis kopiert.

Je nach Art der zu erstellenden Visualisierung ist die Art der eingesetzten Materialien entscheidend für die zu erreichende Bildaussage einer Landschaftsvisualisierung.

So taucht beispielsweise bei Luftbildern oder der Zuordnung von Kartenmaterialien immer wieder die Problematik der Geo-Referenzierung auf.

Normalerweise werden Luftbilder als TIF erstellt, entzerrt und maßstabsgerecht angepasst. Zusätzlich werden die Koordinaten und Ausrichtung des Bildes in einer separaten Textdatei mit geliefert. Die entsprechenden Programme zur Erstellung von DGM und auch GIS-Anwendungen können diese Textdatei interpretieren und ordnen das als Map zu verwendende Bild korrekt an.

Bei reinen 3D-Visualisierungswerkzeugen wie, z.B. 3ds max, besteht eine solche Möglichkeit nicht. Hier hilft nur die manuelle Erstellung eines Maps und eine entsprechend mühselige Anpassung an die Topografie.

Taucht die Notwendigkeit der Visualisierung Digitaler Geländemodelle verstärkt auf, so empfiehlt es sich, einen Blick auf Produkte wie den World Builder oder World Construction Set zu werfen, da hier die Möglichkeit der Einbindung georeferenzierter Bildinformationen fester Bestandteil der Funktionen ist.

Tipp   Nützliches Werkzeug

Ein sehr schönes Werkzeug zur Integration von Geo-Texturen ist das Plug-In Wavgen von Wavegen Technologies. Das Programm ist als Plug-In für die gängigen 3D-Pakete erhältlich und ermöglicht das Laden großer Luftbilder und Geo-Tif.[10]

Sehr oft wird „natürliches" Bildmaterial für die Erstellung eines Materials verwendet. So gibt es inzwischen eine unglaubliche Vielfalt an Fremdanbietern von Bildmaterial für jeden Bereich. Ob dies Oberflächen und Texturen sind oder Hintergründe für jede Bildstimmung, spielt keine Rolle. Man erhält auf dem freien Markt inzwischen nahezu alles, was das Herz begehrt. Diese kommerziell vertriebenen Daten sind meist den Anforderungen der 3D-Visualisierung angepasst. Dies bedeutet, sie sind kachelbar, entzerrt und in der Regel auch gleich in unterschiedlichen Auflösungen vorhanden.

Will man aber die benötigten Bilder selber aufnehmen und/oder erstellen so sind dabei einige Punkte zu beachten. Diese Aspekte für die Handhabung und Erstellung von Materialien sind:

☐ Aufnahmewinkel
☐ Bildauflösung
☐ Scanner
☐ Rasterungseffekte.

Aufnahmewinkel

Achten Sie bei der Aufnahme eigener Bilder, die für den Einsatz als Texturen/Maps gedacht sind, darauf, dass ihre Kamera orthogonal zum aufzunehmenden Objekt steht.

---

[10] http://www.wavgen.com

Bei Hintergrundbildern lässt sich hier ein Auge zudrücken, aber wenn das Foto einem Objekt zugewiesen werden soll, so können Schrägaufnahmen zu sehr eigenartigen Effekten führen.

Bildauflösung

Wenn Bilder als Texturen/Maps verwendet werden, ist es wichtig, die passende Auflösung zu benutzen. Je nach Anforderung reicht ein Bild in PAL-Auflösung (768 x 576 Bildpunkte) für ein entferntes Objekt Ihrer Szene völlig aus. Aber wenn ein Closeup geplant wird, ist man hier schnell am Anschlag und die Bilddaten, die eben in der Übersicht prima aussahen, wirken aus der Nähe plötzlich pixelig und eckig. Es gibt keine Richtlinie für die „richtige" Auflösung.

Der Versuch, alle Bilder jetzt mit größtmöglicher Auflösung einzusetzen, liefert zwar unter Umständen die gewünschte Qualität, aber man sollte dabei den Umgang mit den Ressourcen nicht vergessen. Denn die 3D-Visualisierung ist schnell am Anschlag, wenn der gesamte Arbeitsspeicher des Rechners und der Grafikkarte für die Verwaltung unnötig großer Texturen verschwendet wird.

Hier helfen nur Erfahrungswerte und Ausprobieren. Sicher ist: besser ein zu hoch aufgelöstes Bild verwenden als eine zu niedrige Auflösung, denn umrechen auf eine geringere Pixelanzahl ist immer möglich. Der umgekehrte Weg bleibt leider nach wie vor versperrt.

Scanner

Zwar wird der Scanner immer mehr durch den Einsatz Digitaler Kameras ersetzt, aber er ist und bleibt ein wichtiges Werkzeug am Arbeitsplatz des 3D-Anwenders. Oft sind es Bilder aus Zeitschriften, Papierfotografien oder Informationsmaterialien, die den Weg über den Scanner zum Material in einer Landschaftsvisualisierung finden.

Die inzwischen im Handel erhältlichen Geräte sind bereits in der Sparklasse von irgendwelchen Lebensmitteldiscountern völlig ausreichend, um auf die Schnelle an eine Lösung zum Scannen zu kommen. Das Gerät sollte mindestens 600 dpi als physikalische Auflösung[11] liefern. Standard sind inzwischen 1200 dpi.

---

[11] Physikalische Auflösung bedeutet, dass die Auflösung nicht durch nachträgliche Pixelextrapolation erzeugt wird, sondern durch die entsprechende Optik die genannte Auflösung auch tatsächlich aufnimmt.

Rasterungseffekte

Bei Verwendung eines Scanners kann es zu unerwünschten Rasterungseffekten kommen. Diese Effekte entstehen durch die beim Druck verwendeten Auflösungen (in der Regel 300 dpi), die unser Auge zwar problemlos akzeptiert, der Scanner hingegen erkennt wirklich Punkt für Punkt und liefert als Ergebnis oft Moiré-Effekt-ähnliche Raster. Diese Raster lassen sich in einem Bildbearbeitungsprogramm wie Photoshop ohne Probleme durch den Einsatz eines Gauss'schen Weichzeichners beseitigen.

Materialien zur Farbverlauf zur Darstellung der Höhe

Bei der Visualisierung von Geländemodellen geht es oft darum, sehr schnell die relevanten Informationen und markanten Punkte der Topografie zu erfassen. Eine Darstellungsform, die hierbei sehr hilfsreich sein kann, ist der Einsatz einer höhenkodierten Darstellung. Eine entsprechend den Erfordernissen angepasste Farbskala (leider macht sich hier wieder eine Einschränkung des Schwarzweißdrucks bemerkbar) hilft sehr schnell, die Bezugsgrößen einer Landschaft zu vermitteln. Um eine höhenkodierte Darstellung eines Modells zu erreichen gibt es zwei Ansätze, die in den meisten 3D-Programmen ähnlich gehandhabt werden. Diese beiden Möglichkeiten sind:

- Einsatz eines Bildes (Bitmap/Pixelgrafik) oder
- die Erstellung eines prozeduralen Farbverlaufes.

Diese Art der Darstellung ist sicherlich nicht unbedingt für den Einsatz innerhalb einer Präsentationsumgebung geeignet, aber sie kann helfen, Entscheidungsprozesse unter Fachleuten erheblich zu beschleunigen.

Bitmap

Sollte bei einer Visualisierung der Einsatz einer vorgegebenen Farbskala gewünscht sein, so kann der Anwender schnell durch die Verwendung eines entsprechenden Bitmaps zum Erfolg kommen. Die vorgegebene Farbskala wird als Bitmap (TGA, JPEG, TIF) gespeichert, die entsprechenden Polygone, die Bestandteil der Farbskala sein sollen, ausgewählt und das entsprechend zugewiesene UVW-Mapping um 90° gedreht und auf die Auswahl angepasst.

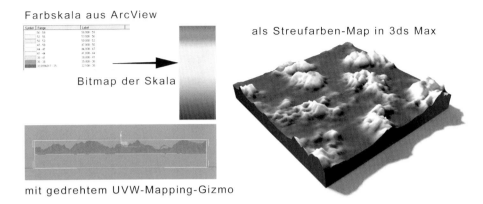

Abb. 33. Verwendung einer aus ArcGIS erzeugten Farbskala als Bitmap im Streufarbenkanal in 3ds max

Der Vorteil des Einsatzes eines Bitmaps liegt darin, dass damit sehr schnell und unkompliziert über die Mapping-Funktionen des jeweiligen 3D-Programms beliebige, in anderen Anwendungen erstellte Höhenskalen verwendet werden können. Dadurch entfällt die „Feinjustierung" bei der Neuerstellung. Und jeder, der in ArcGIS einmal mit der Anforderung zu tun hatte, seine höhenkodierte Farbeinstellung möglichst problemlos auf ein anderes Modell zu übertragen wird zugeben, dass der Teufel hier wahrlich im Detail steckt.

Der Nachteil bei Verwendung einer Pixelgrafik liegt allerdings in der Auflösung oder besser in der Fragestellung, wie nah die Kamera an das dargestellte Gelände zoomen soll. Wie immer beim Einsatz von Pixelgrafiken taucht irgendwann der berühmte Treppeneffekt auf.

Soll also eine neue höhenkodierte Darstellung generiert werden, so empfiehlt sich eher der Einsatz eines prozedural erzeugten Verlaufes.

Prozedurale Farbverläufe

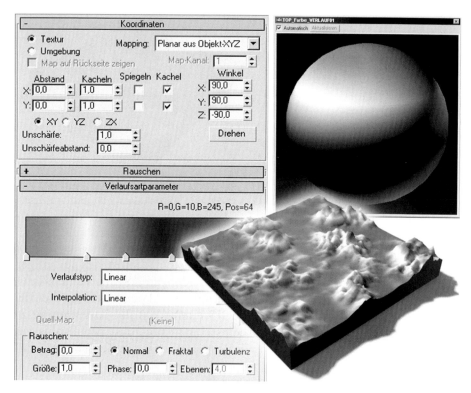

Abb. 34. Mit Hilfe des Maps Verlaufsart lassen sich farbkodierte Höheninformationen prozedural und schnell in 3ds max erstellen.

Bei einer prozedural erzeugten höhenkodierten Darstellung wird der Farbverlauf mathematisch erstellt. Dies hat den Vorteil, dass sich die Qualität der Darstellung nicht mit abnehmender Kameraentfernung vermindert.

Müssen also höhenkodierte Darstellungen neu erstellt werden, so ist es immer empfehlenswert, diese mit einem prozeduralen Material zu versehen. In der Regel wird ein solches Prozedur-Material als Map im Streufarbenkanal eingebaut.

Tipp Bennenung von Maps

Um den Überblick über alle Maps und Bitmaps nicht ganz zu verlieren (was sehr schnell vorkommen kann) empfiehlt es sich, ein Augenmerk auf die Benennung der Bilddaten zu haben. Ob Sie nun eine Vorliebe für englische oder deutsche Begriffe haben, spielt keine Rolle. Verwenden Sie für Bitmaps möglichst Dateinamen ohne Steuerzeichen oder Sonderzeichen wie z.B. Umlaute (Ä, Ö, Ü). Je nach Einsatzbereich beim Rendern oder Export - vor allem bei plattformübergreifenden Systemen (z.B. Linux) - können Namen mit Umlauten Schwierigkeiten bereiten. Auch ist Windows das einzige OS, dem es egal ist, ob GROSS- oder „kleinschreibung" verwendet wird.

Ein Vorschlag hierzu:

Tabelle 1. Namensvergabe bei unterschiedlichen Materialien

Name des Bitmaps	Art des Maps	Namenszusatz deutsch	Namenszusatz english
NAME	Streufarben	NAME_S(treufarben)	NAME_C(color)
NAME	Glanzfarben	NAME_G(lanzfarben)	NAME_S(pecular)
NAME	Opazität	NAME_O(pazität)	NAME_O(pacity)
NAME	Relief	NAME_R(elief)	NAME_B(ump)
NAME	Reflexion	NAME_X	NAME_X
NAME	mit Alpha-Kanal	NAME_S_alpha	NAME_C_alpha

Gemischte und zusammengesetzte Materialien[12]

Abb. 35. Landschaft mit Top/Bottom-Material. In Abhängigkeit unterschiedlicher Parameter, wie z.B. der Normalenausrichtung wird die Landschaft in unterschiedlicher Weise mit zusammengesetzten Materialien belegt.

Einsatzbereiche von Überblenden-Materialien

Das Prinzip ist recht einfach. Ein vorhandenes Material wird nach unterschiedlichen Kriterien von einem zweiten (oder dritten, usw.) Material überblendet. Diese Kriterien können je nach Art des verwendeten Überblenden-Materials Aspekte wie

- Höhe,
- Böschungsneigung,
- Konturen,
- Flecken (nicht klares überblenden sonder „fleckenhaft")
- oder einfach ein Bild mit Transparenz-Informationen (z.B. Alpha-Kanal oder eigenes Opazitäts-Map).

---

[12] Oft wird für gemischte und zusammengesetzte Materialien auch die Bezeichnung Composite-Material verwendet. Überblenden-Materialien heißen in 3ds max Verschmelzen-Materialien.

Materialien 69

Hinweis Opazität (Opacity) und Transparenz

Opazität ermöglicht eine umfassende Kontrolle über die Lichtundurchlässigkeit eines Materials. Geringe Werte entsprechen einer geringen Lichtundurchlässigkeit, hohe Werte einer hohen Lichtundurchlässigkeit. Sie können mit diesem Parameter keine Refraktionen simulieren, also die Lichtbrechung durch unterschiedliche Materialien. Um Lichtbrechung zu simulieren verwendet man in der Regel ein Refraktions-Map.

Die Transparenz entspricht der Opazität, nur mir umgekehrten Vorzeichen. Transparenz bezeichnet die Lichtdurchlässigkeit eines Materials im Gegensatz zur Opazität, die die Lichtundurchlässigkeit eines Materials definiert.

100% Opazität $\cong$ 0 % Transparenz

Abb. 36. Verwendung eines Mental Ray-Materials für die Darstellung von Geländeoberflächen

Die in Abb. 36 gezeigten Oberflächen wurden mit dem Lume-Shader Landscape des Mental Ray Renderers erstellt. Steht in einer Anwendung dieser Renderer nicht zur Verfügung, geht es natürlich auch etwas einfacher. Ein Standard-Überblenden-Material liefert in der Regel immer die Möglichkeit, zwei Materialien ineinander übergehen zu lassen. Das nachfolgende Beispiel in Abb. 37 wurde aus einem Bottom/Top-Material und einem einfachen Standardmaterial erstellt.

Schneebedeckte Gipfel

Bei diesem Material werden alle Flächen, deren Flächennormalen nach „oben" zeigen, mit dem Top-Material belegt. Die Flächen deren Flächennormale nach „unten" zeigen, werden mit dem Material „Bottom" belegt. Der Übergang lässt sich mit einem Überblendeffekt versehen. Dies kann ein bestimmter Bereich oder aber auch eine Graustufen-Bitmap sein. Wird eine solche Bitmap verwendet, so werden die dunklen Bereiche transparent und die hellen Bereiche opak dargestellt. Die Werte dazwischen werden entsprechend interpoliert.

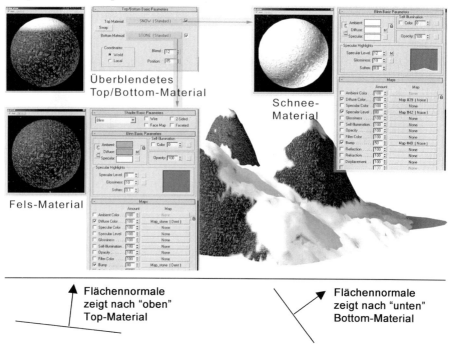

Abb. 37. Top/Bottom-Material als einfache Lösung für den Einsatz eines Überblenden-Materials auf Grundlage zweier Materialien für Fels und den darauf liegenden Schnee.

Die Ausrichtung der Flächennormalen muss natürlich nicht unbedingt nach „oben" oder „unten" zeigen. Je nach Ausrichtung am lokalen Objekt kann dies auch „vorne" und „hinten" oder ein beliebiger definierter Winkel sein.

Grenzbereiche

Ein weiterer wichtiger Einsatzbereich von Composite-Materialien ist der Übergang zwischen zwei Materialien oder genauer die Vermeidung scharfer Kanten zwischen z.B. einer Straßenkante und dem anstehenden Grasbewuchs.

Abb. 38. Vermeidung scharfer Kanten (Color Jump) durch den Einsatz von Blend-Materialien

Eine sehr elegante und auch einfache Methode, um einen Color Jump zu erreichen ist die Verwendung eines Überblend-Materials (Blend) in Kombination mit einem Multi-Material unter Verwendung von Scheitelpunktfarben und dem Map *VERLAUFSART* (*GRADIENT RA*MP) oder Scheitelpunktfarben (*VERTEXCOLOR*) für die Erstellung der notwendigen Transparenzeffekte.

Alternative Möglichkeiten wären die Erstellung eines kompletten „finalen" Maps beispielsweise in Photoshop, oder bei einfacheren Texturen auch der Einsatz des *MISCHEN-MAP* (*MIX-MAP*). Aber beschränken wir uns auf Blend-Material mit *MULTI/SUB-OBJECT* um den gewünschten weichen Übergang, den Color Jump zu erstellen. Verwendet man aus CAD-Programmen importierte Daten (gerade bei der Schnittstelle von AutoCAD zu Viz/Max), so werden diese je nach Aufbereitung der Daten bereits mit entsprechenden Multi-Materialien in 3ds max importiert, bzw. über DWG-Linking referenziert.

72 3D-Visualisierung von Geländedaten

Abb. 39 Das Ergebnis zeigt eine Straße und eine anschließende Grasoberfläche. Der Übergang zwischen Strasse und Gelände soll NICHT scharfkantig sein, sondern weich und verwaschen.

Natürlich lässt sich meist jede Art von Geometrie nachträglich optimieren und anpassen, mit entsprechenden UVW-Koordinaten versehen und einiges mehr. Im Arbeitsablauf eines Büros entspricht allerdings der rein kreative Ansatz nicht unbedingt den Randbedingungen, die durch knappe Kassen und terminliche Vorgaben einzuhalten sind. Und wenn die Daten bereits mit Multi-Materialien versehen sind, sollten diese auch möglichst effizient genutzt werden.

Modell und Material-Index (ID)

Da reale Projektdaten (Importdaten) meist erheblich größer sind als dies für Beispiel im Rahmen einer Übung wünschenswert wäre, dient ein in 3ds max erstelltes *LOFT-EXTRUSION-OBJEKT (LOFT-OBJECT)* als Übungsobjekt. Dieses wurde aus einem Querschnitt und einem Pfad erstellt. Der Pfad definiert dabei die Extrusionsrichtung des Querschnitts. Das Interessante ist, dass bei Loft-Objekten die Material-IDs des Querschnitts (der in der Regel als Spline vorliegt) auf die Oberfläche übertragen werden können. Für das Beispiel eines Damms mit darauf liegender Strasse sind fürs Erste zwei unterschiedliche IDs vorgesehen.

Zuerst wird in der Frontansicht ein Querschnitt des Dammkörpers aus einem Spline erstellt. Die Segmente des Querschnitts die später dem Verlauf der Strasse entsprechen, werden mit der Material-ID 2 und die Segmente, aus welchen das Gelände generiert wird, mit der ID 1 versehen.

Vorgehensweise zur Zuweisung der IDs: Spline auswählen, *ÄNDERN • SEGMENT • (MODIFY • SUBOBJECT SEGMENT)* aktivieren und unter *OBERFLÄCHENEIGENSCHAFTEN (SURFACE PROPERTIES)* die gewünschte ID zuweisen.

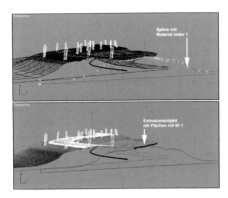

Anschließend wird aus dem Dammquerschnitt mit Hilfe eines beliebigen Pfades ein *ZUSAMMENGESETZTES OBJEKT (COMPOUND OBJECT)* „*LOFT*" erstellt. Um das Loft-Objekt zu aktivieren muss vorab entweder der Pfad oder der Querschnitt ausgewählt sein.

Vorgehensweise:
ERSTELLEN • ZUSAMMENGESETZTE OBJEKTE • LOFT EXTRUSION (CREATE • COMPOUND OBJECTS • LOFT) und jetzt den Pfad (falls Querschnitt ausgewählt wurde) bzw. den Querschnitt auswählen (falls zuvor der Pfad ausgewählt wurde).

Abb. 40 Als Grundlage eines Extrusionsobjekts dient ein Spline als Querschnitt. Den Liniensegmenten im Bereich des Geländes wurde die Material ID 1 und im Bereich der Strasse die ID 2 zugewiesen.

Aktiviert man unter *OBERFLÄCHENPARAMETER • MATERIALIEN • MATERIAL-IDS GENERIEREN (SURFACE PARAMETERS • MATERIALS • GENERATE MATERIAL IDS)* und *KONTUR-IDS VERWENDEN (USE SHAPE IDS)*, so ist gewährleistet, das die Material-ID des Spline auf die daraus erstellten Flächen übertragen werden.
Im vorliegenden Fall mit nur zwei Materialien ist der einfachste Weg, ein Blend-Material zu verwenden und den Übergang zwischen diesen beiden Materialien mit Hilfe einer entsprechenden Maske anzupassen. Da Blend-Materialien sich nicht an den Material-IDs eines Objekts orientieren, sondern sozusagen von oben nach unten wirken, ist hier allerdings noch auf ein paar Kleinigkeiten zu achten. Der Reihe nach…

Blend-Material mit Gradient Ramp

Jeweils ein Standard-Material für Gras und Asphalt werden getrennt erstellt. Anschließend werden einem neuen *VERSCHMELZEN (BLEND)-MATERIAL* die beiden Materialien, hier mit MATERIAL_GRAS und MATERIAL_STRASSE bezeichnet, sowie die erforderliche Maske zugewiesen.

74   3D-Visualisierung von Geländedaten

☐ **Blend-Material** - Oben Material_Strasse, unten Material_Gras
☐ **Maske** - Das Map *VERLAUFSART (GRADIENT RAMP)* sorgt als Transparenzmaske dafür, dass das untenliegende Material in den schwarz gefärbten Bereichen sichtbar ist.

Alle weißen Bereiche der Maske sind für die Sichtbarkeit des oberen Materials Strasse zuständig. Fügt man zusätzlich noch ein fraktales Rauschen im Map *VERLAUFSART (GRADIENT RAMP)* hinzu, so sorgt dieses in den Übergangsbereichen für ein entsprechendes „Material-Chaos", den Color Jump.

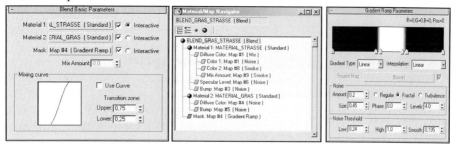

Abb. 41 Erstellung eines Blend-Materials mit zugehöriger Maske aus dem Map Verlaufsart (Gradient Ramp)

Der überzeichnete Effekt des Maps Verlaufsart und seiner Auswirkung ist in der nachfolgenden Abbildung gut sichtbar.

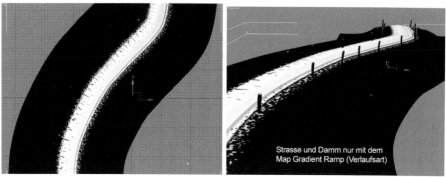

Abb. 42 Verlaufsart (Gradient Ramp) zur Erstellung der Transparenzinformation

Blend-Material mit Scheitelpunktfarben (VERTEX COLORS)

Nicht immer steht, wie im vorliegenden Fall, ein Loft-Objekt mit problemloser Anpassung der Textur-Koordinaten zur Verfügung. Ist dies der Fall wird ggf. auch der Einsatz von Verlaufsart (Gradient Ramp) als Transparenzinformation etwas schwierig. Auch ist es nicht immer der gesamte Verlauf der Strasse der relevant ist, sondern manchmal wird nur ein kleiner gezielter Bereich für den Color Jump benötigt. In einem solchen Fall ist der Einsatz von Scheitelpunktfarben eine gute Alternative.

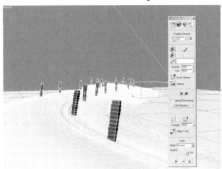 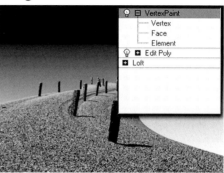

Abb. 43 Das linke Bild zeigt, wie nach Zuweisen des Modifikators VERTEXPAINT alle Flächen weiß gefärbt werden. Im rechten Bild sieht man die Auswirkung: alle Flächen sind mit dem Material Gras belegt.

Statt des eben eingesetzten Maps Verlaufsart (Gradient Ramp) wird der transparente Bereich einfach mit Scheitelpunktfarben (Vertex Colors) „gemalt". Scheitelpunktfarben sind ein sehr vielseitig einsetzbares Mittel um, gerade bei Interaktivanwendungen, zusätzliche Informationen an eine vorhandene Geometrie zu binden. Dies können Beleuchtungswerte, Radiosity-Lösungen und einiges mehr sein. Alleine die detaillierte Beschreibung der Möglichkeiten würde allerdings weit mehr als nur diesen kleinen Beitrag füllen.

Die Online-Hilfe von 3ds max gibt einiges zu diesem Thema her, die Tutorials sind nicht unbedingt begeisternd. Für Anfänger lohnt in diesem Fall ein Blick in gängige 3D-Foren oder Eingabe des Begriffs in eine der gängigen Suchmaschinen.

Das Objekt auswählen (im Beispiel wurde das Loft-Objekt bereits mit einem *POLY BEARBEITEN (EDIT POLY)* Modifikator versehen um die ID der Ränder zu verändern) und den Modifikator *SCHEITELPUNKTE ÜBERTRAGEN (VERTEXPAINT)* hinzufügen (Abb. 43).

Im sich öffnenden Flyout-Fenster wird die Option *SCHEITELPUNKT FARBANZEIGE-SCHATTIERT (VERTEX COLOR DISPLAY-SHADED)* AKTIVIERT.

Daraufhin färbt sich das ganze Modell weiß. Weiß ist die voreingestellte Farbe aller Scheitelpunkte in 3ds max. In Abb. 43 ist im gerenderten Ergebnis nur das Material MATERIAL_GRAS zu sehen, von der Strasse noch keine Spur. Die weitere Vorgehensweise ist simpel. Die gewünschte

Farbe auswählen (schwarz für Tranparenz), die Pinselgröße (*BRUSH* - 50 im Beispiel) definieren und den Bereich, der später transparent werden soll „anmalen" (Abb. 45).

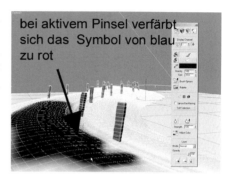

Wahlweise können auch Sub-Objekte, wie Punkte oder Flächen als Maske ausgewählt werden. Wie in einem normalen Bildbearbeitungsprogramm beschränkt sich die Malerei dann auf die ausgewählten Objekte. Die Kanten einer solchen Pinselaktion lassen sich anschließend durch die Auswahl eines selektiven Weichzeichners *UNSCHÄRFE PINSEL* (*BLUR BRUSH*) hervorragend anpassen und aufweichen.

Abb. 45 Malen mit dem Pinsel

Bevor das Ergebnis beim Rendern allerdings sichtbar wird, muss dem Blend-Material noch *SCHEITELPUNKTFARBE (VERTEX COLOR)* als Map zugewiesen werden (Abb. 46).

Abb. 44 Fly-out-Fenster VertexPaint

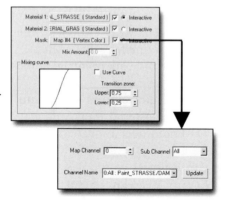

Abb. 46 Vertex Color als Maske zuweisen

Als Vorgabe wird übrigens der *MAP-KANAL (MAP-CHANNEL)* 0 eingestellt. Sollten Unklarheiten über die verwendeten *MAP-KANAL (MAP-CHANNEL)* herrschen, so hilft das Werkzeug Dienstprogramm *KANALINFO (TOOLS • CHANNEL INFO)* weiter.

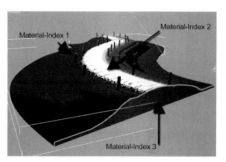

Abb. 47 Überpüfung mit dem Werkzeug Channel Info

Grundsätzlich reichen dies beiden Lösungen zur Erstellung des Color-Jumps bereits aus, um Damm und Strasse ineinander zu blenden. Sind aber mehr als zwei Material-IDs in einem Objekt zu verarbeiten, ist das Blend-Materials nicht ausreichend. Und nur zur Erinnerung: Multi-Materialien sind als Vorgabe für den Import von CAD zwingend erforderlich, will man unnötige Arbeit vermeiden.

Multi/Sub-Object-Material

Gesetzt den Fall, die Randbereiche des Dammes oder weitere Geometrien als Bestandteil des gesamten Modells sind bereits mit Multi/Sub-Object-Material versehen und erfordern weitere Untermaterialien, so muss natürlich dieser Anforderung Rechnung getragen werden. Zur Erläuterung wurde im Beispiel der Randbereich des Dammes mit dem Material-ID 3 versehen (Abb. 29). *MULTI/UNTEROBJEKT (MULTI/SUB-OBJECT)* liefert als Voreinstellung 10 verschiedene Untermaterialien. Die Nummerierung des einzelnen Untermaterials entspricht der Nummer der Material-ID einer Geometrie. So wird das Untermaterial 1 automatisch den Flächen mit der Material-ID 1, das Untermaterial 2 den Flächen mit der ID 2, usw. zugewiesen.

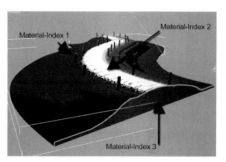

Abb. 48 Mehr als nur zwei Materialien erfordern den Einsatz von Multi/Sub-Object

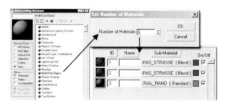

Abb. 49 Erstellung eines Multi-Materials

Das Multi/Sub-Object-Material erhält also drei Material-IDs, wobei die dritte ID für die Randbereiche mit einem blauen Material namens MATERIAL_RAND vorgesehen ist. Das Multi-Material wird der gesamten Geometrie zugewiesen.

Eigentlich ist die ganze Angelegenheit schon fast fertig. Die Problemstellen waren die beiden IDs 1 und 2 die mit dem Blend-Material „abgedeckt" wurden. Jetzt geht es nur noch darum, das Multi/Sub-Object-Material dazu zu bewegen, die ersten beiden IDs bei dem *VERSCHMELZEN (BLEND)-MATERIAL* zu belassen und allen weiteren möglichen auftauchenden IDs das jeweils zugehörige Material zuzuweisen.

Der Trick besteht darin, die beiden Kanäle für die ID 1 und 2 mit dem zuvor erstellten Blend-Material zu bestücken (Instanz, siehe Abb. 49). Dadurch wird gewährleistet, dass der Einsatz des Blend-Materials für ID 1 und 2 zwingend ist, alle weiteren IDs bekommen ihr Material und schon sind sowohl Multi-Materialien als auch Color Jump auf sehr einfache Art und Weise zusammengeführt.

Mapping-Koordinaten

Wollen Sie einem Objekt ein 2D-Map-Material (oder ein Material, in dem 2D-Maps enthalten sind) zuweisen, muss dieses Objekt sogenannte Mapping-Koordinaten haben. Diese Koordinaten geben an, wie das Map auf das Material projiziert wird und ob es als "Decal[13]" projiziert, gekachelt oder gespiegelt wird. Man bezeichnet Mapping-Koordinaten als UV- oder UVW-Koordinaten.

Diese Buchstaben beziehen sich auf die Objektraumkoordinaten[14], im Gegensatz zu den XYZ-Koordinaten, mit denen die gesamte Szene beschrieben wird.

Maps besitzen eine räumliche Ausrichtung. Will man ein Material, das Maps enthält, auf ein Objekt anwenden, muss das Objekt Mapping-Koordinaten besitzen. Diese werden mit Hilfe von lokalen UVW-Achsen für das Objekt angegeben.

Bei der Verwendung von Prozedur-Maps sind übrigens i.d.R. keine Mapping-Koordinaten erforderlich, da Prozedur-Maps direkt bei der Eingabe parametrisch in ihrer Größe und ihrem Verhalten definiert werden.

---

[13] Decal aus dem Amerikanischen bedeutet Abziehbild
[14] Objektbezogenes Koordinatensystem, vergleichbar mit Benutzerkoordinatensystemen

Kacheln

Es kann vorkommen, dass ein zu verwendendes Bitmap zu groß oder zu klein ist, um den gewünschten Effekt auf der Oberfläche zu erreichen. Fliesen oder Tapetenmuster sind ein typisches Beispiel für die Verwendung von Kacheln. Man nutzt einen kleinen Ausschnitt, nämlich eine Fliese, die durch Angabe der Art der Kachelung dann n-fach wiederholt wird. Hier wird in der Regel eine Anzahl von Kacheln in U- und V-Richtung des Maps angegeben.

Wichtig bei der Verwendung von Kacheln ist der nahtlose Übergang zwischen den gekachelten Einzelbildern. Es gibt auch hier bereits ungemein viel fertige Texturen, die die Eigenschaft „kachelbar" („Tileable/Teilbar") für sich in Anspruch nehmen. Hierzu lohnt es sich, eine Suchmaschine zu starten und das Netz nach Kachelbaren Texturen/Materialien oder Tileable Textures zu durchsuchen.

Tipp Textur / Bildgrößen

Gerade vor dem Hintergund, Texturen unter Umständen für interaktive Anwendungen (siehe Kap. Interaktion mit 3D-Daten) weiter zu verwenden, empfiehlt es sich auf die Abmessung der Bilder zu achten. Empfehlung für die Bildgröße sind Zweierpotenzen wie z.B. 2^2, 2^4, 2^n Pixel.

Es gibt auch diverse Programme, die es ermöglichen aus einem Bitmap eine kachelfähige Datei zu erzeugen.

Tipp Alternative Bildbearbeitung

Das Bildbearbeitungsprogramm GIMP[15] ist Open Source, läuft auf (fast) jedem Betriebssystem und ist Photoshop sehr ähnlich.

Will man eine kachelfähige Textur selbst erstellen müssen, zeigt nachfolgendes Beispiel eine Möglichkeit auf:
Bei einem Spaziergang ergab sich ein trocken liegendes Flussbett. Dank der Digitalkamera wurde prompt und sofort eine Draufsicht des Untergrunds aufgenommen. Das Bild soll als kachelbare Textur eingesetzt werden.

---

[15] GIMP - GNU Image Manipulation Program http://www.gimp.org

Die Bearbeitung im Beispiel erfolgt mit Photoshop und lässt sich in ähnlicher Art und Weise mit nahezu jedem beliebigen Bildbearbeitungsprogramm durchführen.

Abb. 50. Das fotografierte Flussbett

Bildgröße ermitteln
Das Beispielbild hat die Abmessungen: 1300 x 828 Pixel.

Abb. 51. Verschiebungseffekt im Photoshop

Filter
Unter FILTER > SONSTIGE FILTER > VERSCHIEBUNGSEFFEKT geben Sie für Breite und Höhe jeweils die Hälfte der Breite und Höhe des Bildes an.

Im Beispiel sind dies: 650 x 414 Pixel. Das Beispiel zeigt das jetzt in vier Teile zerstückelte Bild.

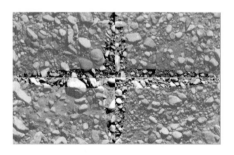

Abb. 52. Maske zur Begrenzung

Maskieren
Zuerst wird der zu bearbeitende Bereich des Bildes maskiert. Die Maske dient dem Schutz der restlichen Bildbereiche und reduziert mögliche Bildmanipulationen auf den maskierten Bereich.

Abb. 53. Das Ergebnis nach erfolgter Bearbeitung mit dem Kopier-Stempel

Es gibt (wie immer) unterschiedliche Möglichkeiten zum Retouchieren der im Moment noch störenden Übergänge. Eine Methode ist der Einsatz des Kopier-Stempel-Werkzeugs. Hierbei wird ein bestimmter Bereich des Bildes (bei gleichzeitigem Drücken der ALT-Taste) ausgewählt.

Abb. 54. Das Ergebnis nach erfolgter Farbanpassung

Je nach Art des Untergrundes und der bei der Aufnahme vorhandenen Beleuchtung kann es zu unterschiedlichen Farbbereichen innerhalb des Bildes kommen. Hier empfiehlt es sich, eine nachträgliche Farbkorrektur der extrem variierenden Bereiche vorzunehmen. Eine einfache Möglichkeit hierzu ist der Einsatz des Werkzeugs *ABWEDLER*, bzw. *NACHBELICHTER*

Eine schnelle Möglichkeit zur Kontrolle steht in Photoshop bereits zur Verfügung. Man erstellt aus dem soeben überarbeiteten Bild ein „Muster" und füllt damit eine Fläche.

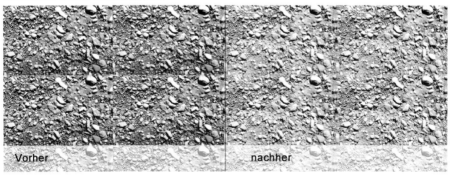

Abb. 55. Zur Überprüfung des Ergebnisses sind das ursprüngliche Bild (links) und die überarbeitete Variante (rechts) nebeneinander dargestellt.

Um das Bild als Muster in Photoshop festzulegen gehen Sie wie folgt vor: Markieren Sie den gesamten Bildbereich: *AUSWAHL • ALLES AUSWÄHLEN (oder STRG + A)* und definieren Sie das Muster über: *BEARBEITEN • MUSTER FESTLEGEN.*

Zur Kontrolle erstellen Sie ein neues Bild (es sollte größer sein als das Musterbild) und füllen die Bildfläche mit: *BEARBEITEN • FLÄCHE FÜLLEN • MUSTER.*

Abb. 56. Ein Beispiel aus der „Natur" für eine unglückliche Aufbereitung kachelbarer Texturen

Geländeverformung

Auch wenn die Zeiträume sich außerhalb unserer Wahrnehmung bewegen, so ist die Erdoberfläche um die es sich hier ja letztendlich dreht, eine ziemlich dynamische Angelegenheit. Verwerfungen, Verformungen, Vulkanausbrüche mit Lavaablagerungen, Plattentektonik - die Erdoberfläche bewegt sich. Und zwar ständig. Manchmal, bei einer Naturkatastrophe, kann es vorkommen, dass wir Zeuge eines Geschehens in „Echtzeit" werden, was wir sonst aufgrund unserer kurzen Lebensspanne niemals sehen würden. Und hier liegt auch eine der Stärken der Digitalen Visualisierung. Liegen entsprechende Daten vor, so lassen sich erdgeschichtliche Ereignisse im Zeitraffer für unsere Wahrnehmung angepasst so darstellen, dass es verständlich wird.

Außer tektonischen und vulkanischen Aktivitäten ist Wasser eine der größten gestaltbildenden Kräfte der Natur. Ob Erosion oder Frostabsprengungen, der Wechsel der Jahreszeiten, Niederschläge und der Wind sind Komponenten, die selbst härtestes Gestein in die Knie zwingen können. Und die Sache mit der Erosion schauen wir uns ein wenig näher an.

Schlägt man unter Wikipedia.org den Begriff Erosion nach, so erhält man folgendes Ergebnis:

„Erosion (von lat.: erodere = abnagen) ist die Abtragung von meist verwitterten Feststoffen (Boden, Schlamm, Gestein usw.) durch die natürlichen Kräfte des Windes, Wassers oder der Bodenbewegung infolge von Gravitation (Steinschlag, Lawine, Mure). Bei der Erosion handelt es sich um einen wichtigen natürlichen Prozess, der aber in vielen Fällen durch menschliche Aktivitäten ausgelöst bzw. verstärkt wird. Einige dieser Aktivitäten beinhalten Abholzung, Überweidung und Straßen- oder Eisenbahnbau. Verschiedene Kulturen haben versucht, die Erosion durch Terrassenfeldbau und Wiederaufforstung zu begrenzen."

Man muss sich keiner falschen Hoffnung hingeben: Kein 3D-Programm der Visualisierungsklasse kann von Haus aus erosive Algorithmen berechnen, aber man kann vorhandene Daten importieren und darstellen. Auch ist mit Bordmitteln eine vereinfachte Art der Darstellung ohne Probleme machbar. Der wissenschaftliche Aspekt bleibt dabei zwar auf der Strecke, aber für eine qualitative Darstellung reichen die Möglichkeiten völlig aus.

84   3D-Visualisierung von Geländedaten

Originalgelände
Das ursprüngliche Gelände wird via Displacement, aus einem in Photoshop erzeugten Graustufenbild als 3D-Modell erstellt.

Abb. 57. Originalgelände

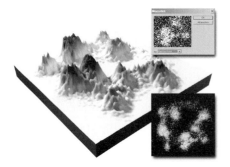

Filter in Photoshop
Unter *FILTER • VERGRÖBERUNGSFILTER • MEZZOTINT...* lässt sich eine grobe Rasterung für den scharfkantigen Abtrag des Geländes einstellen.
Das ursprüngliche Map des Displacements wird jetzt durch die geänderte Bilddatei ersetzt.

Abb. 58. Erosionseffekt mit Mezzotint

Verstärkung des Effekts
Wiederholt man den Effekt des Mezzotint-Filters, lässt sich ohne Probleme eine Weiterentwicklung der Erosion simulieren.

Abb. 59. Wiederholung des Effekts

Mit Hilfe des Displacement-Verfahrens erreicht man den gewünschten Effekt am schnellsten.
Die Grundlage des Modells ist eine Graustufen-Bilddatei. Der gewünschte Erosionseffekt wird mit Hilfe einer Bildbearbeitungssoftware erstellt. Verwendet wird wiederum Photoshop.

Je nach Art des Untergrunds wird bei einer erosiven Veränderung der Untergrund abgetragen und geglättet oder durch einschneidende Maßnahmen, wie sie z.B. durch Gewässer verursacht werden, wird der Untergrund eher „scharfkantig" verändert.

Die Option *MEZZOTINT* in Photoshop ist eine Möglichkeit von vielen. Es macht sicherlich Sinn, sich mit den Filterfunktionen in Photoshop im Detail zu beschäftigen und einige andere Funktionen und Filter zu testen.

Hinweis Erosion in 3ds max modellieren

Wer sich mit dem Thema Erosion mit 3ds max ein wenig detaillierter beschäftigen möchte, findet bei Sitni Satis Dreamscape[16] ein passendes Produkt.

Animationen

Eine Filmsequenz erlaubt weit mehr Einblick in veränderliche Größen als dies mit einem Standbild möglich ist. Deshalb ist, gerade bei veränderlichen Aspekten einer Landschaft wie bei der gerade erwähnten Erosion, der nächste logische Schritt die Erstellung einer Animation. Die Möglichkeit die zeitliche Komponente der Veränderung einer Landschaft zu zeigen erleichtert das Verständnis der Prozesse erheblich.

Ein kurzer Ausflug

Sie kennen noch das Daumenkino? Eine Zeichnung wird auf einer Serie von Bildern immer ein wenig geändert. Lassen Sie diese Bilder „laufen", entsteht der Eindruck der Bewegung.

Die traditionelle Welt des Zeichentrickfilms prägte ursprünglich den Begriff des **Keyframes** und bezeichnete damit die Schlüsselszenen des Trickfilms, die von einem Chefzeichner gefertigt wurden. Die zwischen den Schlüsselszenen liegenden Szenen wurde durch „Junior-Artists" erledigt.

In 3D-Programmen müssen Sie sich nur noch um die Aufgabe des Chefzeichners kümmern. Die Arbeit der lückenfüllenden Junior-Artists übernehmen die Programme für Sie.

---

[16] www.afterworks.com

Alles was Sie in irgendeiner Form animieren, wird mit Keyframes versehen. In unserem Fall bedeutet dies, dass für jede Veränderung, die Sie über die Zeit an einem Objekt vornehmen, ein entsprechender Key zum definierten Zeitpunkt erstellt wird. Dieser Key beinhaltet die Einstellungen am aktuellen Zeitpunkt. Diese Einstellungen können Position im Raum, Transformationen, Sichtbarkeit usw. sein.

Animation mittels Keyframing hat also immer eine veränderliche Komponente über die Zeit. Für den Film gilt das gleiche: Eine Serie von Bildern läuft mit einer definierten Geschwindigkeit und unser Auge nimmt Bewegung wahr, da die Geschwindigkeit in der Regel zu hoch ist um Einzelbilder zu erkennen.

Für eine mögliche Animation von Terraindaten lassen sich drei Optionen zur Animation nutzen:

- geometrische Verformung mittels Vertex-Animation,
- Verformung mittels Morphing und
- Verformung auf Grundlage animierter Displacement-Maps.

Scheitelpunkt-(Vertex-)Animation

Bei der Verformung mittels Scheitelpunkt-Animation wird wie folgt vorgegangen:

Die einzelnen, zu animierenden Punkte der Geländeoberfläche werden ausgewählt. Ist die Option „ANIMATION" des jeweiligen Programms aktiv, wird für jeden Punkt, der verformt (verschoben) wird, nachdem die Zeitleiste verändert wurde, eine neue Keyframe-Information gespeichert.

Diese Art der Animation hat den Vorteil, dass sie schnell zu realisieren ist und mit gängigen Manipulationen (Verschiebung und Rotation) gute Ergebnisse liefert.

Auch lassen sich Scheitelpunkt-Animationen in den meisten 3D-Programmen recht problemlos exportieren und importieren. Spiele- bzw. Interaktivanwendungen sind meist in der Lage Vertex-Animationen zu „verstehen" und wiederzugeben. Steht also die weitere Bearbeitung der Daten in einer solchen Umgebung zur Diskussion, sind Scheitelpunkt-Animationen eine schnelle und effiziente Möglichkeit, animierte Informationen auszutauschen.

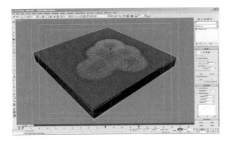

Abb. 60. Auswahl der Punkte für die geplante Animation

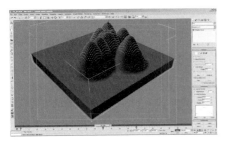

Abb. 61. Transformation der ausgewählten Punkte bei Frame 50

Punktauswahl

Mittels weicher Punktauswahl (Soft Selection) werden die Punkte der Geländeoberfläche ausgewählt.

Der Zeitschieber steht auf Frame 0, die Option „ANIMATION" ist aktiv. Dadurch wird die Information einer zeitlichen und räumlichen Veränderung jedes einzelnen Punktes möglich.

Verschiebung und Animation

Der Zeitschieber wurde auf Frame 50 verschoben. Die Option „ANIMATION" bleibt weiterhin aktiv. Die ausgewählten Punkte werden in Z-Richtung des Weltkoordinatensystems verschoben.

Lässt man jetzt die Animation laufen, werden die Zwischenwerte der Punkte linear zwischen Frame 0 und Frame 50 interpoliert.

Geometrische Verformung mittels Morphing

Eine weitere Möglichkeit zur Animation von Geländedaten ist der Einsatz von Morphing. Hierbei wird Geometrie A unter Angabe bestimmter Randbedingungen in Geometrie B verformt, umgewandelt oder „gemorpht".

Der Vorteil liegt darin, dass jeder Zustand erhalten bleibt und nachträgliche Änderungen auch sofort in die Animationssequenz übernommen werden. Der Nachteil besteht in der Dateigröße, da eben auch jeder Geometriezustand in der Datei gespeichert bleibt. Auch sind Morphing-Algorithmen unterschiedlicher Programmanwendungen meist proprietäre Lösungen, die sich untereinander nicht austauschen lassen.

Die Vorgehensweise bei einem Morphing ist recht einfach:
In der Regel wird ein Morph-Objekt erstellt, und diesem so genannten „Quellobjekt" werden nun die unterschiedlichen Zielobjekte angehängt. Anschließend wird jedem Zielobjekt der Zeitpunkt zugewiesen an welchem es eingeblendet werden soll. Die Übergänge zwischen den einzelnen Zielobjekten lassen sich dabei meist parametrisiert steuern. Allerdings ha-

ben die meisten Morphobjekte auch die Einschränkung, dass die Polygone der unterschiedlichen Zielobjekte in Anzahl und Lage übereinstimmen müssen. Dies bedeutet, dass bei der Veränderung mittels Morphing immer erst ein Originalobjekt erstellt wird. Dieses Objekt wird kopiert und anschließend mit den entsprechenden Veränderungen (Transformationen) versehen. Wird auch nur ein Punkt bei der Kopie gelöscht, ist diese als Zielobjekt nicht mehr zu verwenden.

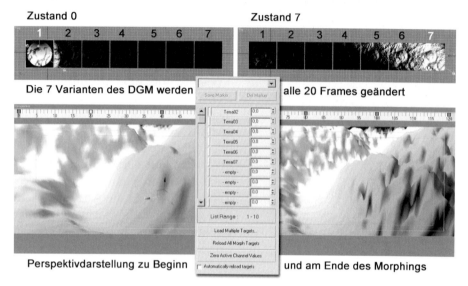

Abb. 62. Morphing eines DGM in sieben Schritten

Der entscheidende Vorteil beim Morphing bleibt die leichte Manipulation der Animationseinstellungen und der Erhalt der einzelnen Zwischenschritte als eigenständige Objekte.

Hinweis Morphing als Grundlage der Gesichtsanimation

Im Bereich der „Character-Animation", also der Animation von Figuren, ist der Einsatz von Morphing-Methoden über Zielobjekte, sogenannte Morph-Targets Stand der Technik bei Spiele- und Filmproduktionen.

Verformung auf Grundlage animierter Displacement-Maps

Eine dritte und sehr effektive Art der animierten Verformung ist der Einsatz animierter Displacement-Maps. Die Vorgehensweise ist ähnlich wie beim Morphing der Geometrie, nur werden hier keine geometrischen Zielobjekte erstellt sondern unterschiedliche Displacement-Maps. Die Animation dieser Maps sorgt dann für die entsprechende Verformung des Geländemodells.

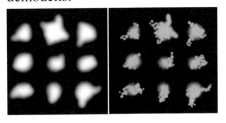

Abb. 63. Zwei Displacement-Maps, Displace01 (links) und Displace02 (rechts)

Displacement-Maps
Zwei Displacement-Maps wurden in Photoshop erstellt. Die beiden unterscheiden sich nur durch den angewandten Weichzeichner, der das linke Bild zum „Originalbild" macht. Die beiden Bilder wurden (da nur Graustufen benötigt werden) als GIF-Dateien abgespeichert.

Displacement zuweisen
Dem Geländeobjekt (hier ein Quader) wird der Modifikator Displacement zugewiesen.

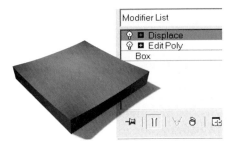

Abb. 64. Zwei Displacement-Maps

Mix-Map
Ähnlich wie bei dem zuvor verwendeten Blend-Material wird nun ein Map erstellt, welches aus zwei einzelnen Bildern, nämlich Displace01 und Displace02 besteht.

Diese beiden Materialien können ineinander übergeblendet werden. Diese Blende lässt sich animieren. Bei Frame 0 wird die Blende auf 0,0 gestellt, die Option „ANIMATION" ist aktiviert. Bei Frame 100 wird die Blende auf 100 geändert. Die Werte dazwischen werden linear interpoliert, und fertig ist die Animation

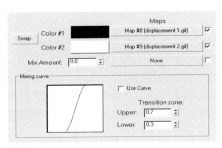

Abb. 65. Mix-Map

Der Vorteil ist die schnelle Zuweisung über ein Map. Die Animationsinformationen sind mit dem Map gespeichert, und damit auch für beliebige andere Objekten nutzbar.

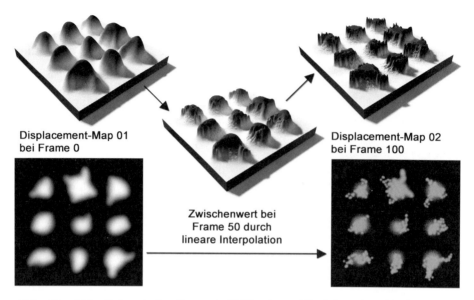

Abb. 66. Ablauf der Animation mit Hilfe eines Mix-Maps im Displacement-Modifikator

Werden mehr als zwei Displacement-Bilder benötigt, so kann, statt des Mix-Maps auch eine Filmsequenz erstellt werden, die die Blendinformationen als AVI oder MOV enthält. In diesem Fall wird dann einfach der Film dem Displacement-Modifikator zugewiesen.

Zusammenfassung

Digitale Geländemodelle lassen sich auf unterschiedliche Art und Weise für die Visualisierung nutzen. Die gängigsten Vorgehensweisen sind Datenimport vorhandener Geländemodelle und Erstellung eigener, beliebiger Modelle.

Steht keine eigene Modellierungsumgebung für Geländemodelle oder ein GIS zur Verfügung, so gibt es einige Datenformate, die für die gängigen Visualisierungsprogramme genutzt werden können. Hierzu gehören unter anderem CAD-Daten, DEM und Trippeldaten im ASCII-Format.

Will man Digitale Geländemodelle selbst erstellen, gibt es unterschiedliche Methoden, die zum Ziel führen. Die gängigsten sind die Erstellung mittels geometrischer Verformung, Geländeobjekt (nur bei 3ds max) und das Displacement oder 3D-Verschiebeverfahren.

Zusammenfassung

Geht es um die Darstellung, so reicht die Bearbeitung oder Erstellung reiner Geometriedaten alleine nicht aus. Ein besonderes Augenmerk sollte auf die Erstellung von Materialien geworfen werden. Ein kurzer Überblick zeigt Grundlegendes und Geländespezifisches auf.

Wichtig sind hierbei vor allem die Möglichkeiten der technischen Darstellung mit Farbskalen und die Verwendung von Bilddaten (Pixeldaten) als Textur.

Weitere Möglichkeiten sind der Einsatz von so genannten Prozedur-Maps statt Pixeldaten und die Verwendung von Überblend-Materialien (Blend / Verschmelzen) um spezielle Anforderungen der Geländevisualisierung zu berücksichtigen.

Eigenes Bildmaterial ist oft die Grundlage für Texturen. Anhand eines Beispiels wird die Erstellung von kachelbaren Texturen vorgestellt.

Geländedaten sind, über längere Zeiträume hin betrachtet, eine sehr dynamische Angelegenheit. Es geht um Effekte wie Erosion und wie man diese in einer Visualisierungsumgebung mit möglichst geringem Aufwand darstellen kann.

Zum Abschluss zeigt ein Überblick die Möglichkeiten, Geländeverformungen zu animieren. Mehrere Möglichkeiten, von der Vertex-Animation über Morph-Objekte hin zu animierten Maps für Displacement-Verfahren, runden das Ganze ab.

Kameraeinsatz

Dieses Kapitel beschäftigt sich mit dem Einsatz der digitalen Kamera. Hierbei wird ein besonderes Augenmerk auf den Kameraeinsatz für die Gestaltung und den Umgang mit der Kamera für Kamerafahrten und Effekte gelegt.

Um Einblick in die Tiefen einer beliebigen 3D-Szenerie zu erhalten, benötigt man das obligatorische Fenster zur 3D-Anwendung: In der Regel ist dieses Fenster durch eine Kamera beschrieben und definiert.
Die virtuelle Kamera, die zur Betrachtung und Navigation innerhalb 3-dimensionaler Welten dient, orientiert sich an ihrem physikalischen Vorbild und verhält sich auch entsprechend. So macht es Sinn, sich mit den Gegebenheiten, Grundlagen und Einstellungen einer „echten" Kamera zu beschäftigen, bevor es an die finale Ausgabe einer 3D-Umgebung - sei es als Standbild oder als Animation - geht.

Etwas genauer definiert gibt es - unabhängig vom eingesetzten Werkzeug der 3D-Visualisierung - einige grundlegende Kenntnisse, die den „richtigen" Umgang mit der virtuellen Kamera erheblich erleichtern.

Hierzu gehören Hinweise auf die Art der Projektionen, ein kurzer Ausflug in die Welt der Landschaftsfotografie, Hinweise zur Kameraführung, die Erstellung von Kameraflügen und Walkthroughs und noch einige Tipps und Tricks am Rande.

Landschaftsfotografie

Die 3D-Visualisierung orientiert sich an der klassischen Landschaftsaufnahme. Es spielt dabei keine Rolle, ob es um Standbilder oder Filmaufnahmen geht: die Qualität der Ergebnisse liegt bereits im Auge des Betrachters - ob dieser die Sache (Landschaft) digital oder real betrachtet ist völlig egal. Somit sind in der Folge einige **Hinweise zur Landschaftsfotografie im Allgemeinen aufgelistet:**

- Landschaftsfotografie bedeutet viel Zeit zu haben. Zeit für die Planung der Aufnahme, für die Bildkomposition und bezüglich der Wahl der richtigen Beleuchtung, die in der Regel durch die natürliche Beleuchtung (Tageslicht) vorgegeben ist.

- Man erreicht mit einem Weitwinkelobjektiv hervorragende Übersichtsdarstellungen, kann mit dem gleichen Objektiv auch Spannung erzeugen.
- Geht es um Details und Ausschnitte, sind Teleobjekte von 100-300 mm zu bevorzugen.
- Die Vermittlung einer ganzen Szene fällt leicht, erstellt man ein Panoramabild[1].
- Warten auf das richtige Licht steht an erster Stelle, denn
- die richtige Stimmung findet sich meist am Morgen oder am Abend. Bei beiden erzeugt das relativ flach in eine Szene einfallende Licht eine ausgeprägte Struktur und der Schatten wird zum wichtigen Gestaltungselement.
- Besonders spannungsgeladene Bilder lassen sich bei Gewittern oder kurz vor oder nach Sonnenauf- bzw. -untergang erstellen.
- Landschaften können hervorragend in Farbe und schwarzweiß abgebildet werden (bei einem anderen Thema hätten sich die Autoren auch niemals auf einen Schwarzweißdruck eingelassen).
- Man verwendet gerne Filter um bestimmte Effekte zu erreichen. Hierzu gehören Filter für einen warmen Farbton, Grauverläufe um den Himmel abzudunkeln und Pol-Filter, um sattere Farben zu erreichen.

Gelten die oberen Punkte sowohl für die reale Fotografie als auch für die Aufnahmen innerhalb einer 3D-Umgebung, so zieht die digitale 3D-Welt bei einigen Punkten eindeutig ihre Trümpfe. Denn hier ist die 3D-Anwendung eindeutig im Vorteil. Die Beleuchtung lässt sich frei einrichten und sogar mit der Ausrichtung der Sonne kann bei Bedarf ein wenig geschummert[2], soll heißen geschummelt werden. Auch ist die Art der Kamera frei wählbar und lässt einiges an Möglichkeiten offen.

Art der Kamera in 3D-Programmen

Man findet in der 3D-Computergrafik in der Regel zwei Arten von Kameras:

- Zielkameras
- Freie Kameras.

---

[1] Mit Panorama ist übrigens nicht Weitwinkel gemeint, sondern die tatsächlich verwendete Filmfläche der Kamera. Hier lohnt eine weiterführende Recherche beim Profi für Panoramen http://www.xpan.com
[2] Der Begriff „Schummern" findet noch heute in der Kartografie Verwendung.

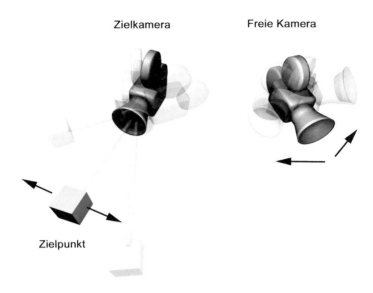

Zielkamera

Die Zielkamera ist eine Eigenheit der 3D-Visualisierung. Bei einer Zielkamera können sowohl der Kamerastandpunkt als auch der Zielpunkt der Kamera genau bestimmt werden.

Jeder dieser beiden Punkte lässt sich unabhängig bewegen und positionieren. Dies hat den Vorteil, das der Zielpunkt, der „**Point of Interest**" (POI) sich mit einem Objekt verknüpfen lässt. Und zwar nicht nur zur Darstellung, sondern auch und vor allem zur Animation. Man kann den Zielpunkt an ein, sich bewegendes, Objekt binden und damit immer sicher sein, dass der maßgebliche Point of Interest im Mittelpunkt der Kamera und des Blickfeldes steht.

Freie Kamera

Eine freie Kamera entspricht mehr einer „echten" Kamera. Die „freie" Kamera zeigt den Bereich an, auf den die Kamera gerichtet ist, ohne den Zielpunkt explizit fest zu legen. Manche Programme unterscheiden zwischen den beiden Arten, manche stellen eine Form der Kamera zur Verfügung, die dann wahlweise mit einem definierten Zielpunkt ausgestattet werden kann. Der Vorteil der Zielkamera liegt eindeutig im Einsatz von Standbildern und dem Überflug über ein festgelegtes Ziel. Um die Zielkamera z.B. einem Pfad folgen zu lassen, müssen sowohl der Zielpunkt als auch die Kamera an den Pfad gebunden werden, was ein erhebliches „Mehr" an Aufwand bedeutet. Deshalb empfiehlt sich bei der Verfolgung eines Kamerapfades meist der Einsatz einer „freien" Kamera, da hierbei lediglich die Kamera mit allen ihren Eigenschaften an den Pfad gebunden wird. Allerdings ist diese Lösung eine schnelle „Quick and Dirty"-Variante, da einige Freiheiten einer Zielkamera verschenkt werden. Ein Beispiel hierzu findet sich am Ende dieses Kapitels.

Brennweite

Fotografen sind es gewohnt, stets eine Auswahl an unterschiedlichen Linsentypen zu verwenden. Ob Fischauge, Teleobjektiv oder Standardlinse zum Einsatz kommen, wird durch die Notwendigkeit des aufzunehmenden Objekts diktiert.

Eine normale Kameralinse besteht aus verschiedenen Elementen innerhalb des eigentlichen Linsenkörpers (konkave und konvexe Bauteile). Das Arrangement der einzelnen Linsenelemente erzeugt den gewünschten optischen Effekt. Die Brennweite ist die Hauptinformation eines Kameraobjektivs. Objektive decken in der Regel eine bestimmte, fixe Brennweite ab: 28 mm, 50 mm, 85 mm. Allerdings gibt es auch Zoomobjektive, die ein bestimmtes Brennweitenspektrum abdecken: 20 - 28 mm, 28 - 85 mm, 70 - 210 mm.

Tabelle 2. Aufnahmewinkel als Funktion der Brennweite

Brennweite und Negativformat[3]	
Negativformat	Standardbrennweite
Kleinbild, 24 x 36 mm	50 mm
Mittelformat, 6 x 6 cm	80 mm
Großbildformat , 9 x 12 cm	150 mm

Übrigens: Je größer die Brennweite, desto kleiner ist der Aufnahmewinkel! In der 3D-Visualisierung steht ein Objektiv zur Verfügung, welches sich für alle gängigen Brennweiten via Parametersteuerung verwenden lässt.

---

[3] Achtung: Die meisten erschwinglichen Digital-Kameras können kein echtes Kleinbildbildformat (24x36) abbilden, so dass eine Brennweitenverlängerung auftritt (ca. Faktor 1,5).

Die Brennweite erfasst das Blickfeld, das sogenannte „**Field of View**" (FOV) und definiert somit die aufzunehmenden Bereiche einer 3D-Szene. Jede Brennweite entspricht hierbei einem bestimmten Aufnahme- oder Blickwinkel. Als Grundlage dient bei der Visualisierung am Computer das Kleinbildfilmformat mit 24 x 36 mm.

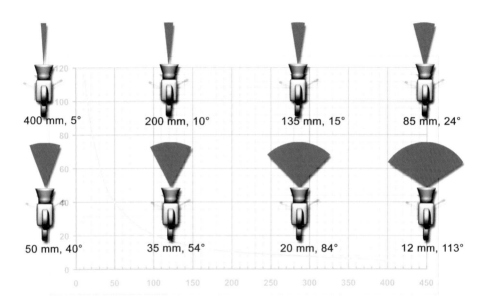

Abb. 67. Brennweite und Aufnahmewinkel

Der durchschnittliche Sehwinkel des Auges beträgt zwischen 45° und 47°. Die Standard- oder Normalbrennweite entspricht in etwa dem Sehwinkel des Auges (40 mm und 50 mm).

Kommt eine längere Brennweite zum Einsatz, so spricht man von einem Teleobjektiv. Verwendet man eine kürzere Brennweite so spricht man von einem Weitwinkelobjektiv.

Eine Teleobjektiv bildet nur einen kleinen Ausschnitt der Szene ab, da damit nur ein kleiner Raumwinkel erfasst werden kann. Aber dafür erkennt man wesentlich mehr Details. Auch werden bei einem Teleobjektiv die Objekte kaum verzerrt.

Wird die Brennweite allerdings zu lang, geht der perspektivische Eindruck verloren und die Abbildung geht in eine Parallelprojektion über. Eine kurze Übersicht über die Arten von Projektionen zeigt nachfolgende Abbildung.

98 Kameraeinsatz

| Parallelprojektion | Zentralprojektion mit 3 Fluchtpunkten | Zentralprojektion mit 2 Fluchtpunkten |

Abb. 68. Projektionen der 3D-Darstellung

Für die 3D-Visualisierung können folgende Werte angenommen werden (Sie werden feststellen, dass diese ziemlich genau denen der Kleinbildfotografie entsprechen):

Tabelle 3. Tabelle der Brennweiten

Objektiv	Bezeichnung	Brennweite
Superweitwinkel	Kurze Brennweite	10 - 25 mm
Weitwinkel	Kurze Brennweite	25 - 40 mm
Standard	Mittlere Brennweite	40 - 60 mm
Leichtes Tele	Lange Brennweite	60 -100 mm
Mittleres Tele	Lange Brennweite	100 - 200 mm
Tele	Lange Brennweite	200 -300 mm
Supertele	Lange Brennweite	300 - ... mm

Große (lange) Brennweiten entsprechen Teleobjektiven, kleine (kurze) Brennweiten entsprechen der Weitwinkelaufnahme

Standard

Die Standardbrennweite ist die Vorgabe der meisten Kameras in einem 3D-Programm und deckt im Bereich von 30- 50 mm so ziemlich alles ab, was für die normale Landschaftsvisualisierung erforderlich ist.

Abb. 69. Standard-Brennweite und "normale" Betrachtung der Szene (50 mm)

Weitwinkel

Eine Weitwinkel-Brennweite ermöglicht die Wiedergabe feinerer Details auf Kosten der perspektivischen Darstellung. Die rechte Abbildung zeigt die gleiche Szene, allerdings mit verzerrter Perspektive.

Abb. 70. Weitwinkel und perspektivische Verzerrung (20 mm)

Tele

Brennweiten im Tele- oder gar Supertele-Bereich geben die Möglichkeit, Details der Szene stark heraus zu bilden. Allerdings verliert die Szene hierbei ihre Tiefenwirkung.

Abb. 71. Szene mit Tele (135 mm). Die Unschärfe im Szenenhintergrund wurde via Unschärfe-Filter in der Nachbearbeitung hinzugefügt.

Unterschied zwischen Tele und Weitwinkel

Die Verwendung einer Teleeinstellung reduziert den betrachteten Bildausschnitt. Die Verwendung von Weitwinkel vergrößert den Bildausschnitt.

Weitwinkel lässt die Größenverzerrungen stärker zu Tage treten und sorgt für erheblich mehr Raumtiefe. Tele-Einstellungen lassen die Objekte „verflachen".

Abb. 72. Kleine (kurze) Brennweiten zeigen einen erheblich größeren Bildausschnitt als große (lange) Brennweiten von Teleobjektiven; allerdings muss hierfür eine starke perspektivische Verzerrung in Kauf genommen werden.

Szenenzusammenstellung

Die „richtige" Zusammenstellung der 3D-Szene unterliegt den härtesten Ansprüchen der Landschaftsdarstellung. Es müssen unterschiedliche Faktoren, wie z. B Beleuchtung, Kamerawinkel und Bildausschnitt berücksichtigt werden, und zwar alles gleichzeitig.

In der Welt der 3D-Animation hat man gegenüber der Realität jedoch einen entscheidenden Vorteil, man hat die Zeit, die Dinge auszuprobieren. Keine (hierfür sind drängende Projektleiter und Auftraggeber nicht zu berücksichtigen, versteht sich...) äußeren Faktoren halten Sie von den erforderlichen Einstellungen und Testläufen ab.

Kamerastandpunkt, Point of View (POV)

Egal wie auch immer man seine Szene plant, sie wird immer durch die persönliche, subjektive Empfindung geprägt sein.
Der 3D-Anwender ist es, der darüber entscheidet, was als wichtig erachtet wird, welcher Aspekt des Modells im Vordergrund steht und wie dieser dargestellt wird.
Man muss sich, um einen gelungenen Bildausschnitt mit der richtigen Perspektive zu finden, intensiv mit den Objekten auseinandersetzen. Folgende Fragestellungen können hierbei als Kriterien für die Wahl des Kamerastandpunktes im Vordergrund stehen:

- Was ist das Objekt[4], um welches es sich dreht?
- In welchem Zusammenhang steht mein Objekt zu anderen Objekten in der Szene und wie kann man diese am geschicktesten integrieren?
- Wo liegt der Schwerpunkt meines Motivs?
- Gibt es Objekte in der Szene, die das Interesse zu stark auf sich lenken könnten?
- Wie ist das räumliche Verhalten meiner Objekte, wie sieht ihre räumliche Ausdehnung aus?
- Woher kommt das Licht, wie fällt der Schatten?
- Welche Aussage will ich mit meiner Visualisierung erreichen?

Versuchen Sie einmal, die Kamera nach den oben genannten Fragestellungen auszurichten. Intuitiv wird man in der Regel einen geeigneten Standpunkt finden und diesen verwenden, aber manchmal kann es auch von Vorteil sein, diesen Standpunkt gegenüber einem Auftraggeber und auch sich selbst klar argumentativ vertreten zu können.

Position der Kamera und die Lage des Horizonts

Die Position des Horizonts ist eine sehr wichtige Größe für eine gelungene Bildkomposition. Je nach Lage des Horizonts erscheint ein Bild spannend, ruhig und ausgeglichen oder im schlimmsten Fall langweilig.
Die Lage des Horizonts wird durch die Höhe und die Neigung der Kamera bestimmt.
Es empfiehlt sich, den Horizont nicht auf die Bildmitte zu setzen. Bei einer mittigen Ausrichtung des Horizonts wird das Bild in zwei Hälften geteilt -

---

[4] Dieses Objekt wird auch als POI - Point of Interest bezeichnet

vielleicht erinnern Sie sich noch an die Grundlagen des „goldenen Schnitts"?

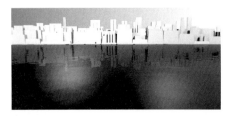

Abb. 73. Horizont im oberen Bilddrittel

Befindet sich der Bildhorizont im oberen Bereich des Bildes, so bedingt dies in der Regel eine erhöhte Kamera- sprich Betrachterposition und somit eine gute Übersicht über die Szene.

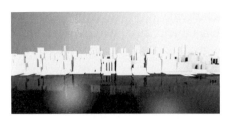

Abb. 74. Horizont in der Bildmitte

Der Horizont nahezu in der Bildmitte teilt das Bild in zwei Hälften und verursacht eine ruhige, stille Stimmung. Allerdings läuft man auch schnell Gefahr, dass die Ruhe in Langeweile umschlägt und es empfiehlt sich - je nach Absicht der Bildaussage- den Horizont etwas mehr in Richtung des oberen oder unteren Bilddrittels zu verschieben.

Befindet sich der Horizont im unteren Drittel des Bildes entspricht dies i. d. R. einer tiefen Kameraposition, welche die in der Szene befindlichen Objekte dominant gestaltet und auch unter Umständen bedrohlich wirken kann.

Abb. 75. Horizont im unteren Bilddrittel

Orientiert man sich auf der einen Seite an der Lage der Kamera bezüglich des Horizonts, so ist der Bezug auf die jeweilige Art der Perspektive eine weitere, extremere Möglichkeit zur Beschreibung einer Szene.

Mit diesen Arten unterschiedlicher „Perspektiven" sind in diesem Zusammenhang Froschperspektive, Standardperspektive und Vogelperspektive gemeint.

Frosch-, Standard- und Vogelperspektive

Die Froschperspektive als das Gegenteil der Vogelperspektive wird gerne eingesetzt, um die Mächtigkeit bestimmter Objekte, ihre Erhabenheit, Größe oder Kraft zum Ausdruck zu bringen.

Die Vogelperspektive, wie der Name schon vermittelt, befindet sich soweit oberhalb der Szene, dass der Eindruck des Fliegens oder eines überschauenden Standpunktes geweckt wird.

Die Vogelperspektive vermittelt den Eindruck des „Überblickens" der Gesamtheit der Szene. Gerade für die Visualisierung größerer Bauvorhaben wird diese immer wieder eingesetzt, um einen „Überblick" zur liefern, und auch bei der Landschaftsvisualisierung wird sie gerne verwendet, denn letztendlich stellt sie die Mittel und Möglichkeiten zur Verfügung, die in natura nur mit hohem Aufwand zu realisieren wären.

Umso wichtiger ist es, hier kritisch und vorsichtig mit den Gestaltungsmöglichkeiten der 3D-Visualisierung umzugehen, denn nichts ist ermüdender als „ewig" dauernde Flüge über virtuelle Landschaften.

Abb. 76. Blick aus der Froschperspektive, Vogelperspektive und der Standardperspektive

Bildausschnitt, Blickfeld, Field of View (FOV)

Während bei der Position der Kamera, dem **POV,** die Perspektive im Vordergrund steht, mit welcher man der Szene Tiefe verleiht, gilt beim Bildausschnitt dem Objekt und seiner Umgebung das Hauptaugenmerk.

Wie schon beim POV kann auch ein nicht passender Bildausschnitt, der zu viel oder zu wenig zeigt, der Darstellung viel an Inhalt nehmen.

Abb. 77. Unterschiedliche Bildausschnitte mit unterschiedlichen Bildformaten ermöglichen verschiedene Bildschwerpunkte

 Das Verhältnis 4:3 ist ein Format, dass sich vor allem durch die Abmessungen von Bildschirmen und Videoformaten (PAL) durchgesetzt hat. Setzt man dieses Seitenverhältnis als Querformat ein, so wirkt es sehr „vertraut" und hat auch noch den Vorteil, dass es auf nahezu allen Standardmonitoren (auch TV) ohne Verzerrungen flächenfüllende Darstellungen ermöglicht.

 Ein querformatiger ausladender Bildausschnitt ermöglicht eine panoramaartige Sicht auf die Szene und entspricht der Art der menschlichen Wahrnehmung. Allerdings gehen hierbei (Ausnahme Kino) bei regulären Monitoren nutzbare Bereiche des Bildschirms verloren (schwarze Streifen).

 Ein hochformatiger Bildausschnitt ermöglicht den Aufbau von Spannung innerhalb einer Szene und betont sehr stark die Vertikale, ist somit hervorragend für hoher Landschaftsformen oder

Pflanzen geeignet. Allerdings ist auch völlig klar, dass das Hochformat für Printzwecke zwar hervorragend geeignet sein mag, für den Monitor aber gänzlich ungeeignet erscheint.

Die Form des Bildausschnitts

Ein guter Test um festzustellen, ob der gewählte Bildausschnitt das liefert, was man von ihm erwartet, ist es, die zu betrachtende Landschaft und Szenerie in ihrem Kontext zu sehen.

Grob lässt sich das Landschaftslayout sicherlich in flach, hügelig, bergig, grün und fett, staubtrocken und nass und regnerisch unterteilen.

Abb. 78. Extremes Breitformat im 70 mm Panavision Format mit einem Seitenverhältnis von 1: 2,2

Beschreiben die ersten drei Inhalte eher die Form der Landschaft, so beziehen sich die drei anderen auf die Eigenschaften und somit auf Attribute der Landschaft.

Auf jeden Fall ist es, durch unsere gewohnte Art die Dinge zu betrachten eher sinnvoll, Landschaften in Quer- oder Panoramaformaten darzustellen.

Ein Zwangspunkt ist sicherlich die Art der Ausgabe im Bereich der digitalen Medien, da hier das Verhältnis 4:3 sehrt stark dominiert. Aber denkt man an Kino oder neue Formen der TV-Technologien so ist ersichtlich, dass auch hier das Breitwandformat auf längere Sicht die Oberhand gewinnen wird.

Stürzende Linien

Ist die Kamera nicht horizontal ausgerichtet, verlaufen normalerweise senkrechte Linien im Bild mit einer Tendenz nach oben oder unten. Die Linien konvergieren.

Abb. 79. Stürzende Linien und ihre Vermeidung durch nachträgliche Entzerrung

Dieser Effekt ist zwar für die klassische Hochbauarchitektur von größerer Bedeutung als dies bei der Visualisierung von Landschaften der Fall ist, aber man sollte ihn trotzdem nicht vernachlässigen. Der Unterschied zwischen den beiden Bereichen ist oft geringer als vermutet. Je stärker die Neigung der Kamera zur Bildebene wird, um so ausgeprägter wird die Tendenz der senkrechten Linien zu „stürzen".

Versuchen Sie, wenn es darum geht, sachliche Visualisierungen zu erstellen, wie sie z.B. in der Architektur gefordert werden, auf konvergierende Linien zu verzichten. Stürzende Linien entsprechen nicht unserer Art der natürlichen Wahrnehmung und sollten nur für spezielle Effektdarstellungen zum Einsatz gebracht werden. Vermeiden Sie diese übertriebene Art der perspektivischen Verzerrung, indem Sie bei Kamerafahrten durch ihrer Szenen Kamerazielpunkt und Kamera auf gleicher Höhe ausrichten.

Tipp **Korrektur von stürzenden Linien**

Die meisten 3D-Programme besitzen inzwischen eine Korrekturmöglichkeit für diesen Effekt. In der Regel ist dies ein auf die verwendete Kamera angewandter Modifikator oder Effekt. Hierzu empfiehlt sich eine kurze Recherche im jeweiligen Handbuch. Photoshop CS2 besitzt hierfür ein Korrekturwerkzeug names Blendenkorrektur. Wenn die stürzenden Linien allerdings einen wichtigen Aspekt ihrer Bildaussage darstellen, verwenden Sie diese - und zwar ungehemmt!

Filter und Linseneffekte

Man kennt sie aus Film und Fernsehen, hat sich an sie gewöhnt, und obwohl das menschliche Auge die meisten dieser Effekte in Natura nicht wahrnehmen kann, gehören sie inzwischen unweigerlich dazu:

- Farbfilter, Graufilter, Pol-Filter
- Linseneffekte (Lens Effects).

Wir haben unsere Sehgewohnheiten soweit angepasst, dass wir es als normal erachten, diese Effekte vorzufinden und uns bei der Betrachtung von Bildern wundern, wenn sie nicht vorhanden sind. Also lohnt sich die Frage nach der Erstellung und der Integration in eine Visualisierung auch für technische Belange.

Es ist schwierig in der Welt der 3D-Animation, die auftretenden oder besser die zu simulierenden Phänomene auch immer an richtiger Stelle zu erklären. So vermischen sich die verwendeten Methoden allzu oft mit der Vorgehensweise in der echten Welt, wie am Beispiel der Linseneffekte.

Im Realdreh oder der echten Fotografie ein physikalisch hervorgerufener Effekt, ist dieser in der Welt der 3D-Animation unter den Rendereffekten zu suchen. Rendereffekte sind nachträgliche Berechnungen eines fertigen Bildes und lassen sich in der Regel direkt im 3D-Programm als sogenannte „Renderposteffekte" oder in den meisten Bildbearbeitungsprogrammen hinzufügen. Bei all den genannten Effekten wird das Bild komplett gerendert und anschließend überarbeitet. In der Folge eine kurze Aufstellung der wichtigsten Effekte und wie diese in einem beliebigen 3D-Programm in der Regel eingebaut werden:

Farb-, Grau- oder Polfilter

Diese Art von Filtereffekten ist äußerst simpel herzustellen. Eine Variante ist die Verwendung entsprechend farbiger Lichtquellen bei der Ausleuchtung einer 3D-Szene, eine andere die Nachbearbeitung der Gesamtfarbstimmung in einem beliebigen Videopost- oder Bildbearbeitungsprogramm wie z.B. After Effects, Combustion, Photoshop, Paint, The Gimp, um nur einige zu nennen.

Abb. 80. Graustufen, bzw. Farbverlauf für den Bildhintergrund und Farbkorrektur

Der Grauverlauf für den nach oben dunkler werdenden Himmel erreicht man am besten durch einen entsprechenden Hintergrund bereits beim Aufbau der Szene. Da der Polfilter oder genauer Polarisationsfilter in der Natur störende Reflexionen zu vermeiden hilft und auch für kräftigere Bildfarben sorgt, wird er für die 3D-Visualisierung eigentlich nicht mehr benötigt. Wie die Farbkorrekturen lassen sich solche Effekte in der Bildbearbeitung hervorragend digital und schnell erledigen.

Linseneffekte

Bei den Linseneffekten, die in Abhängigkeit des Kameraeinsatzes auftauchen können, lässt sich zwischen den Linsenblendeffekten und den Schärfeeffekten, oder besser Unschärfeeffekten unterscheiden.

Linsenblendeffekte

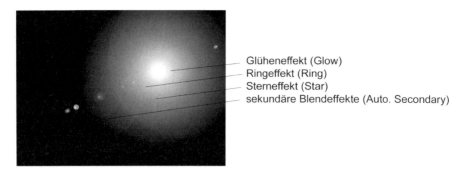

Abb. 81. Linsenblendeffekte

Die am häufigsten vorkommenden Linsenblendeffekte sind:

☐ Glühen (Glow)
☐ Ring
☐ Stern.

Zu erwähnen wären noch die so genannten sekundären Blendeffekte. Diese sekundären Blendeffekte sind kleine Ringe, die normalerweise aus der Quelle des Linsenblendeffekts entlang einer Achse relativ zur Kameraposition heraustreten. Erzeugt werden sie durch die Lichtbrechung auf verschiedenen Elementen der Kameralinse. Die sekundären Blendeffekte werden verschoben, wenn die Kameraposition relativ zum Quellobjekt geändert wird.

Glühen (Glow) - dieser Effekt erzeugt eine Leuchtaura um ein Lichtobjekt.

Abb. 82. Glühen-Effekt

Ring - dieser Effekt erzeugt ein rundes Farbband, welches das Lichtobjekt umgibt.

Abb. 83. Ring-Effekt

Stern - dieser Effekt dürfte sich auch mit vor Kälte tränenden Augen, die zusammengekniffen in eine Lichtquelle starren, erreichen lassen.

Abb. 84. Stern-Effekt

Tiefenunschärfe (Depth of fields)

Ein sehr wichtiger Aspekt, nicht nur der Linseneffekte, sondern vor allem der Gestaltung einer Szene, ist dass Objekte, die außerhalb eines bestimmten Bereichs der Kamera liegen, unscharf wirken. Dies ist nicht nur eine Eigenheit der Kameraoptik, sondern auch ein Mittel um bestimmte Objekte und Bereiche hervorzuheben. Und somit auch ein Werkzeug um 3D-

Szenen glaubhafter zu gestalten. Bei Fotografie und Film wird Unschärfe gezielt eingesetzt, um bestimmte Elemente einer Szene hervorzuheben oder in den Hintergrund treten zu lassen. Denken Sie an zwei Gesprächspartner die während ihres Dialogs abwechselnd scharf (spricht) und unscharf (schweigt) dargestellt werden.

Abb. 85. Tiefenschärfe zur Unterstützung der räumlichen Tiefe einer 3D-Szene

Auch oder gerade bei der Darstellung von Landschaft ist die Möglichkeit der Tiefenunschärfe ein sehr wichtiges Werkzeug, um räumliche Tiefenwirkung der Szene zu unterstützen. Wie die meisten Effekte sind ist auch dieser Effekt in der Regel ein sogenannter Rendereffekt und wird erst nach der Fertigstellung eines Bildes erzeugt.

Kamera in Hintergrundbild einpassen

Eine in nahezu jedem Bereich der 3D-Visualisierung wiederkehrende Anforderung ist die Einpassung einer virtuellen Kamera in ein „reales" Hintergrundbild. Damit ist es möglich, 3D-Konstruktionen mit einer echten Umgebung zu koppeln und den Eindruck realistischer Planung zu erwecken. Der Vorteil liegt auf der Hand: man muss keinen Hintergrund erstellen und der Betrachter hat es leichter Planungen zuzuordnen.

Abb. 86. Einmessung und Aufnahme der Messlatten

Vor der Aufnahme des Bildes werden Messhilfen, in diesem Fall Vermessungsstangen mit Stativ, aufgebaut und genau eingemessen. Weiterhin werden Uhrzeit und damit Sonnenstand sowie die Art des Himmels (bewölkt, klar) aufgezeichnet. Auch die Blendeneinstellung der Kamera wird notiert. Sind alle Messgrößen bekannt, wird das Hintergrundbild aufgenommen.

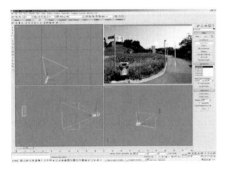

Abb. 87. Einbindung des Hintergrundbildes in 3ds max

In 3ds max wird das Hintergrundbild eingeladen und eine Kamera erstellt. Zur Orientierung werden sogenannte Trackingpunkte (KAMERA-PUNKTE) auf die bekannten Messstäbe gelegt. Es sind dabei mindestens fünf Trackingpunkte erforderlich. Anschließend wird die Position der Kamera im 3D-Programm automatisch ermittelt.

Eine genaue Beschreibung der Vorgehensweise ist in den Tutorials vorhanden. Im Kapitel Wasser wird ergänzend auf die Funktion von Mattematerialien zur Maskierung eingegangen.

Kameraführung

Oder besser: Kamera in Bewegung. Achtet man auf einige Kleinigkeiten, so erreicht man ohne großen Mehraufwand eine glaubwürdigere Darstellung, kann mit Spannung Inhalte vermitteln, die sonst vielleicht ermüdend sein könnten und hat meist auch bei der Erstellung mehr Spaß.
Die beiden wichtigsten Punkte hierbei sind:

- Die **Bewegung** einer Kamera an einem vordefinierten Pfad durch die Szene. Die kann entweder als Kameraflug oder als „Begehung" (Walkthrough) erfolgen und der Effekt der
- **Bewegungsunschärfe (Motion Blur).**

Kamerapfade

Ob Sie einen Pfad zur Kameraverfolgung direkt in AutoCAD, Civil3D, Microstation, Cinema4D oder 3ds max einrichten spielt keine Rolle. Die Vorgehensweise ist prinzipiell immer die gleiche. Sie erstellen ein beliebiges Polygon oder eine beliebige Spline, die der geplanten Bewegung Ihrer Kamera durch die 3D-Szene entsprechen, verknüpfen die Kamera mit diesem Pfad, variieren den einen oder anderen Parameter zur Neigung der Kamera, definieren eine bestimmte Zeit und lassen das Ergebnis rendern.

Der fertige Film begeistert zu Beginn, denn endlich liegt das Ergebnis vor, aber spätestens beim zweiten Hinschauen verfliegt die Freude. Die Kamera beginnt abrupt und bewegt sich die ganze Zeit mit der gleichen Geschwindigkeit. Die eigentlichen wichtigen Elemente der Szene werden mit roboterhafter Gleichmäßigkeit passiert und nach kurzer Zeit kommt Langweile auf, man verschiebt den Zeitregler um die markanten Punkte näher zu betrachten.

Grundsätzlich geht es doch darum, eine virtuelle Kamera über das erstellte Modell fliegen zu lassen. Der hierbei in der Regel verwendete Pfad richtet sich meist nach den Gegebenheiten der Topografie, markanten Geländepunkten oder bestimmten planerischen Merkmalen, die zur Übersicht gebracht werden sollen.

Abb. 88. Bei der Erstellung eines Kamerapfades ist dem Spline immer der Vorzug zu geben.

Sinnvoll ist die Verwendung eines Splines mit „weichen" Scheitelpunkten. Auch Bezierpunkte sind von Vorteil. Ein Polygonzug mit linear verlaufenden Segmenten bedeutet Wackeln der Kamera und abrupte Übergänge und sollte daher (außer für gezielte Spezialeffekte) vermieden werden.

Anhand eines Beispiels könnte eine solche Szene in etwa wie folgt beschrieben aussehen:

Ein beliebiges Gelände/Terrain wurde generiert. Die Kamera soll in einem Überflug einen Überblick vermitteln. Die verwendetet Software sollte die Möglichkeiten von 3D Studio Viz, Cinema oder einem gleichwertigen Werkzeug besitzen. Die verwendeten Begrifflichkeiten mögen von Visualisierungssoftware zu Visualisierungssoftware variieren, die Vorgehensweise ist überall ähnlich. Der Pfad, dem die Kamera folgen soll, ist bereits erstellt.

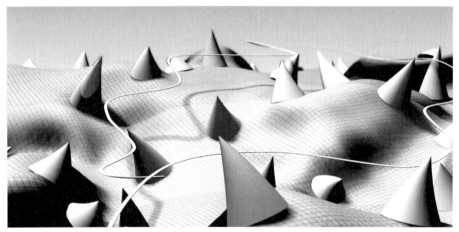

Abb. 89. Beispielszene eines „beliebigen" Geländes mit gerendertem Kamerapfad

Beantwortet man vor Beginn einige Fragen, ist auch die weitere Bearbeitung recht schnell erledigt (von der Renderzeit einmal abgesehen):

1. Wieviel Zeit steht für die Animationssequenz zur Verfügung?
2. Welche Länge und welche Form hat der Pfad?
3. Wie lange braucht die Kamera bei welcher Geschwindigkeit um den Pfad „abzufliegen"?
4. Sind markante Punkte vorhanden, die etwas genauer betrachtet werden sollen?
5. Muss der gesamte Pfad tatsächlich abgeflogen werden, um den richtigen Eindruck der Topografie zu vermitteln?

> **Tipp** **Animationsdauer als Kalkulationsgrundlage**
>
> *Übrigens ist die Dauer einer Animation immer eine gute Grundlage für die Kalkulation der Kosten. Splittet man die Kosten in Bearbeitungsaufwand (Datenaufbereitung, Modellierung, Materialien), Renderaufwand (Zeit pro Szene und CPU) und Nachbearbeitung (Videopost und -schnitt) so werden Aufwand, Kosten und Zeit transparente Größen und auch der Auftraggeber erhält eine weitaus bessere Übersicht, und somit auch mehr Vertrauen.*

Länge der Animationssequenz

Bevor es an irgendeine Planung geht, sollte die Dauer der Animationssequenz genau bestimmt werden, denn Renderzeit kostet Geld.

Auch sollte man die Aufmerksamkeit der Betrachter nicht durch ewig dauernde Flüge über virtuelle Landschaften in gleichmäßiger, ermüdender Geschwindigkeit überstrapazieren. Die Dauer bestimmt somit in der Regel die Möglichkeiten der Darstellung und die Geschwindigkeit der Betrachtung.

Die Vorgabe einer Befliegung und die Verwendung eines Kamerapfades bedeuten nicht, dass die Kamera den gesamten Pfad befliegen muss. Auch Schnitte oder Zoomsprünge können helfen Zeit zu sparen, Kosten zu senken und auch mehr Spannung in die Animation einzubauen.

Länge und Form des Pfades

Die Länge des verwendeten Pfades sollte ausreichen, um alle wichtigen Punkte zu erreichen. Kreuzungen und mehrfache Annäherungen an die gleiche Stelle machen wenig Sinn und führen eher zu Irritationen eines unkundigen Betrachters.

Es kann davon ausgegangen werden, dass ein Pfad, der einer Achterbahn gleicht (auch wenn es spaßig aussehen mag) sicherlich nicht geeignet ist, die Planung einer Renaturierung eines Fließgewässers zu befliegen. Die Form des Pfades sollte so ausgelegt sein, dass er den Gegebenheiten des Geländes folgt. Der Pfad ist - wie ein Spaziergang - ein Hilfsmittel zur Erkundung und sollte auch nicht anders behandelt werden.

Tipp **Frames für die Länge eines Pfades ermitteln**

Geht man beispielsweise von der Länge eines Pfades von 35 m aus, legt man weiterhin ein durchschnittliche Schrittgeschwindigkeit von 1,5 m/s zugrunde und soll das Ergebnis für eine PAL-Auflösung gerendert werden, so ergibt sich folgende Anzahl von benötigten Frames:
35 m / 1,5 m/s = 23 s, 23 s 25 fps = 390 Frames!

Dauer der Befliegung

Es macht grundsätzlich Sinn, sich an ein paar Richtwerten zu orientieren: So fliegt ein Helikopter sicherlich nicht schneller als max. 200 km/h (eher ~ 150 km/h oder 46,7 m/s) und ein Fußgänger der sich eine Gegend anschaut (Walkthrough), wird sich gewiss auch nicht schneller als mit 5 km/h (~ 1,4 m/s) durch die Szenerie bewegen.

Richtet man sich ein wenig nach diesen Werten, so ist gewährleistet, dass die Geschwindigkeit zur Betrachtung annähernd realistisch wirkt.

Hat man nun die maximale Lauflänge einer Animation (in der Regel meist in Minuten und Sekunden angegeben) ermittelt, so ergibt sich die anhand der verfügbaren Zeit und der anzunehmenden Geschwindigkeit schnell ein grober Richtwert für die maximal zurückzulegende Strecke.

Es ist immer sinnvoll, mit vereinfachter Geometrie einen Preview der Szene zu erstellen. Diese kleinen Filmsequenzen heißen Animatics und sie können das Leben erheblich vereinfachen, denn sie ermöglichen im Vorfeld ein Abstimmung über die Animation, bevor es an die manchmal sehr zeitintensiven Renderings einer kompletten Landschaftsszenerie geht.

Zeitvariation

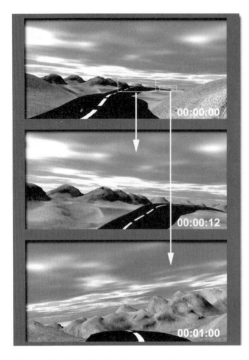

Möglichkeiten zur Beschleunigung von Kamerabefliegungen
Die Startsequenz: Die Kamera steht und beginnt gerade sich zu bewegen. Die Zeit beginnt bei 0 Minuten:0 Sekunden:0 Frames.

mit eingeblendetem Kamerapfad

Die Kamera hat beschleunigt. Das Bild zeigt die Szene nach einer halben Sekunde oder genauer bei 0 Minuten:0 Sekunden:12 Frames.

Die Kamera ist am bremsen. Das Bild zeigt die Szene nach einer Sekunde oder genauer bei 0 Minuten:1 Sekunde:00Frames.

Die angegebenen Zeiten beziehen sich auf eine Bildwiederholrate von 25 Bildern pro Sekunde.

Abb. 90. Möglichkeiten zur Beschleunigung an einem Kamerapfad

Nicht immer muss es der gesamte Bewegungspfad sein. Manchmal können Stücke herausgeschnitten werden, ohne dass es dem Inhalt der Animation schaden würde.

Stellen Sie sich vor, Sie wollen eine Landschaftsplanung präsentieren. Wichtig ist die Gestaltung der Hügel in ca. 1,5 km Entfernung. Zur im Vordergrund stehenden Information muss die Strasse, die dorthin führt „beflogen" werden. Die Gesamtdauer Ihrer Animation darf 1,5 Minuten nicht überschreiten. Es soll im Bereich des wichtigen Geländeabschnitts auch ein Walkthrough mit der Fußgängergeschwindigkeit von besagten 1,4 m/s nicht überschritten werden.

Alleine für die Befliegung der Straßensequenz mit ihren 1,5 km gehen 36 Sekunden verloren. Ein Drittel der gesamten zur Verfügung stehenden Zeit. Viel zuviel.

Die Strasse ist wichtig und somit ist ein Ignorieren unmöglich. Aber es gibt Möglichkeiten, die Sache zu beschleunigen.

Die erste Möglichkeit ist ein einfacher Schnitt. Sie lassen die Kamera entlang der Straße in Richtung auf den „wichtigen" Bereich, den Hügel fliegen. Die Sequenz beginnt mit Kamerastillstand, die Kamera beschleunigt ca. 2 Sekunden - Schnitt - die Kamera ist kurz vor der Hügellandschaft und bremst bereits wieder ab.

Es fehlt zwar ein großes Stück der Straße, aber der Betrachter wird als logische Schlussfolgerung der begonnenen Bewegung das fehlenden Stück im Geiste ersetzen. Sie haben somit ein Menge Zeit für die eigentlich wichtige Sequenz gewonnen.

Eine weitere Option wäre, für die kurze Strecke der Straßensequenz einfach extrem zu beschleunigen und wieder abzubremsen, so dass die Kamera die gesamte Strecke zwar zurücklegen muss, diese aber nur kurz und nicht dominant erscheint, und somit auch nicht weiter von den eigentlichen Inhalten ablenkt.

Tipp Kamerapfad auf die Landschaft projizieren

Manchmal soll der Kamerapfad der Kontur der Landschaft folgen. Die manuelle Möglichkeit bedeutet, die Stützpunkte des Pfades (in der Regel eine Spline) manuell zu verschieben. Itoo Soft hat hierzu ein sehr schönes Plugin für Max geschrieben. Dieses Plugin heißt Glue und kann auf der Homepage www.itoosoft.com kostenfrei heruntergeladen werden.

Markante Punkte

In nahezu jedem 3D-Programm besteht die Möglichkeit, ein Objekt direkt an einen Pfad zu binden. Somit wäre die Sache eigentlich schnell erledigt. Aber in der Regel ist es damit nicht getan. Wie bereits durchgeklungen sein dürfte, ist es sinnvoll, mit der Geschwindigkeit zu „spielen". Beschleunigungen und Verzögerungen ermöglichen den Einbau von Spannungselementen.

Markante Punkte, wie z.B. ein Bauwerk, eine Gruppe von Pflanzen oder die besondere Konstellation einer Erdarbeit sollte nicht mit der Geschwindigkeit passiert werden, die im Rest der Szene vorherrscht.

Wurde kurz zuvor die Straßensequenz durch Beschleunigung oder Schnitt verkürzt, so macht es Sinn, die Kamera an markanten Stellen zu verlangsamen, die Bewegungsrichtung ein wenig zu ändern und gegebenenfalls auch die Blende zu variieren.

So könnte beispielsweise die Kamera sich verlangsamen, während sie sich dem POI nähert, anschließend fast zum Stillstand kommen und nun mit einem Zoom die Art der Betrachtung ändern.

Steuerung der Kamera

All die soeben aufgeführten Punkte mit einer an einen Pfad verknüpften Kamera durchzuführen wird aufwendig. Vor allem wenn es darum geht, nachträglich Parameter zu ändern. Hier kann der Einsatz von Hilfsobjekten, die für eine Animation herangezogen werden, äußerst reizvolle Möglichkeiten offerieren. Diese Hilfsobjekte (in der Regel als Dummies, Sing. Dummy bezeichnet) ermöglichen eine erheblich feinere Steuerung und auch einige zusätzliche Freiheitsgrade, als dies bei der reinen Pfadverknüpfung der Fall ist. Dies könnte wie folgt beschrieben aussehen:

Kamera folgt einem Objekt entlang eines Pfades

Diese Einstellung eignet sich hervorragend für einzelne Sequenzen, in denen es darum geht, einem bestimmten Objekt mit der Kamera zu folgen. Eine Variante könnte der Vorbeiflug der Kamera an dem Objekt, eine andere Variante ein sich bewegendes Objekt sein.

Abbildung 91 zeigt eine mögliche Einstellung für ein Helferobjekt, welches an einen Bewegungspfad gebunden ist. Mit dem Helferobjekt ist der Zielpunkt der Kamera verknüpft. Somit ist gewährleistet, dass die Kamera immer in Richtung des Helferobjekts blickt. Im Beispiel sind sowohl das Helferobjekt als auch der Pfad zur Veranschaulichung eingeblendet.

In Abbildung 92 wurde die Kamera an ein zweites Helferobjekt gebunden, die Einstellungen für den Kamerazielpunkt sind gleich geblieben.

Der Vorteil besteht nun darin, dass auch die Kamera dem Pfad folgt. Diese Art der Animation kommt der optimalen Steuerung einer Kamera entlang eines Kamerapfades schon recht nahe. Die hierarchische Verknüpfung der Objekte in der Reihenfolge: Bewegungspfad - Helferobjekt - Kamerazielpunkt (bzw. Kamera) sorgt dafür, dass jedes Objekt seinem Vorgängerobjekt folgen muss, selbst aber frei bewegt werden kann. So kann beispielsweise die Kamera, obwohl sie an die Bewegungen ihres Helferobjekts gebunden bleibt, frei zu jedem Zeitpunkt verschoben oder rotiert werden.

Baut man noch ein zusätzliches Helferobjekt, wie in Abbildung 93 ein, so hat dies den Vorteil, dass ALLE Animationsinformationen an Helferobjekte gebunden sind. Somit bleibt die Kamera frei von Animationsinformationen und kann jederzeit sozusagen von allem (Keyframe-) Animationsballast befreit werden.

Kameraführung 121

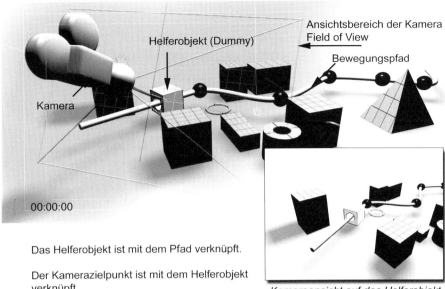

00:00:00

Das Helferobjekt ist mit dem Pfad verknüpft.

Der Kamerazielpunkt ist mit dem Helferobjekt verknüpft.

Kameraansicht auf das Helferobjekt

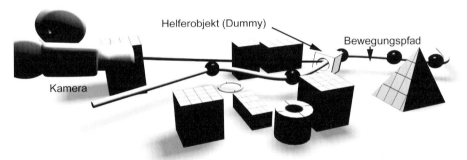

00:03:14

Wenn das Helferobjekt sich den Pfad entlang bewegt, folgt der Kamerazielpunkt dem Helfer und die Kamera blickt somit IMMER in Richtung des Helferobjekts.

Kameraansicht auf das Helferobjekt

Abb. 91. Der Kamerazielpunkt ist mit einem, mit Bewegungspfad versehenen Helferobjekt verknüpft.

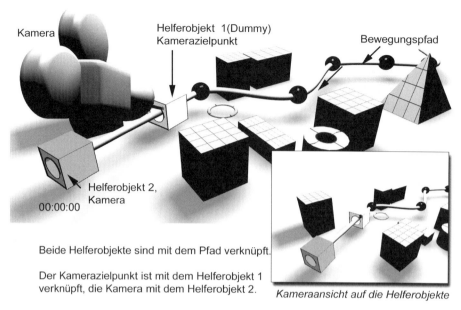

Beide Helferobjekte sind mit dem Pfad verknüpft.

Der Kamerazielpunkt ist mit dem Helferobjekt 1 verknüpft, die Kamera mit dem Helferobjekt 2.

Kameraansicht auf die Helferobjekte

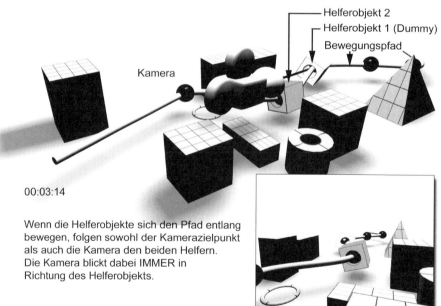

Wenn die Helferobjekte sich den Pfad entlang bewegen, folgen sowohl der Kamerazielpunkt als auch die Kamera den beiden Helfern. Die Kamera blickt dabei IMMER in Richtung des Helferobjekts.

Kameraansicht auf die Helferobjekte

Abb. 92. Der Kamerazielpunkt ist mit einem, mit Bewegungspfad versehenen Helferobjekt verknüpft, die Kamera folgt dem zweiten Helferobjekt.

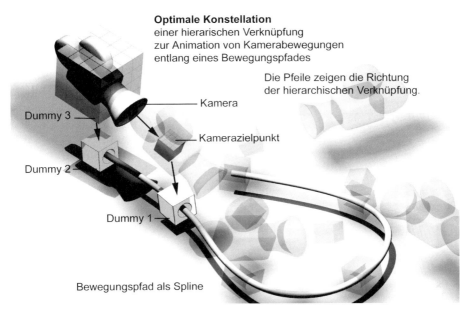

Abb. 93. Die optimale Konstellation in der die Kamera selbst keinerlei Animationsdaten (Keyframes) direkt erhält, sondern nur via Verknüpfungen animiert wird.

Bewegungsunschärfe

Ein weiterer wichtiger Aspekt, der die Glaubwürdigkeit der Darstellung maßgeblich unterstützt, ist die Bewegungsunschärfe.

Bei einer „echten" Kamera ist die Blende nur eine bestimmte Zeit geöffnet. Finden während dieses Zeitraumes sehr schnelle Bewegungen statt, so wird das Bild, bzw. werden die Bilder auf dem Film unscharf.

Aus Sicht der stehenden Kamera bedeutet dies, dass sich schnell bewegende Objekte unscharf werden, und aus Sicht der sich bewegenden Kamera geraten Objekte außerhalb des Sichtfeldes der Kamera unscharf.

Bewegungsunschärfe ist in der Regel in der 3D-Animation an zwei Möglichkeiten gebunden:

1. Die Bewegungsunschärfe wird einem sich bewegenden Objekt direkt zugewiesen. Dies hat zur Folge, dass, sobald das Objekt sich bewegt, beim Rendern die Unschärfe als Effekt hinzugefügt wird.
2. Tiefenunschärfe wird der Kamera als Effekt zugewiesen. Hierbei wird alles was sich außerhalb einer bestimmten Entfernung des

Fokusbereichs befindet unscharf. Die Unschärfe nimmt mit dem Abstand zur Kamera zu.

Da der Effekt der Unschärfe in unterschiedlichen Programmen sehr unterschiedlich zum Einsatz gebracht wird, empfiehlt es sich hier nach den Begriffen Unschärfe, Bewegungsunschärfe und Tiefenunschärfe im jeweiligen Handbuch nachzuschlagen.

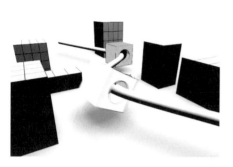

Ein Objekt mit zugewiesener Bewegungsunschärfe erscheint immer unschärfer, je schneller es sich bewegt.

Abb. 94. Objekt-Bewegungsunschärfe

Der Kamera wird der Effekt der Bewegungsunschärfe zugewiesen. Ähnlich wie bei der Tiefenunschärfe werden alle außerhalb eines definierten Bereichs befindlichen Objekte mit zunehmender Entfernung zur Kamera immer unschärfer.

Abb. 95. Unschärfe der außerhalb des Fokus der Kamera befindlichen Objekte

Zusammenfassung

In diesem Kapitel ging es um den Bezug zwischen der realen Kamera und der Kamera in der Welt der 3D-Animation.

Von allgemeinen Schwerpunkten der Landschaftsfotografie erfolgte der Schwenk zur Kamera und ihrem Einsatz im 3D-Programm.

Zusammenfassung

Es gibt in der 3D-Animation - im Gegensatz zur Realwelt - zwei Typen von Kameras, nämlich die Freie Kamera und die Zielkamera. Die erste entspricht einer „echten" Kamera, die zweite einem typischen Vertreter der 3D-Welt.

Sie haben die Brennweite kennen gelernt und wissen spätestens jetzt, dass man bei großem Winkel der Brennweite (28 mm) von Weitwinkel und bei sehr kleinen Winkeln (105 mm) von Teleobjektiven spricht.

Bei der Zusammenstellung von 3D-Szenen ist es wichtig den POV, den Point of View, also die Position der Kamera so zu positionieren, dass die wichtigen Elemente möglichst optimal hervorgehoben werden.

Hierbei spielen die Lage des Horizonts und die verschiedenen Perspektiven eine wichtige gestalterische Rolle. Man unterscheidet Frosch-, Normal- und Vogelperspektive.

Der Bildausschnitt, FOV (Field of View), hilft die jeweilige Stimmung zu unterstützen.

Stürzende Linien sind nicht nur in der Architektur ein unerwünschter Effekt, sie können auch bei der Landschaftsgestaltung stören. Eine Möglichkeit zur nachträglichen Entfernung wurde vorgestellt.

Sie wissen nun um einige der typischen Linseneffekte von Reallinsen und deren Simulation in der 3D-Gestaltung und haben einige grundlegende Merkmale der bewegten Kamera kennen gelernt. Wichtige Punkte hierbei sind vor allem die Animation einer Kamera entlang eines Pfades und der Aspekt der Unschärfe, die sich in Bewegungsunschärfe und Tiefenunschärfe ausdrückt.

Vieles fehlt noch und einiges wurde nur angerissen, aber der grobe Abriss über die Kamera im Allgemeinen und in der digitalen Simulation im Speziellen dürften einige Unklarheiten aus der Welt geräumt haben.

Wer allerdings Spaß am Thema Szenenaufbau, Gestaltung und Umgang mit der Kamera gefunden hat, findet im Anhang noch einige Tipps zur weiterführenden und vertiefenden Literatur.

Beleuchtung

Ohne Licht kein Schatten. Und den brauchen wir dringend für eine gelungene Visualisierung ...

Einleitung

In der Darstellung von Landschaften gibt es nur eine maßgebliche Lichtquelle und zwar die Sonne. Ohne Sonne kein Licht - auch kein Mondlicht. Allerdings reicht diese eine Lichtquelle in der Natur, gemischt mit einigen atmosphärischen Effekten völlig aus, um eine unglaubliche Vielzahl an Lichtvariationen zu generieren.

Die meisten 3D-Programme bieten inzwischen die Möglichkeit, recht ausgefeilte Sonnenlichtsysteme zum Einsatz zu bringen. Hier lassen sich dann Sonnenstand, globaler Ort, Zustand des Himmels (bewölkt oder klar), Tageszeit und vieles mehr einstellen. Die Ergebnisse sind meistens sehr überzeugend und erfordern vom Anwender eigentlich nicht viel mehr als das Auffinden der Menüs.

Abb. 96. Die Sonne sorgt für Licht und Schatten

Aber so ganz reicht es damit dann eben manchmal doch nicht. Diese „fertigen" Systeme bieten zwar den Vorteile der schnellen Erstellung, aber oft sind damit auch Berechnungsverfahren wie GI (Global Illumination z.B. Radiosity) verbunden, die bei allen physikalischen Reizen leider noch immer sehr viele Ressourcen (Arbeitsspeicher und Prozessorleistung) erfordern.

Es schadet also nicht, sich mit der Thematik der Beleuchtung ein wenig ausgiebiger zu beschäftigen, um mit Standardlichtquellen der 3D-Programme zurecht zu kommen; denn mit der richtigen Beleuchtung kommt ein weiterer wichtiger Aspekt der Szenengestaltung hinzu.

Tipp **Beleuchtung und Drehbuch**

Es ist auf jeden Fall von Vorteil, die beabsichtigten Einstellungen für die Beleuchtung in einem Drehbuch festzuhalten und sich sich genau zu überlegen, wo Lichtquellen positioniert werden sollen. Die Lichtquelle und der dazu gehörige Schatten geben dem Bild eine Lichtrichtung und sind damit äußerst wichtige Gestaltungskomponenten.

Gerade bei der Integration (Montage) von 3D-Szenen in ein bestehendes Hintergrundbild ist es außerordentlich wichtig, die zu integrierende Szene mit ihren Lichtverhältnissen an Farbe und Richtung des Hintergrundbild-Lichtes anzupassen.

Grundsätzlich lassen sich die verschiedenen Arten von Lichtquellen nach ihrem Lichttyp und nach ihrer Definition unterscheiden:

- Lichttypen
- Definition nach Funktion.

Ein Blick auf die unterschiedlichen Formen der Beleuchtung und deren Wiedergabe in der Welt der 3D-Programme soll ein wenig Licht ins Dunkel bringen.

Lichttypen

Jedes 3D-Programm geht mit den Bezeichnungen und den Arten der Lichtquellen ein wenig anders um. So werden unterschiedliche Arten von Lichtquellen zur Verfügung gestellt und auch unterschiedliche Bezeichnungen verwendet. Im Nachhinein, also bei Betrachtung eines gerenderten Bildes festzustellen, welche Lichttypen verwendet wurden ist meist schwierig. Auch entscheiden der persönliche Geschmack, Vorlieben und Abneigungen über den Einsatz der jeweiligen Lichtquelle.

Es gibt Anwender, die fantastische Ergebnisse nur mit ein paar Spot-Lichtern erreichen, andere wiederum schwören auf den Einsatz von Systemen für Sonnenlicht auf Grundlage komplexer Radiosity-Simulationen.

Aber allen sind gewisse grundlegende Dinge gemeinsam. So gibt es in der Regel folgende Lichttypen, die in dieser oder ähnlicher Art und Weise in allen 3D-Programmen verwendet werden:

- Punktlicht oder Omni-Licht
- Zielrichtungslicht oder Spot-Licht
- Gerichtetes Licht oder Parallel-Licht
- Bereichslichter oder Flächenlichter.

Tabelle 4. Lichtquellen

Punktlicht	Zielrichtungslicht	Parallel-Licht	Bereichslicht

Punktlicht oder Omni-Licht

Eine Lichtquelle, die in alle Richtungen gleichmäßig ihr Licht ausstrahlt (omnidirektional), wird Punktlicht oder Omni-Licht genannt.

Das klassische Beispiel hierfür ist die Glühbirne.

Die größte bekannte Punktlichtquelle ist übrigens die Sonne. Wobei in der Computersimulation die Sonne niemals als Punktlicht simuliert werden würde. Das Punktlicht müsste unglaublich groß gewählt werden, da bei der realen Entfernung der Sonne zur Erde die Sonnenstrahlen nahezu parallel auf unseren blauen Planeten treffen. Hier würde man eher zu einem Parallel-Licht greifen.

Da jede Form von Berechnungen der Schatten einer Lichtquelle mit Rechenleistung verbunden ist, benötigt die Punktlichtquelle hiervon immer etwas mehr als beispielsweise Spot-Lichter oder Parallel-Lichter.

Punktlichter sind allerdings für die reine Ausleuchtung einer Szene nicht unbedingt die erste Wahl. Für Haupt- oder Führungslichter empfiehlt sich eher die Verwendung eines Spot-Lichts oder Parallel-Lichts. Punktlichter sind jedoch hervorragend dazu geeignet, Szenenstimmungen als Aufhell- bzw. Fülllichter zu ergänzen.

Abb. 97. Ein Punklicht sendet Licht gleichmäßig in alle Richtungen.

Zielrichtungslicht oder Spot-Licht

Durch die kegelförmige Ausdehnung des Lichtstrahls ist ein Spot-Licht eigentlich die erste Wahl um Scheinwerfer, Blitzlichter oder andere Formen künstlicher Lichtquellen zu simulieren. Wahrscheinlich  sind in der klassischen Computergrafik in den meisten Fällen ein oder mehrer Spot-Lichter die Hauptlichtquellen für die Ausleuchtung der dargestellten Szenen. Ein Spot-Licht bietet im Gegensatz zur Punktlichtquelle die Möglichkeit, Objekte ganz gezielt zu beleuchten.
Ähnlich wie bei der Kamera mit Zielpunkt bieten die meisten 3D-Programme die Option, den Zielpunkt des Spot-Lichts gezielt mit einem Objekt zu verknüpfen, womit gewährleistet ist, dass das gewünschte Objekt jederzeit optimal beleuchtet wird.
Auch sind Spot-Lichter meist die Lichtquellen, die die meisten Einstellmöglichkeiten bieten.

Abb. 98. Ein Spot-Licht sendet Licht kegelförmig, wie eine Taschenlampe in eine Richtung aus.

Gerichtetes Licht oder Parallel-Licht

Denkt man an die Sonne als Punktlichtquelle, ihre Entfernung zur Erde und auch an die Größe unseres Heimatsterns, so wird schnell klar, dass die Lichtstrahlen, die von der Sonne auf die Erde treffen, sich eher parallel als kegelförmig verhalten. Gerichtetes Licht wird auch als Direktlicht, Distanzlicht oder gleich als Sonnenlicht bezeichnet.
Der Belichtungsvektor ist für alle Lichtstrahlen der gleiche, was dafür sorgt, dass auch der Schattenwurf für alle Objekte in die gleiche Richtung erfolgt.

Die Geschmäcker gehen weit auseinander, was die Anwendungsbereiche des gerichteten Lichts betrifft. Manch einer schwört auf parallele Lichter als Umgebungslichtquelle, andere wiederum ziehen es vor, damit Sonnenlicht zu simulieren.

Abb. 99. Die Lichtstrahlen des gerichteten Lichts verlaufen alle parallel.

Bereichslichter

Bereichslichter werden auch als Flächenlichter bezeichnet. Geht bei einem Punktlicht das Licht von einem unendlich kleinen Punkt aus, so kann das Bereichslicht eine „Größe" besitzen. Die Größe kann sich auf einen Durchmesser bei einem sphärischen oder auf Länge und Breite bei einem rechteckigen Licht beziehen.

Somit können bei Bereichslichtern die Lichtstrahlen nahezu parallel auf ein Objekt auftreffen. Ist ein Bereichslicht also sehr klein, verhält es sich wie ein Punktlicht und es erzeugt auch ähnlich scharfe konturhafte Schatten. Nimmt die Größe des Bereichslichts zu, so werden die Schattenkonturen weicher und die Gesamtbeleuchtung etwas matter. Allerdings sollte natürlich auch erwähnt werden, dass Bereichslichter große Ressourcenfresser sind. Gerade bei Landschaftsvisualisierungen ist der Einsatz von Bereichslichtern - auch wenn die Effekte noch so realistisch wirken mögen - eher zu vermeiden.

Wie die unterschiedlichen Lichttypen in der Außenbeleuchtung und damit in der Landschaftssvisualisierung gezielt verwendet werden können, ist im Beispiel „Tageslicht mit Standardlichtquellen" beschrieben.

Abb. 100. Das Bereichslicht hat eine flächenhafte Ausdehnung und verursacht weiche Schattenränder.

Licht und seine Definition nach der Funktion

Wurden soeben die grundlegenden Lichttypen vorgestellt, so gibt es, losgelöst vom Typ, natürlich auch die Möglichkeit, Licht über seine Funktion zu beschreiben. Diese Art der Beschreibung erscheint auch erheblich sinnvoller, denn welcher Lichttyp am besten für den jeweiligen Einsatzbereich geeignet scheint, hängt auch von den persönlichen Vorlieben des Anwenders ab.

Unterschieden werden nach der Funktion der Lichtquellen:

- Umgebungslicht
- Hauptlicht
- Fülllicht(er).

Umgebungslicht

Das Umgebungslicht schafft die Grundstimmung und sorgt für die Grundhelligkeit und die Grundfarbe der 3D-Szene.

Somit wird mit dem Umgebungslicht eine Szenenbeleuchtung auf Lichtstimmung gebracht. Für eine Beleuchtungsstimmung bei Nacht werden eher dunkle, blaue Grundtöne verwendet, für eine Tagesbeleuchtung hingegen dominieren helle Gelbtöne, die bis hin zu blendendem Weiß für eine Simulation bei Sonnenlicht zur Mittagszeit sorgen.

Abb. 101. Beleuchtung einer Szene nur mit Umgebungslicht. Zwar wird Räumlichkeit erkennbar, aber Schatten fehlt völlig und die Szene wirkt sehr flach.

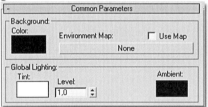

Abb. 102. „Global Lighting" - Umgebungslicht in 3ds max

Hinweis Lichttyp und Farbwerte

Der Lichttyp ist in den meisten 3D-Programmen ein Wertebereich der sich über Farbe und Intensität definieren lässt. Umgebungslicht wirft normalerweise keinen Schatten.

Bei einigen Berechnungsverfahren, bei denen keine physikalische Näherung einer Lichtsimulation zum Einsatz kommt, simuliert das Umgebungslicht die diffuse Reflexion, also die Beleuchtung einzelner Objekte durch die Reflexion durch Objekte.

Allerdings sollte bei allem Eifer nicht vergessen werden, dass durch eine vollständige und gleichmäßige Ausleuchtung, wie sie das Umgebungslicht mit sich bringt eine sehr unrealistische Lichtkomposition erstellt wird, denn dieser Effekt ist in der Natur nicht vorhanden.

Ist eine 3D-Szene ausschließlich mit einem Umgebungslicht beleuchtet wirkt sie unrealistisch und der Betrachter erkennt sofort eine Unstimmigkeit; oft allerdings ohne genau sagen zu können woran es liegt.

Das Umgebungslicht ist für eine erste Erstellung einer Szene ausreichend, sollte aber niemals für die finale Ausleuchtung einer Szene verwendet werden.

Hauptlicht, Schlüssel- oder Führungslicht

Abb. 103. Das Hauptlicht in der Szene sorgt für Schattenwurf und steuert die Lichtrichtung.

Das Hauptlicht, Schlüssel- oder Führungslicht ist die maßgebliche Lichtquelle einer Szene. Mit diesem Licht wird die Lichtrichtung und somit auch die Richtung der Schatten bestimmt.
Um die Elemente des Schattenwurfes als Gestaltungskomponenten zu integrieren, wird das Hauptlicht meist als Lichtquelle definiert, die schräg von oben auf die Szene fällt. Das Hauptlicht ist in der Regel die hellste Lichtquelle, die in einer Szene Verwendung findet.

Hinweis Sonnenlichtsysteme

Die meisten 3D-Programme stellen inzwischen sehr ausgefeilte Sonnenlichtsysteme zur Verfügung. Hierbei wird nicht nur die Lichtquelle Sonne, ihr Verlauf über den Tageshimmel sondern meist auch gleich die diffuse Komponente mit abgedeckt.

Da das Hauptlicht die maßgebliche Lichtquelle für die Lichtrichtung und den Schattenwurf ist, besteht der erste Schritt in der Beleuchtung darin, diese Lichtquelle zu definieren.
Zusätzlich verwendete Lichtquellen dienen dazu, die Eigenheiten des Hauptlichts zu verfeinern. Diese zusätzlichen Lichter werden meist als Fülllichter bezeichnet.

Gegenlicht

Im Studio nicht wegzudenken, hat das Gegenlicht gerade bei der Außenbeleuchtung die Aufgabe, Konturen aufzuweichen. Im Gegensatz zur Verwendung des Begriffs für eine Lichtquelle, die sich genau gegenüber der Kamera befindet, ist hiermit eine Lichtquelle gemeint, die sich gegenüber der Hauptlichtquelle befindet. Das Gegenlicht sollte in seiner Intensität nicht mehr als 40% der Hauptlichtquelle betragen und auf Schattenwurf sollte beim Gegenlicht strikt verzichtet werden.

Fülllicht

Das Fülllicht hellt die durch das Hauptlicht verursachten Schatten auf und verhilft so zu weicheren Schattengrenzen.
Die Helligkeit des Fülllichts sollte niedriger als die des Hauptlichts sein.

Hinweis Punktlicht als Fülllicht

Meist werden Punktlichter (Omni-Lichter) als Fülllichter eingesetzt.

Abb. 104. Wird das Fülllicht hinzugefügt, hellen sich die Schattenbereiche des Hauptlichts auf.

Außer der Beleuchtung nur durch Sonnenlicht gibt es noch gemischte Installationen, in denen Bauwerke oder Laternen als künstliche Lichtquellen als Hauptlichter zum Einsatz kommen. Ist dies der Fall, so sind diese Lichtquellen meist Spot-Lichter oder Parallel-Lichter. Spot-Lichter oder Parallel-Lichter sind übrigens die am häufigsten verwendeten Hauptlichtquellen.

Diese vier beschriebenen „Grund-" oder Hauptlichtquellen reichen aus, um eine Szene annähernd mit einer Basisausstattung an Beleuchtung zu versehen.

Um allerdings eine „ausreichende" Beleuchtung zu erlangen, macht es Sinn, sich der Simulation der natürlichen Lichtquelle Sonne, bzw. dem Lichtphänomen Tageslicht ein wenig ausgiebiger zu widmen.

Tipp Eine Lichtquelle reicht selten

Geizen Sie nicht mit Lichtquellen. Eine Lichtquelle reicht für die Ausleuchtung einer Szene meist nicht aus - auch nicht bei Lichtsimulationen mit Radiosity oder Global Illumination.

Wenn Sie über das Thema ein wenig mehr nachdenken, so werden Sie schnell auf Gedanken wie Reflexion, diffuse Beleuchtung, indirekte Beleuchtung, Lichtfarbe und noch einige mehr stoßen.

Beleuchtung begnügt sich nicht mit der einen oder anderen Lichtquelle. Sie stellt ein ungemein komplexes Wechselspiel von unterschiedlichen Wellenlängen, Oberflächen und Reflexionsverhalten dar und ist sicherlich eines der umfangreichsten Themengebiete der Computervisualisierung.

Beleuchtungsverfahren - im Vorfeld

Die Entwicklung der Beleuchtungsverfahren schreitet mit großen Schritten voran. Gerade den Beleuchtungsmodellen wurde in den letzten Jahren eine verstärkte Aufmerksamkeit gewidmet. Der Wunsch nach Perfektion, nach der absolut genialen Wiedergabe der (imaginären) Natur ist ungebrochen. Global Illumination und Radiosity sind zwei Beispiele dieser Methoden.

Überlegen Sie im Vorfeld ob, und wann Sie mit welchen Beleuchtungsmethoden arbeiten. Die richtige Beleuchtung hängt von der Art der Modellierung, der Zeit die Sie zu investieren bereit sind (Rechendauer) und natürlich von den Anforderungen des Auftraggebers ab.

Machen Sie die Entscheidung auch von Ihrer Erfahrung abhängig und begehen Sie nicht den Fehler, unter Projektzeitdruck mit einem neuen Verfahren zu beginnen.

Die meisten 3D-Programme stellen mehrere Werkzeuge zur Umsetzung einer gelungenen Beleuchtung zur Verfügung.

Folgende Fragestellungen stehen übrigens bei jeder Beleuchtung an erster Stelle:

- Welches Licht für welchen Zweck?
- Wie sieht das Verhalten von Licht und Schatten aus?
- Welche Schattenarten, Raytrace oder Schatten-Map werden wann eingesetzt?
- Welche Beleuchtungssysteme gibt es?
- Wie erstellt man eine gelungene Außenbeleuchtung?

Beleuchtungsverfahren

Die Verfahren, die für Beleuchtungen eingesetzt werden sind unterschiedlich und gelegentlich sehr rechenintensiv. Grundsätzlich lassen sich zwei Methoden der Beleuchtung unterscheiden und zwar die Methode der einfachen Beleuchtung mit Standardlichtquellen mit sehr vereinfachten physikalischen Grundlagen und die Methode der realitätsnahen Simulation.

138 Beleuchtung

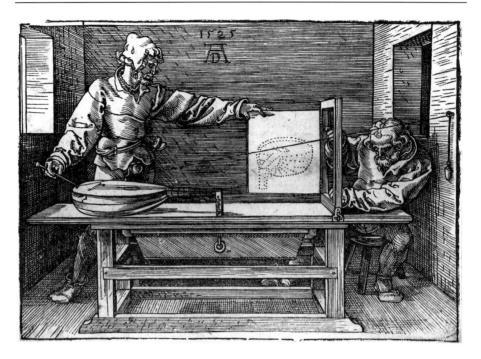

Abb. 105. Albrecht Dürers „Unterweisung der Messung" zeigt sehr klar, dass das Thema der Strahlenverfolgung und der Abbildung auf Projektionsebenen keine moderne Erfindung ist [1].

Die erste Methode widmet sich eher den vereinfachten Methoden der Standardlichtquellen der meisten 3D-Programme und verzichtet auf die physikalische Simulation. In diesem Fall stehen Erfahrenswerte, Gefühl und eine genaue Betrachtungsgabe an erster Stelle. Sind diese Voraussetzungen erfüllt, lassen sich sehr hochwertige Ergebnisse in sehr kurzer Zeit realisieren.

Die zweite Methode vertraut mehr der physikalischen Rekonstruktion komplexer Verfahren und verlässt sich weniger auf Gespür, denn auf die Mathematik, mit welcher man versucht die Natur sehr real nachzubilden. Leider ist die Simulation auf diese Art und Weise meist sehr rechen- und zeitintensiv.

Beide Methoden haben ihre Vor- und ihre Nachteile und beide haben ihre Berechtigung in der Welt der digitalen 3D-Modellierung.

Die nachfolgenden Beispiele sollen die Funktionsweisen der beiden Methoden für Standardlichtquellen und photometrische (also physikalisch na-

---

[1] Mit freundlicher Genehmigung: Albertina Reproduktionsabteilung, Albertinaplatz 1, A-1010 Wien

hezu „korrekte") Lichtquellen kurz erläutern. Der Begriff, der statt Beleuchtung gerne verwendet wird und auch in den Fachjargon Einzug gehalten hat ist „Illumination". Die bekanntesten Vertreter zum Thema sind:

- Local Illumination
- Global Illumination
- Raytracing
- Radiosity.

Ersichtlich wird sicherlich auch, dass Beleuchtungsverfahren mit Renderverfahren gleichzusetzen sind. Renderverfahren, also die endgültige Bildberechnung werden über die Art der Berechnung der Ausleuchtung (Illumination) einer Szene definiert.

Local Illumination - LI

Wie der Name schon sagt, beschreibt „Local Illumination", wie die Oberflächen bestimmter Objekte auf Lichteinfall reagieren oder genauer, wie diese sich bezüglich Reflexion und Absorption verhalten. Bezüglich des Renderverfahrens eines 3D-Programms bedeutet dies, dass jedes Objekt für sich berechnet wird.

Eine Interaktion oder genauer indirekte Beleuchtung der Objekte untereinander findet nicht statt.
Berechnet man eine Szene nur mit Hilfe eines LI-Verfahrens wirkt dies meist flach und sehr unrealistisch. Auch wenn Schatten hinzugefügt wird, fehlt die Komponente der diffusen Reflexion völlig.
Klassische Beispiele von LI-Verfahren sind Flat Shading, Gouraud Shading und Phong Shading.

Abb. 106. Local Illumination mit einer Lichtquelle

Das Verhalten einer Oberfläche bezüglich ihrer Beleuchtungseigenschaften und ihres Lichtverhaltens (Reflexion) ist über das Material definiert. Die Methode selbst wird als Shader bezeichnet. Für eine Visualisierung von Landschaften ist die LI als Grundlage sicherlich die schnellste Lösung, um zu einem ansprechenden Ergebnis in kurzer Zeit zu kommen.
Bei einem LI-Verfahren wird die Farbe eines bestimmten Punktes auf einer Oberfläche innerhalb der 3D-Szene als Funktion der darauf fallenden

Beleuchtung für das jeweilige Modell berechnet. Weitere Berechnungen finden nicht statt.

Global Illumination - GI

Berechnungsverfahren, die berücksichtigen, dass Licht von Objekten reflektiert wird und somit für eine diffuse Beleuchtung anderer Objekte sorgt, werden als Global Illumination-Verfahren bezeichnet.
Zwei Beispiele für GI sind:
Raytracing und Radiosity. Die Lichtquelle in Abb. 107 erzeugt Energie, die sogenannten Photonen. Diese werden von der Glühbirne gleichmäßig in alle Richtungen ausgestrahlt.

Abb. 107. Global Illumination mit einer Lichtquelle

Treffen die Lichteilchen auf eine Oberfläche, so werden Teile der Energie absorbiert, ein Teil wird reflektiert. Der reflektierte Anteil wurde zuvor durch die zuletzt getroffene Oberfläche eingefärbt. Trifft dieser Teil wiederum auf eine weitere Oberfläche, so wird diese anteilig erhellt.

Ist eine Oberfläche sehr glatt und spiegelt das Licht, so wird das darauf treffende Licht mehr oder minder nach der Vorgabe: „Einfallswinkel entspricht Ausfallswinkel" reflektiert. Je rauer, bzw. weicher eine Oberfläche ist, desto stärker wird das reflektierte Licht gestreut.

In der Darstellung von Landschaften sind die einzigen reflektierenden Oberflächen Wasser, Eis und Schnee. Der Rest der Landschaft verhält sich hinsichtlich seines Reflexionsverhaltens eher diffus mit einer starken Streuung des reflektierten Lichts.

Aber gerade diese diffuse Reflexion ist es, die eine ansprechende Landschaftsvisualisierung oft ausmacht.

Man stelle sich die Lichtstimmung in einem Wald zur Mittagszeit vor und das Licht fällt ungefiltert in klarer weißer Beleuchtung auf den Waldboden. Die Szene kann phantastisch ausgeleuchtet sein, der Betrachter erwartet eine diffuse Lichtverteilung, die durch das Grün der Blätter hervorgerufen wird. Und diese Unstimmigkeit fällt auf - auch wenn es nicht unbedingt sofort am Detail festgelegt wird - man empfindet die Szene als unglaubwürdig.

Global Illumination ist sicherlich die realitätsnahere Variante im Vergleich zur LI aber sie erfordert - je nach dem eingesetzten Verfahren der Bildberechnung auch unglaublich viel Zeit.

Raytracing

Eine der ersten Methoden der GI, die überhaupt entwickelt wurden ist Raytracing. Raytracing geht sozusagen vom Auge des Betrachters oder genauer von der Kamera zurück in die Szene, bis der Strahl am Ausgangspunkt seiner Erzeugung, der Lichtquelle angelangt ist. Diese Vorgehensweise erfolgt für jeden Pixel des zu rendernden Bildes. Somit wird auch schnell klar, warum höhere Auflösungen längere Rechenzeiten erfordern.

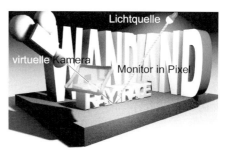

Raytracing ist ein hervorragendes Verfahren um direkte Beleuchtung, Schatten, Reflexionen und spiegelnde Oberflächen zu berechnen. Auch Refraktion kann mittels Raytracing sehr genau berechnet werden. Aber Raytracing-Methoden verlangen ihren Tribut und der heißt Geduld.
Als Verfahren der GI ist Raytracing aufwendiger als beispielsweise ein LI-Verfahren mittels Scanline-Rendering.

Abb. 108. Raytracing - Die Kamera verfolgt den Lichtstrahl durch den Bildschirm und einen Pixel (z.B. 1280 Pixel Breite x 1024 Pixel Höhe), bis er auf ein Objekt trifft und dann zur Lichtquelle

Auch berücksichtigt ein reines Raytracing-Verfahren nicht die diffuse Reflexion, auf die es eben gerade bei der Landschaftsvisualisierung ankommt.

Radiosity

Bei einem Verfahren wie Radiosity erfolgt die Bildberechnung der Lichtverteilung innerhalb einer Szene nach physikalisch korrekten Vorgaben. Die Lichtsimulation wird nicht, wie bei den zuvor erwähnten Verfahren anhand einer vereinfachten Strahlenverteilung ermittelt, sondern folgt dem Ansatz der Energieerhaltung. Dies bedeutet, dass eine Lichtquelle bestimmte Parameter wie **Lichtfluss** (Lumen lm - Lichtenergie pro Zeiteinheit), **Illuminanz** (Lux lx, ~ Lumen pro Quadratmeter), **Lichtintensität**

(Candela cd, Lichtintensität einer Wachskerze) und **Luminanz** (Candela pro Quadratmeter, Anteil des von einer Oberfläche reflektierten Lichts) enthält.

Auch erfordert die Verwendung eines solchen Verfahrens dimensionsechte Szenen. Ein wichtiger Aspekt von Radiosity ist übrigens, dass die Lichtabnahme berücksichtigt wird. Die meisten Standardlichtquellen tun dies nämlich nicht von alleine und schon gar nicht korrekt.

Hinweis Lichtabnahme

Mit zunehmendem Abstand zu ihrem Ursprung nimmt die Lichtstärke immer mehr ab. Objekte, die sich nahe an der Lichtquelle befinden, erscheinen heller als Objekte die weit davon entfernt sind. Die Lichtabnahme wird als quadratische Funktion beschrieben. Dies bedeutet, dass die Lichtintensität proportional zum Quadrat der Entfernung von der Lichtquelle abnimmt. Sind Wolken, Nebel oder ähnliche atmosphärische Effekte vorhanden, wirken diese sich verstärkt auf die Lichtabnahme aus.

Ein Problem bei Radiosity-Verfahren ist übrigens, dass für die Simulation ein zusätzliches Gitter erstellt wird. Dieses Gitter wird wie eine zweite Haut über die vorhandenen Geometrien gezogen und dient als Basis für die numerischen Gleichungen. Dieses zusätzliche Rechengitter mit seinen ermittelten Ergebnissen benötigt zusätzliche Ressourcen und es fällt nicht schwer, sich vorzustellen, was mit Landschaften mit vielen Details und einigen hunderttausend Polygonen beim Einsatz eines solchen Verfahrens geschieht... meist lange, lange nichts.

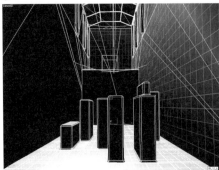 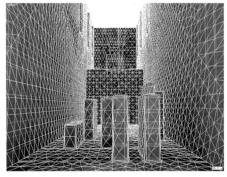

Abb. 109. Das linke Bild zeigt Screenshots einer Szene vor - und im rechten Bild nach - der Berechnung eines Radiosityverfahrens. Eingeblendet sieht man das numerische Gitter.

Viele Methoden und Verfahren - aber wie kommt der Anwender nun am effizientesten zum Ziel? Patentrezepte gibt es nicht, aber einige Tipps und Empfehlungen.

Gerade für die Landschaftsvisualisierung, die meist mit vielen Polygonen „gesegnet" ist und sehr hohe Renderzeiten beansprucht, lohnt es sich, die Standardlichtquellen ein wenig näher zu betrachten. Mit einem geringen Mehraufwand für die Erstellung lassen sich auf sehr einfache Art und Weise überzeugende Beleuchtungen realisieren.

Tageslicht mit Standardlichtquellen

Tageslicht heißt Sonnenlicht, und unabhängig von den Berechnungsmethoden lässt sich Sonnenlicht auf verschiedene Art und Weise einrichten.
Wie bei den zuvor behandelten Verfahren ist es bei der Einrichtung der Beleuchtung wichtig zu verstehen, welche Komponenten eine entsprechend wichtige Rolle spielen.
Die Sonne ist nach den zuvor vorgestellten Lichttypen zwar eher ein Punktlicht, aber dieses ist so weit von der Erde entfernt (auch ist die Sonne erheblich größer als die Erde), so dass hier bei uns der Eindruck parallel auftreffender Lichtstrahlen entsteht.
Ein weiterer wichtiger Aspekt bei Außenaufnahmen ist der der diffusen Beleuchtung durch den Himmel. Dieser sorgt in der Natur für eine zusätzliche reflektive Beleuchtung außerhalb der eigentlichen Lichtquelle. Ist der Himmel bewölkt, nimmt dieser Effekt zu, herrscht ein klarer Tag, dominiert die Sonnen-Direkteinstrahlung.
Hinzu kommt, dass die Farbe des Lichtes sich in Abhängigkeit der Tageszeit ändert. Von Grau bis Bläulich in der Dämmerung über Rottöne bei Sonnenauf- und Untergang bis hin zum hellen Gelb (fast Weiß) bei direkter Sonneneinstrahlung.

Abb. 110. Beispiel einer Landschaft mit Standardlichtquellen. Diffuse Reflexion wurde hierbei durch mehrere Lichtquellen sehr vereinfacht simuliert.

Die Abb. 110 und Abb. 111 dargestellte Szene zeigt eine Landschaft, die im Rahmen mehrerer Animationssequenzen mit vielen veränderlichen Parametern gerendert werden muss.

Ein Radiosityverfahren wäre für ein oder mehrere Einzelbilder eine Möglichkeit, um hohen Realismus zu erreichen. Allerdings sind Zeit und Ressourcen knapp. Das Rendernetzwerk steht nur nachts zur Verfügung - tagsüber werden die Rechner als normale Arbeitsplätze genutzt.

Die Außenbeleuchtung soll also mit einem Mindestmaß an Lichtquellen und Rechenzeit erstellt werden.

Als Hauptlicht (Sonne) sollte grundsätzlich nur eine Lichtquelle eingesetzt werden. Die Anzahl der Fülllichter ist eine Empfehlung für den alltäglichen Gebrauch. Testen Sie die Szeneneffekte auch unter Verwendung mehrerer Fülllichter. Benutzen Sie die Fülllichter auch um farbliche Beleuchtungseffekte hervorzurufen. Probieren Sie die unterschiedlichen Schattenarten aus und wie immer: Lesen Sie die Inhalte im Handbuch nach. Hier werden einzelne Details genau beschrieben.

Hauptlicht, Führungslicht oder Sonne

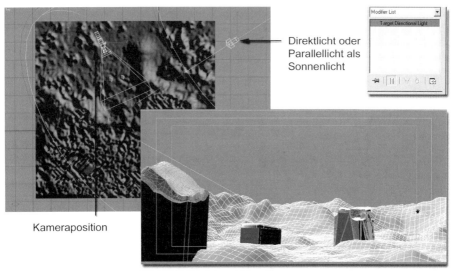

Abb. 111. Die Sonne wird durch ein Zielrichtungslicht (Direkt- oder Parallel-Licht) simuliert. Der verwendete Schattentyp ist ein Raytrace-Schatten, der scharfe Konturen hervorruft.

Eine einzige Lichtquelle simuliert das Sonnenlicht. Es wurde ein Parallel-Licht mit einem Raytrace-Schatten als Schattentyp ausgewählt. Liegt keine Bewölkung vor, erzeugt Sonnenlicht einen sehr scharfkantigen Schatten. Dieser lässt sich mit einem Raytrace-Schatten am besten erreichen.

Gegenlicht einrichten

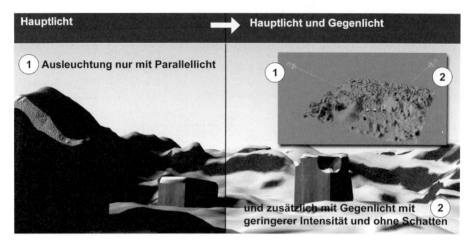

Abb. 112. Die linke Hälfte zeigt das gerenderte Ergebnis mit dem Hauptlicht (1), im rechten Bild wurde zusätzlich das Gegenlicht (2) aktiviert - allerdings ohne Schatten.

Die so ausgeleuchtete Szene ist noch viel zu dunkel. Die Schattenbereiche sind nahezu schwarz und alles wirkt sehr düster. Deshalb wird als Ergänzung und zur Aufhellung der Konturen ein Gegenlicht eingerichtet. Das Gegenlicht sollte gegenüber dem Hauptlicht angeordnet werden und keinen Schatten werfen. Seine Lichtintensität sollte nicht mehr als 40% des Hauptlichts betragen. Im Beispiel wurde das Gegenlicht durch Kopieren des Hauptlichts erstellt. Das Gegenlicht befindet sich dabei auf gleicher Höhe wie das Hauptlicht.

Fülllichter bzw. Atmosphäre einrichten

Die indirekte Beleuchtung des Himmels lässt sich mit dem nachfolgenden Beispiel zwar nur ungenau abbilden, aber es sollte für die Praxis ausreichend sein. Es werden zwei zusätzliche Fülllichter erstellt. Als Lichttyp wird Punktlicht oder Omni-Licht gewählt. Das zweite Fülllicht wird hierbei als Instanz des ersten kopiert. Dies bedeutet, dass nachträgliche Veränderungen an Intensität oder Farbe eines Lichtes auch immer automatisch für seine Instanz gelten.
Beide Lichtquellen sollen Schatten werfen. Der Schatten soll allerdings nicht scharfkantig wie der zuvor erwähnte Raytrace-Schatten sein, sondern nur sehr schwach und verschwommen wirken. Deshalb wird hier der Schatten-Typ „Schatten-Map" verwendet.

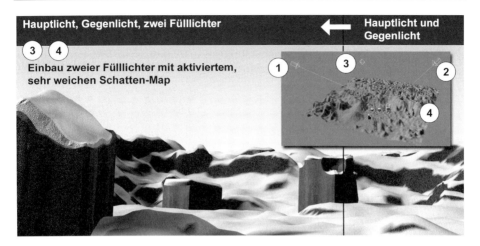

Abb. 113. Von rechts nach links - Der rechte Bildteil zeigt das gerenderte Ergebnis mit dem Hauptlicht (1) und Gegenlicht (2), im linken Bildteil wurden zusätzlich die beiden Fülllichter (3 und 4) aktiviert.

Dieser erhält eine geringere Schattendichte als es die Standardeinstellung vorsieht und wird auch sehr weich erstellt. Im Beispiel heißt dies konkret: Schattendichte reduzieren, die Intensität auf 20% des Hauptlichts setzen und den Schatten-Konturbereich auf sehr weiche Schatten einrichten. Dadurch ist der Schatten wahrnehmbar, aber nicht dominant.

Die beiden Fülllichter werden etwas tiefer positioniert als Haupt- und Gegenlicht. Die Intensität der beiden Fülllichter sollte jeweils 10%- 20% des Hauptlichts betragen. Diese beiden Fülllichter sind hauptsächlich für die seitliche Beleuchtung der Szene verantwortlich.

Himmelslicht

Ein weiteres Fülllicht simuliert die direkt von oben kommende Beleuchtung. Mit diesem Licht lässt sich auch (in geringem Umfang) die Einfärbung durch die diffuse Himmelbeleuchtung einstellen. Die Position dieser Lichtquelle sollte etwas höher als die der beiden ersten Fülllichter angeordnet sein.

Auch hier sollte der Schattenwurf aktiv sein. Der Schatten verhält sich dabei ähnlich wie der Schatten der beiden zuvor beschriebenen Fülllichter.

Die Position dieser Lichtquelle sollte etwas höher als alle anderen Lichtquellen liegen. Die Intensität dabei nicht mehr als 20-40% der Hauptlichtquelle betragen.

Spätestens hier macht es Sinn, die Intensitäten der einzelnen Lichtquellen geringfügig zu variieren und unterschiedliche Wertebereiche zu testen.

Abb. 114. Der linke Bildteil zeigt den vorherigen Zustand ohne und der rechte den aktuellen Zustand mit aktivem Himmelslicht (5).

Diffuse Reflexion

Für die leichte Reflexion durch den Boden ist noch mindestens eine weitere Lichtquelle erforderlich.
Dieses als Punktlicht erstellte Licht sollte sich unter den Betonstützen befinden. Der Abstand des Lichts in Z-Richtung nach unten sollte dem Abstand der beiden Fülllichter der Atmosphäre nach oben entsprechen.
Da diese Lichtquelle nur den Effekt der Reflexion simulieren sollen verwendet man für diese keinen Schattenwurf.
Wichtig ist, die Fläche des Geländes aus der Beeinflussung durch diese Lichtquelle auszuschließen.

Auch empfiehlt es sich hier, den manuell einstellbaren Bereich der Lichtabnahme zu aktivieren und den Bereich auf die Höhe der aus dem Boden ragenden Stützen zu beschränken.

Die so erstellte diffuse Reflexion kommt zwar an die Qualität einer Radiosity Berechnung nicht heran, aber für eine schnelle Beleuchtung und vor allem für animierte Sequenzen ist eine so ausgeleuchtete 3D-Szene völlig ausreichend.

Ein weiterer wichtiger Aspekt ist übrigens auch der Datenaustausch. Sollte es notwendig sein, die Modelldaten einer 3D-Landschaft anderweitig weiter zu verarbeiten, so werden Radiosity-Daten grundsätzlich nicht in

Exportformaten gespeichert. Die soeben vorgestellte Methodik der Ausleuchtung mit Standardlichtquellen wird allerdings von den meisten 3D-Programmen ähnlich interpretiert.

Abb. 115. Das fertige Bild mit zusätzlicher diffuser Boden-Reflexion

Tipp **Beleuchtung wiederverwenden**

Sollten Sie Beleuchtung in ähnlicher Art und Weise für ähnliche Objekte immer wieder benötigen, so speichern Sie nur die Lichtquellen in einer eigenen Datei und verwenden diese als Vorlage.

Tageslicht mit photometrischen Lichtquellen

Im Vergleich zum soeben aufgeführten Beispiel, in dem sechs Lichtquellen erforderlich waren um ein einigermaßen passables Ergebnis zu erreichen, soll die gleiche Szene mit Hilfe eines GI-Verfahrens, der Radiosity berechnet werden.

Die Geometrie bleibt hierbei identisch, es werden lediglich die sechs Standardlichtquellen durch eine einzige photometrische Lichtquelle ersetzt. Diese Lichtquelle wird an gleicher Position wie zuvor das Parallel-Licht positioniert. Wurden die Standardlichtquellen in RGB-Werten und einer Intensität 1,0 (Systemeinheiten) definiert so erhält das jetzt verwendete Sonnenlicht seine Werte durch physikalische Lichtgrößen. Im vorliegenden Fall wird das Sonnenlicht mit 80.000 Lux für die Intensität ange-

150 Beleuchtung

geben, die Werte für die Lichtfarbe lassen sich natürlich auch in diesem Fall nur in RGB angeben.

Abb. 116. Das Bild der 3D-Szene zeigt die Veränderung des Rechengitters nach der erfolgten Radiosity-Berechnung.

In Abb. 116 ist ersichtlich, was nach der Berechnung der Radiosity-Lösung geschah: Es wurde ein zusätzliches numerisches Gitter generiert. Dieses Gitter dient jetzt als Basis für die Berechnung der Lichtverteilung im Raum.

Der Vorteil liegt auf der Hand, nur eine einzige Lichtquelle übernimmt das gesamte Prozedere, welches zuvor mit sechs Lichtquellen als absolutem Minimum gerade so absolviert wurde.

Abb. 117. Das fertige Bild mit einer photometrischen Lichtquelle

Aber beachten sollte man dabei, dass
- die korrekten Parameter für eine GI-Beleuchtung nicht weniger aufwendig sind als die Einstellungen der Standardlichtquellen,
- die ursprüngliche Datei eine Größe von etwa 5 Mbyte, die Datei mit Radiosity-Lösung eine Größe von 21 Mbyte besaß (also nahezu Faktor 4) und
- dass die Berechnung der GI-Lösung etwa 8 mal so lange dauerte wie die Bildberechnung mit Standardlichtquellen.

Die vorgestellten Werte beziehen sich in diesem Fall auf 3ds max7. Die Berechnungen wurden mit Standardlichtquellen und dem hauseigenen Radiosity-Verfahren durchgeführt. Setzt man den Renderer Mental Ray ein, verringert sich ggf. die Berechnung der GI-Lösung (vorausgesetzt man setzt entsprechende optimierte Shader für Mental Ray ein).

Grundsätzlich lässt sich für nahezu alle 3D-Programme festhalten, dass der Einsatz physikalisch korrekter Lichtverteilungen mehr Zeit und Rechenaufwand in Anspruch nimmt.

Sonne und Mond

Sonnenlicht ist, bei wolkenfreiem Himmel, grell und kommt aus einer Richtung. Das Sonnenlicht ändert im Verlauf des Tages und dem Wechsel der Jahreszeiten seine Farbe. Verantwortlich hierfür ist die unterschiedliche Stärke der zu durchdringenden Atmosphäre aufgrund des Einfallwinkels des Sonnenlichts sowie die variierenden Atmosphäreneigenschaften. Das Sonnenlicht ist zur Mittagszeit am hellsten. In den Phasen der Dämmerung bestimmt eine rötlich/orange Färbung die Farbwerte des Sonnenlichts.

Tipp Lichtfarbe Sonnenlicht

Lichtfarbe für Sonnenlicht (RGB) 240, 240, 188, Beispiel für Schattenfarbe bei Sonnenlicht RGB 30 15 80.

Sonnenlicht hat für eine Simulation zur Mittagszeit eine gelbliche Tönung und erzeugt eine Schattenfarbe, die im Komplementär-Farbbereich bei Violett anzusiedeln ist. Achten Sie darauf, wenn Sie eine Sonnenlichtsimulation erstellen.

Mondlicht verhält sich ganz ähnlich wie Sonnenlicht.

Die einzigen Unterschiede sind Lichtfarbe und Intensität des Lichtes. Reflexionen und Schattenparameter verhalten sich bei hellem Sonnenlicht und Mondlicht nahezu identisch.

Bei Nacht erreicht nur wenig Licht unser Auge. Die Beeinflussung durch die Umgebung wird minimiert. Hier kommt das so genannte Referenzlicht zum Tragen. Je dunkler eine Szene sein soll, umso wichtiger ist es, das Referenzlicht geschickt einzusetzen.

Zum Beispiel ermöglichen hell beleuchtete Fenster in einem Gebäude bei Nacht den Vergleich von Hell und Dunkel. Die Fensterflächen übernehmen die Aufgabe des Referenzlichts.

Schatten

Die zuvor vorgestellten Berechnungsverfahren lassen sich auch bis zu einem gewissen Punkt mischen. Eine Möglichkeit ist beispielsweise, nur bestimmten Objekten Raytrace oder GI-Eigenschaften zuzuweisen. Es können beispielsweise einzelne Lichtquellen mit unterschiedlichen Berechnungsverfahren in einer Szene gemischt werden. So erhält nur das Hauptlicht den rechenintensiven Schattentyp Raytrace - alle anderen Lichtquellen werden mit Schatten-Maps erstellt.

Schatten-Map

Die Idee des Schatten-Map ist in erster Linie eine der beschleunigten Bildberechnung. Beim Rendern wird ein Graustufenbild erstellt. Dieses Graustufenbild wird nur temporär generiert. In diesem Graustufenbild werden sich verdeckende Objekte und ihr Schattenwurf in Abhängigkeit der Positionen der Lichtquellen berücksichtigt. Das Ergebnis wird anschließend in das (ohne Schatten) gerenderte Bild „montiert". Das fertige Ergebnis zeigt dann das komplette Bild.

Schatten-Map lässt sich übrigens beim Rendern separieren, d.h. getrennt als eigene Datei, bzw. als eigenen Bildkanal erstellen. Der Vorteil von Schatten-Map ist - in Abhängigkeit zur Anzahl der Lichtquellen - eine sehr schnelle Bildberechnung. Allerdings birgt Schatten-Map auch einige Nachteile in sich. So lassen sich beispielsweise Transparenz-Maps mit ihnen nicht berechnen oder Bewegungsunschärfe kann nicht dargestellt werden. Auch erfordert der Umgang mit Schatten-Map ein gewisses Maß an Erfahrung, um die Parameter des Schattens überzeugend zu generieren. Eine große Anzahl an Lichtquellen, eine hohe Auflösung der Schatten-

Map lassen aber den Vorteil der Geschwindigkeit schnell in den Hintergrund treten. Durch eine zu hohe Auflösung der Schatten wächst der Speicherbedarf immens.

Raytrace-Schatten

Raytrace-Schatten sind grundsätzlich rechenintensiver als Schatten-Map-Berechnungen, benötigen dafür aber weniger Arbeitsspeicher (vorausgesetzt natürlich, dass die entsprechende Auflösung der Schatten-Map für den Vergleich gewählt wurde).

Sonnenlicht, Außenaufnahmen mit extrem heller Lichtquelle oder die Notwendigkeit transparente Maps einzusetzen sind eindeutig die Domäne der Raytrace-Schatten.

Beachten Sie aber, dass Schatten erzeugende Lichtquellen nur dort eingesetzt werden sollten, wo auch tatsächlich Schattenwurf erforderlich ist, denn Schattenberechnungen kosten Zeit.

Tabelle 5. Übersicht der Schattenarten

Schattenart	Vorteile	Nachteile
Schatten-Map	Erzeugt weiche Schattenränder. Sind keine animierten Objekte in der Szene vorhanden erfolgt die Berechnung der Schatten nur einmal.	Sehr speicherintensiv. Transparente Maps werden nicht dargestellt.
Raytrace Schatten	Unterstützt Transparenz beim Einsatz von Opazitäts-Maps, geringere Speicherauslastung als Schatten-Map. Sind keine animierten Objekte in der Szene vorhanden erfolgt die Berechnung der Schatten nur einmal	Langsamer als Schatten-Map und Softshadows werden nicht unterstützt

Sowohl Schatten-Map als auch Raytrace-Schatten bieten die Möglichkeit, die Schattenfarbe und -dichte einzustellen.

Beleuchtungstechniken

Bevor Sie beginnen, Ihre Beleuchtungselemente in der 3D-Szene zu verteilen empfiehlt es sich, sich ein paar Gedanken zu Aufbau und Struktur zu machen:
Erst planen, dann beleuchten!

Und nachfolgend eine kleine Checkliste zur Beleuchtung:

- Arbeiten Sie mit der Standardbeleuchtung. Bringen Sie ihre Modelle in Szene und verwenden Sie auch noch keine farbigen Materialien.
- Positionieren Sie Ihre Kamera oder richten Sie die Perspektivansicht entsprechend aus.
- Weisen Sie ihren Objekten Grautöne zu.
- Rendern Sie ein Probebild. Wenn Sie nun den Eindruck haben, dass die Szene das zum Ausdruck bringt, was Sie zeigen möchten, dann setzen Sie ihre Lichtquellen.
- Positionieren Sie zuerst das Hauptlicht und weisen Sie diesem die Option Schatten ein zu.
- Rendern Sie ein Probebild. Passt die Szene, beginnen Sie Ihr Fülllicht (eventuell auch mehrere) einzubauen und achten Sie darauf, dass das Fülllicht eine geringere Intensität als das Hauptlicht hat.
- Jetzt beginnen Sie mit der Vergabe der Materialien und überprüfen, ob Ihre Szene mit Farben noch immer die gleiche Aussagekraft hat.
- Entwickeln Sie ein Gefühl für die Position der Lichtquellen in Ihrer Szene. Übrigens ist es sicherlich keine schlechte Idee, auch die Beleuchtung mit in den Entwurf Ihres Drehbuches einzubauen.

Zusammenfassung

Beleuchtung ist ein Thema, dem man eigentlich ein eigenes Buch widmen sollte (ist ja auch schon geschehen und ich kann jedem, der sich dafür interessiert, nur wärmstens das Buch von Jeremy Birn – siehe Literaturliste - ans Herz legen).
Dieses Kapitel hat sich mit einigen Grundlagen der Beleuchtung in 3D-Programmen beschäftigt und einiges an Bezeichnungen, Verfahren, Methoden und Möglichkeiten vorgestellt.
 Wie bei allen Dingen gilt für die Praxis nur ein Wort: Üben!
 Licht lässt sich beispielsweise nach Lichttypen oder nach seiner Funktion beschreiben.

So lassen sich unter den Lichttypen

☐ Punktlichter (Omni-Lichter)
☐ Zielrichtungslichter (Spot-Lichter)
☐ Gerichtetes Licht (Parallel-Licht) und
☐ Bereichslichter unterscheiden.

Will man Licht nach seiner Funktion beschreiben, so gibt es

☐ Umgebungslicht
☐ Hauptlicht (Schlüssel- oder Führungslicht)
☐ Gegenlicht und
☐ Fülllicht.

Die Wahl des Beleuchtungsverfahrens kann maßgeblich für die Geschwindigkeit in der Bearbeitung und der Ausgabequalität sein.

Man unterscheidet grundsätzlich physikalisch „korrekte" Berechnungsverfahren, die Aspekte wie Lichtabnahme und diffuse Reflexion berücksichtigen und Berechnungsverfahren, die einfacheren Modellen folgen.

Mit Beleuchtungsverfahren sind hier hauptsächlich Local Illumination (LI) und Global Illumination gemeint.

Ein Ausflug in die Praxis hat Sonne und Mond kurz umrissen.

Anhand eines Beispiels wurde die möglichst realitätsnahe Ausleuchtung mit Standardlichtquellen ohne Verwendung einer physikalisch korrekten Lichtsimulation (wie Radiosity) vorgestellt.

Es gibt unterschiedliche Schattentypen. Die beiden wichtigsten Vertreter sind Schatten-Map und Raytrace-Schatten.

Beleuchtung ist immens wichtig und eine kurze Checkliste kann helfen, die maßgeblichen Punkten zu beachten.

Vegetation

Was als erstes ins Auge fällt und die Form einer Landschaft maßgeblich prägt, ist die Vegetation. Pflanzen sind der erste Einstieg in die Herausforderung, die die Visualisierung von natürlichen Phänomenen an den Ersteller überzeugender 3D-Szenen stellt.

Einleitung

Machen Sie gerne Spaziergänge? Wenn ja, ist Ihnen mir Sicherheit schon einmal aufgefallen, dass Vegetation wie die Butter auf dem Brot der Landschaftsdarstellung ist. Muss nicht unbedingt sein, aber damit schmeckt es einfach besser.

Eine Wanderung durch einen Wald besticht durch eine unglaubliche Präsenz an Bäumen, Büschen und Gräsern. Das absolute Chaos von Rinde und ihrer Struktur begegnet uns in Augenhöhe, blickt man nach oben, geht der Blick nahtlos in ein Wirrwarr aus Ästen über, belaubt sorgt der Baum für Licht- und Schattenspiele und lädt an heißen Tagen zum Ausruhen ein.

Aus dem Wald hinaus oder einfach nur auf eine Lichtung, sind es Gräser, die wir nicht nur mit dem Auge wahrnehmen.

Felder mit Weizen, Haine am Rande, zaghafter Bewuchs am Rande der Steppe, Bäume, die einen Flusslauf säumen, Hecken am Rande des Weges oder auch Buschgruppen, die die Fahrstreifen einer Autobahn voneinander trennen. Jeder der einmal die östlichen Ausläufer Frankreichs oder die Bundesländer im Osten Deutschlands bereist hat, kennt die Alleen, die Straßen scheinbar bis ins Unendliche begleiten.

Pflanzen sind nicht einfach nur Randerscheinungen. Sie ernähren nahezu die gesamte Erdbevölkerung und sind in solcher Präsenz um uns herum vorhanden, dass sie, egal in welcher Kultur, einen festen lebenswichtigen Bestandteil des menschlichen Daseins darstellen.

Pflanzen zu visualisieren ist für den Landschaftsbildner wohl so ähnlich wie die Character-Animation bei einem Spielemodellierer - es gehört zur Oberliga der Anforderungen an Können und Erfahrung und ist einer der Aspekte, der über eine Gestaltung maßgeblich entscheiden kann.

Dieses Kapitel beschäftigt sich in erster der Linie mit den Arten von Pflanzen und ihrem Einsatz in der 3D-Gestaltung. Es geht dabei ebenso um Darstellung als auch um optimalen Einsatz für unterschiedliche Belange. Pflanzen sind - sollen sie glaubhaft wirken - wahre Ressourcenfresser. Und einige der Tricks zur Visualisierung dieser speicherhungrigen „Monster" sollen im folgenden vorgestellt werden.

Abb. 118. Nach einem Brand in der Nähe von Gordon's Bay (ZA)

Begriffe

Vegetation bedeutet auf lateinisch vegetare - wachsen, beleben. Es ist ein botanischer Begriff für die Gesamtheit der Pflanzengesellschaften eines Gebietes.

Die Pflanzengesellschaft ist eine Gruppe von Pflanzen mit gleichen oder ähnlichen ökologischen Ansprüchen. Vegetation kommt in unterschiedlichen Zonen weltweit vor. Man unterscheidet grob zwischen tropischen, subtropischen, gemäßigten und arktischen Vegetationszonen, die sich dann weiter unterteilen lassen.

Die Landschaft ist im allgemeinen Sprachgebrauch das äußere Erscheinungsbild einer Region. Sie wird durch natürliche Faktoren wie Lage, Klima, Vegetation und vom Menschen verursachte Kulturfaktoren wie Siedlung, Landwirtschaft und Verkehr geprägt.

Anforderungen

Für den Modellierer ergeben sich bei der Darstellung von Vegetation in einer virtuellen Landschaft mehrere Probleme. Vegetation besteht aus einer chaotischen Ansammlung von Elementen. Diese Elemente können aus sehr komplexen Geometrien bestehen. Außerdem spielen die Faktoren Zeit und Dynamik eine wichtige Rolle bei ihrem Erscheinungsbild.

Abb. 119. Auenlandschaft am Oberrhein im Herbst

Während ein Gebäude durch einige tausend Polygone und einfache geometrische Primitive dargestellt werden kann, entziehen sich Pflanzen diesem Zugriff. Kein Teil einer Pflanze ist flach, quadratisch oder wirklich zylindrisch. Die geraden Linien und Formen industriell gefertigter Objekte finden sich in der Form von Pflanzen und Bewuchs so gut wie überhaupt nicht.

Man bräuchte Milliarden von Polygonen, um einen gewöhnlichen Baum auch nur annähernd realistisch darzustellen. Weiterhin tragen Bäume und Vegetation die zeitliche Dimension in Landschaftsmodelle: Wachstum, Blüte, Früchte, Ausrichtung nach dem Sonnenstand und Ausrichtung nach der vorherrschenden Windrichtung sind Phänomene, die weit über statische Modelle hinausgehen. Darüber hinaus bringen Pflanzen durch das Rascheln ihrer Blätter im Wind Klangelemente in die Landschaft"[1]. Aber

---

[1] Stephen M. Ervin: Agenda für Landschaftsmodellierer - Steine auf dem Weg zum Weltmodell, Garten + Landschaft, 1999/11

das menschliche Auge ist bereit, sich auf vereinfachte Modelle einzulassen. Die Frage ist lediglich, welche Bereiche dargestellt werden müssen und welche mit gutem Gewissen vernachlässigt werden können.

Betrachtet man den Rand eines naturnahen Laubwaldes als Beispiel für eine komplexere Pflanzengemeinschaft, so setzt er sich aus drei Schichten zusammen:

☐ Baumschicht mit Klein- und Großbäumen
☐ Strauchschicht mit Sträuchern unterschiedlicher Größe
☐ Krautschicht mit den verschiedensten Gräsern, Kräutern und Bodendeckern.

Mit Ausnahme von gepflanzten Alleen oder Obstbaumwiesen kommen Pflanzen in der Landschaft selten einzeln vor. Für den Landschaftsmodellierer stellt dies ein weiteres Problem beim Bau eines virtuellen Modells dar.

„Pflanzengruppen ergeben eine ganz eigene Kategorie an Problemen. Bäume weit im Hintergrund weisen andere Modelliereigenschaften auf als solche im Vordergrund. Um ein besseres oder besser steuerbares Forstmodell zu erzielen, wird darum oft die Darstellungstreue einzelner Bäume geopfert. Dasselbe Problem ergibt sich bei den Blättern und vielen anderen Vegetationsstrukturen: Im kleinen Darstellungsmaßstab bilden sie eine Masse, im großen Maßstab individuelle Formen.[2]"

Warum Vegetation?

Grundsätzlich gilt: Beim Versuch, realitätsnahe Landschaften zu erstellen, kommt man an Pflanzen nicht vorbei. Die Anwendungsfälle und Einsatzbereiche sind mannigfaltig und auch sehr variabel. Werden in den Bereichen der Bebauungsplanung Pflanzen eher als unterstützendes Element genutzt, um die Glaubwürdigkeit einer Szene zu untermauern, so hat der Landschaftsplaner einen stärkeren Anspruch an die Realitätsnähe seiner verwendeten Pflanzen.

Steht die Generierung eines Spielehintergrunds an erster Stelle, so sollen die Pflanzen überzeugen, aber - außer es ist ein Spiel zur Erläuterung der Botanik - sie müssen nicht botanisch korrekt sein. Allerdings sollten sie auf jeden Fall überzeugend aussehen.

---

[2] Stephen M. Ervin: Agenda für Landschaftsmodellierer - Steine auf dem Weg zum Weltmodell, Garten + Landschaft, 1999/11

Stehen Pflanzen für den Einsatz in ein komplexeres Composite-Vorhaben oder gar für einen Film auf dem Programm, so reicht „Realitätsnähe" nicht aus. In diesem Fall ist Fotorealismus gefordert. Und Fotorealismus ist sicherlich das kleine Quentchen Mehraufwand, welches nach den ersten acht Wochen Projektarbeit, in denen 95% des gesamten Vorhabens fertiggestellt wurden bedeutet, für die verbleibenden 5% nochmals acht Wochen zu investieren; bis der Begriff Fotorealismus mit Leben gefüllt ist.

Was bleibt, ist die Frage nach dem Aufwand, der für das jeweilige Projekt zu betreiben ist, die Frage nach der geeigneten Methodik für die Erfüllung des geforderten Anspruchs. Welcher Grad an Realitätsnähe oder „Echtheit" ist erforderlich, um die geplante Szene glaubwürdig erscheinen zu lassen? Eine Frage, die sich auf Anhieb nur schwer beantworten lässt, da diese Entscheidung je nach Anforderung immer wieder aufs Neue gefällt wird.

Woher stammen die Informationen?

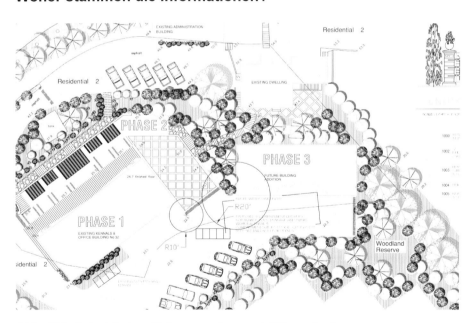

Abb. 120. Beispiel eines Bebauungsplanes mit Pflanzplan [3]

---

[3] Aus AutoDesk Civil 3D Beispieldaten, SPCA Site Plan

Wie bei nahezu allen Planungen im Landschaftsbereich liegt der Visualisierung von Pflanzen ein Entwurf und darauf aufbauend ein Pflanzplan zu Grunde.

In unterschiedlichen Detailgraden erstellt der Landschaftsarchitekt meist einen Plan, oft auch mit Ansichten und Schnitten, in denen die geplanten Pflanzungsmaßnahmen ausreichend genau abgebildet sind.

Die Lage der Pflanzen ist in der Regel durch ein klar beschriebenes Symbol im jeweiligen Lageplan eingezeichnet.

Typen der 3D-Darstellung

Zur Visualisierung von Pflanzen und Vegetationen stehen unterschiedliche Typen von Pflanzenvisualisierungen zur Auswahl. Diese lassen sich wiederum durch die verschiedenen Methoden ihrer Erstellung unterscheiden. Die gängigsten Typen der Pflanzen lassen sich wie folgt beschreiben:

- **Symbole** - Statt dem Versuch, reale Pflanzen zu visualisieren, werden vereinfachte Symbole verwendet. Die Symbole lassen sich am ehesten und auch am einfachsten durch Grundprimitive wie beispielsweise einem Kegel darstellen. Der Vorteil liegt auf der Hand: Speicher und Ressourcen sparen lautet hierbei das Motto. Die Abstraktion auf einfache Symbole ermöglicht eine schnelle und qualitative Darstellung einer 3D-Szene.
- **Flächendarstellung** - Die erste nur für Hintergründe geeignete Art der Flächendarstellung sieht vor, dass Pflanzen oder größere Bewuchszonen im Hintergrund einer 3D-Szene als Bild eingefügt werden. Die zweite Art der Flächendarstellung, auch „Billboard" genannt, ermöglicht einen ersten Schritt in Richtung realitätsnaher Darstellung einzelner Pflanzen. Hierbei wird eine Fläche erstellt, die mit dem Bild eines Baumes, Busches oder einer beliebigen anderen Pflanzen versehen ist. Der Bereich des „leeren" Bildes wird beim Rendern transparent dargestellt.
- **Volumendarstellung** - Die darzustellende Pflanze wird - je nach Anforderung bis zum einzelnen Blatt - modelliert. Je nach Detailgenauigkeit lassen sich auf diese Art und Weise fotorealistische Pflanzen generieren.

Symbole

Die symbolhafte Darstellung von Pflanzen ist sicherlich eine Geschmackssache aber auch eine sehr sinnvolle Möglichkeit, schnell und sehr effektiv den Bewuchs einer Landschaft schematisch darzustellen.

Abb. 121. Pflanzen als vereinfachte Symbole

Nicht immer ist unbedingt Realismus gefragt, wenn es um die Präsentation von Modellen geht. Eine vereinfachte Art der Darstellung, wie sie mit Symbolen möglich ist, ermöglicht oft ein schnelles Erfassen der maßgeblichen Inhalte und dies, ohne „unnötigen Ballast" für aufwendige Visualisierung zu erstellen. Das Motto lautet in diesem Fall eindeutig: „Reduktion und weniger ist mehr".

Flächendarstellung

Bilder für den Hintergrund

Die erste Art der Flächendarstellung beschäftigt sich in eigentlich nur und ausschließlich mit der Erstellung von Hintergründen. Meist wird ein Foto oder ein gemaltes Bild (Matte Painting) dafür verwendet, einen für die Szene geeigneten Hintergrund zu erstellen. Sehr geeignet ist diese Methode vor allem bei größeren Waldszenarien im Hintergrund.

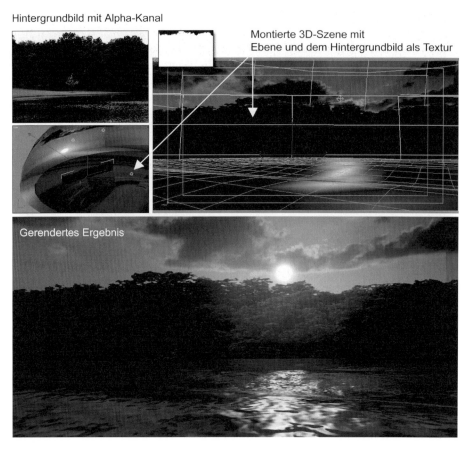

Abb. 122. Hintergrundbild mit Alpha-Kanal als Textur auf einer Ebene zur vereinfachten Darstellung eines Waldhintergrunds

Im gezeigten Beispiel bleibt die Silhouette als Fläche vor dem Hintergrund. Die mit dem Wald versehene Fläche reagiert wie jedes andere Objekt in der Szene auf die vorhandenen Lichtquellen.

Billboard

Die Billboard-Technik ist eine weitere simple flächenhafte Methode, um realistisch wirkende Pflanzen zu erstellen. Man sollte auf jeden Fall beachten: Je größer die Distanz zu den dargestellten Pflanzen, desto realer wirken diese.

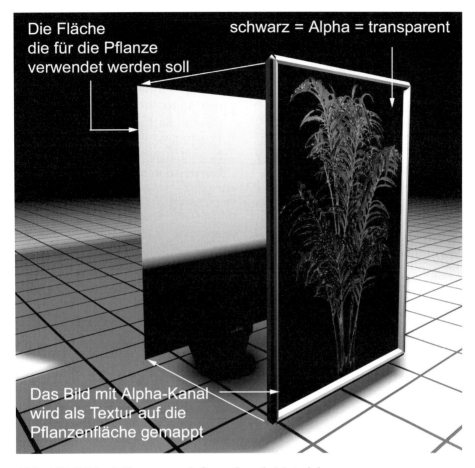

Abb. 123. Bild mit Transparenzinformation als Material

Die Idee dahinter ist schnell und einfach erklärt: Die abzubildende Pflanze wird in einer regulären Bilddatei freigestellt und mit einem Alpha-Kanal versehen. Der Alpha-Kanal dient dem Bild als zusätzliche Transparenzinformation. Durch den Einsatz eines Alpha-Kanals können Bildbereiche, je nach Graustufenwert, völlig transparent oder nur leicht durchscheinend wirken.

Das erstellte Bild wird als Textur (Material) auf eine einfache Fläche im 3D-Programm gemappt.

Beim Rendern wird der Bereich, der durch den Alpha-Kanal mit einer Transparenzinformation versehen ist, als durchsichtig berechnet, also bei der Darstellung ignoriert.

166 Vegetation

Mehr Details zu Bildformaten und ihren Eigenschaften sind im Kapitel Datenausgabe und Postprocessing zu finden. Kann ein Bildformat wie z.B. JPEG keinen eigenen Alpha-Kanal unterstützen, so bieten die meisten 3D-Programme die Möglichkeit, eigenen Transparenz- oder Opazitätskanäle zu unterstützen.

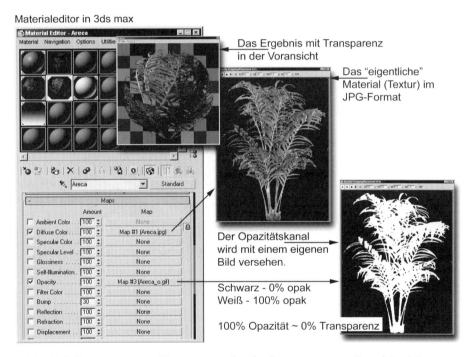

Abb. 124. Erzeugung von Transparenz durch ein sogenanntes Opazitäts-Map

Hierbei wird zu der zu verwendenden Textur ein Graustufenbild erstellt, das die Funktion des Alpha-Kanals übernimmt. Der Vorteil dieser Opazitätskanäle liegt auch darin, dass nicht nur die Informationen des Graustufenbildes für die Sichtbarkeit verwendet werden, sondern dass auch innerhalb der 3D-Umgebung die Intensität des Opazitätskanals separat modifiziert werden kann.

Hinweis Bildformate für Texturen

Nicht jedes Bildformat ist für den Einsatz als Textur mit Transparenzinformation geeignet. Zu den Formaten, die einen Alpha-Kanal unterstützen gehören unter anderem:

- TGA - Targa - Truevision-Bildformat
- TI(F)F - Tagged Image (File) Format
- PNG - Portable Network Graphics
- PSD - Photoshop - Originalformat.

Qualität der Masken (Freisteller)

Ein wichtiges Kriterium für die überzeugende Darstellung der verwendeten Bilder ist auch die Qualität der Freisteller[4]. Mit Freistellern ist in diesem Zusammenhang entweder der Alpha-Kanal eines Bildes oder das für die Transparenz verwendete eigenständige Bild gemeint.

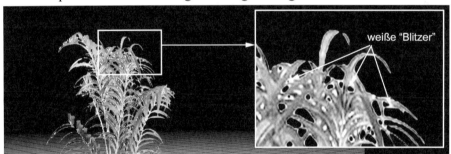

Abb. 125. Freistellen der Bildinformation

Freisteller oder Masken werden meist in Bildbearbeitungsprogrammen wie Photoshop o. Ä. erstellt. Hierbei wird je nach Stimmung / Erfahrung und Ausgangsqualität des vorliegenden Bildmaterials mehr oder weniger „sauber" gearbeitet. Dies kann dazu führen, dass Bereiche erhalten bleiben, die eigentlich transparent sein sollten, und irritierende „Blitzer" können bei der Betrachtung erheblich stören.

---

[4] Der Begriff Freisteller kommt eigentlich aus der Drucktechnik und bezeichnet die Konturen, die transparente Bereiche definieren.

Billboard und Schatten

Auch wenn Billboards eine schnelle Möglichkeit bieten, den Eindruck von realitätsnahen Pflanzen zu erzeugen, so steckt der „Teufel" doch oft im Detail.

Billboard mit Schattenmap   Billboard mit Raytrace-Schatten

Abb. 126. Das linke Bild zeigt den Schattenwurf mit einem Schatten-Map, die rechte Abbildung die gleiche Szene mit Raytrace-Schatten.

So ist beispielsweise bei 3ds max der relativ schnelle Schattentyp Schatten-Map (Shadow-Map oder Softshadow) nicht in der Lage Transparenzen darzustellen. Hier muss der Schattentyp Raytrace eingesetzt werden, worunter die Performance ggf. sehr leiden kann.

Erhöhen der plastischen Wirkung

Eine recht einfache und schnelle Variante, die Qualität der Darstellung bei Billboard-Darstellungen zu erhöhen, ist die Verwendung einer weiteren Fläche. Die vorhandene Fläche wird hierbei kopiert und um 90° Grad gedreht.

Man könnte versucht sein, weitere Flächen zum Einsatz zu bringen. Das Ergebnis liefert allerdings keine besondere Verbesserung, so dass die Anzahl der verwendeten Flächen beim Einsatz der Billboard-Typen zwei Flächen nicht überschreiten sollte.

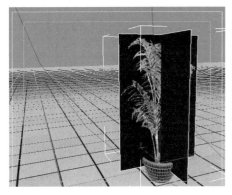

Abb. 127. Billboard mit zweiter Fläche zur Erhöhung der Plastizität

Volumendarstellung

Bei der Volumendarstellung geht es darum, 3D-Modelle in einem 3D-Programm möglichst real zu modellieren. Die Modelle können „manuell" aus Polygonen, Freiformflächen oder Patches erstellt werden oder sie werden mittels entsprechender Algorithmen prozedural erzeugt.

Bei der prozeduralen Erstellung bedient man sich entsprechender Berechnungsgrundlagen zur Simulation von Pflanzenwachstum. Diese prozeduralen Methoden generieren in der Regel Polygonmodelle.

Deussen beschreibt unterschiedliche Arten zur Erzeugung von 3D-Programmen. Diese sind prozedurale Modelle, Regulation der Verzweigungsbildung, Darstellung über Partikelsysteme und fraktale Baummodelle. Die Details der genannten Arten würden den Rahmen dieses Buches sprengen, aber wer sich mit Details des Pflanzenwachstums und den unterschiedlichen Arten der Modellierung auseinander setzen möchte, dem sei das Buch von Oliver Deussen[5] empfohlen, welches sich sehr intensiv mit den Hintergründen der Pflanzensimulation beschäftigt.

Der Vorteil der Volumenmodellierung liegt eindeutig in der hochwertigen Wiedergabe von Pflanzendetails. Das Problem besteht allerdings darin, dass die hohe Qualität ihren Preis hat.

Die Anzahl der Polygone einer Szene, gar einer einzelnen Pflanze, kann schnell die Grenzen des entspannten Arbeitens erreichen und Szenenaufbau und Renderzeiten zu einer echten Qual machen.

---

[5] Computergenerierte Pflanzen, Deussen, Springer Verlag

Abb. 128. Polygonal erzeugte Bäume. Alle 3 Bäume wurden mit Hilfe von Skripten in 3ds max erstellt[6].

Lösung von der Stange

Dem geübten Modellierer fällt es nicht schwer, Pflanzen innerhalb seiner 3D-Umgebung zu generieren. Der Weg dorthin ist allerdings oft mühselig und aufwendig. Viel sinnvoller erscheint es, auf eines der auf dem Markt erhältlichen Produkte zur Pflanzengenerierung zurückzugreifen.

Diese Produkte folgen unterschiedlichen Ansätzen und Bedienungen und der Einsatz hängt, wie alles andere auch, vor allem von persönlichen Vorlieben und natürlich dem Preis ab.

Die Ansätze gehen vom reinen Modellierungswerkzeug wie Verdant oder Xfrog zu vorgefertigten Bibliotheken, die meist in gängigen 3D-Formaten vorliegen und somit direkt in die jeweilige Anwendung importiert werden können. Diese Bibliotheken bieten in der Regel keine Optionen zur Steuerung von Wachstum oder Animationen, sind dafür aber schnell und effizient nutzbar.

Die meisten Pflanzenmodellierwerkzeuge liefern weiterhin direkte Plug-In-Lösungen für die gängigen 3D-Pakete, wie 3ds max, Softimage, Maya etc.

---

[6] Die verwendeten Skripte sind Max Tree Ver. 1.1 Psanjay@rediffmail.com und „Laubbaum" von M. Wengenroth, www.ilumi.com

Typen der 3D-Darstellung 171

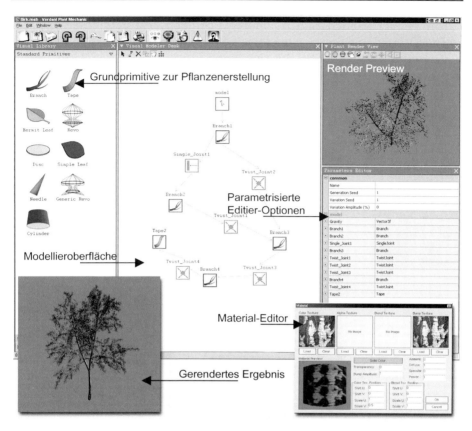

Abb. 129. Polygonal erzeugter Baum im Pflanzeneditor Verdant von Digital Elements[7]

Spätestens bei der Generierung der Blätter begegnet man allerdings auch hier wieder der Technik der transparenten Flächen. Um nämlich den bei der Verwendung von Blättern anfallenden Polygon-Output zu minimieren, wird hier nur für die Blätter eine Textur mit Alpha-Kanal oder Transparenz-Map (wie bei den Billboards) verwendet. Somit können für Blätter einfache Geometrien, wie z.B. simple Flächen verwendet werden. Der Stamm und die Äste eines Baumes hingegen werden als „echte" 3D-Modelle erstellt.

Die auf der vorigen Seite dargestellte Abbildung zeigt einen Baumstamm mit Ästen, die modelliert wurden. Die Blätter bestehen aus einfachen Polygonen mit transparenter Textur.

---

[7] http://www.digi-element.com/

Die Blätter werden dem Baumobjekt in der Regel durch eine entsprechende Verteilungsfunktion zugewiesen.

Diese Funktion heißt bei 3ds max beispielsweise Scatter und ermöglicht die Verteilung der Blätter nach verschiedenen steuerbaren Kriterien auf die Äste.

Abb. 130. Polygonal erzeugter Baum in 3ds max mit Blättern. Die Blätter sind einfache Polygone, die mit einer Textur mit Alpha-Kanal versehen wurden.

Weist der einzelne Stamm mit Ästen bereits 63442 Polygone auf, so schlägt der gesamte Baum mit Blattwerk hier schon mit 121842 Polygonen zu Buche. Deshalb sollte die Modellierung ganzer Waldflächen mit dieser Art der Erstellung möglichst vermieden werden.

Der Vorteil dieser Mischform der Pflanzendarstellung liegt darin, dass auch beim Einsatz von weichen Schatten, wie Shadow-Map, der Schattenwurf annähernd realistisch aussieht.

Ein weiteres sehr schönes Beispiel für die Modellierung von Pflanzen ist die Verwendung der sogenannten L-Systeme[8] direkt innerhalb einer 3D-Umgebung.

L-Systeme

Die Firma Blur[9] hat z.B. ein sehr einfach zu bedienendes Plug-In für 3ds max geschrieben. Dieses Plug-In nutzt L-Systeme zur Erstellung beliebiger fraktaler Geometrien.

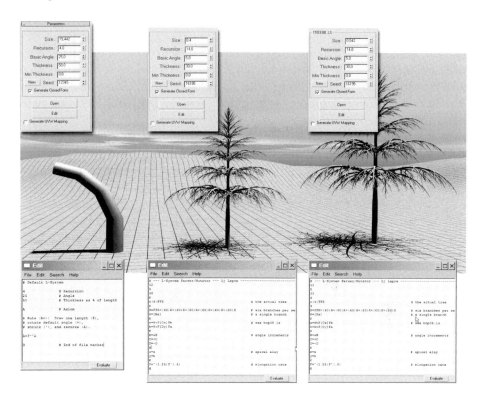

Abb. 131. L-Systeme mittels Plug-In von Blur in 3ds max integriert. Die Veränderung des Wachstumsverhaltens erfolgt durch Eingabe der Parameter in ein Textfenster.

---

[8] L-Systeme sind nach dem ungarischen Biologen Aristid Lindenmayer (1925 - 1989) benannt. Mit dieser „Sprache" lassen sich hervorragend Wachstumsprozesse und selbstähnliche Fraktale erzeugen.

[9] http://www.blur.com

Tipp **Netz-Suche**

Ein Blick ins Netz und Eingabe von L-Systems oder Lindenmayer Systeme in eine der gängigen Suchmaschinen ist sehr empfehlenswert.

Partikelsysteme

Die meisten 3D-Programme stellen Partikelsysteme zur Verfügung. In der Mindestausstattung dienen Partikelsysteme dazu, Regen, Schnee oder volumetrische Atmosphäreneffekte darzustellen. Es gibt auch Partikelsysteme, die verhaltensgesteuerte Funktionen aufweisen. So können solche Partikel bei der Kollision mit definierten Deflektoren[10] sich in Wohlgefallen auflösen oder eine andere Form oder Farbe annehmen. Doch dies nur am Rande. Auch fließendes oder spritzendes Wasser lässt sich hervorragend mit Partikelsystemen darstellen.

In der Regel besteht ein Partikelsystem aus mindestens einem erzeugenden Objekt und den eigentlichen Partikeln. Die Partikel sind meist einfache Objekte, wie Flächen oder geometrische Primitive, die ihr entsprechendes „glaubwürdiges" Auftreten oft durch Bewegungsunschärfe unterstützen.

Das erzeugende Objekt, der sogenannte Emitter[11] kann ein eigenständiges nur für die Erzeugung der Partikel verwendetes Hilfsobjekt oder eine beliebige Geometrie sein. Die detaillierte Verwendung ist im Handbuch des jeweiligen Programms, bzw. in entsprechenden Tutorials beschrieben.

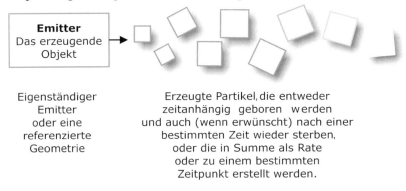

Abb. 132. Partikelerzeugung eines einfachen Partikelsystems

---

[10] Deflektoren sind Objekte, die speziell dazu dienen, Partikel zu reflektieren. Wird ein Objekt nicht als Deflektor definiert, so wird es von Partikeln durchdrungen, was zu eigenartigen Effekten führen kann.

[11] Ein Emitter ist das Partikel erzeugende Objekt.

Der Vorteil eines Partikelsystems liegt in der zeitlichen Steuerung der erscheinenden Partikel. So können die erzeugten Partikel beispielsweise innerhalb eines bestimmten Zeitfensters mit einer konstanten Rate „geboren" werden, oder eine bestimmte Summe von Partikeln wird innerhalb dieses Zeitfensters erstellt.

Es können auch alle Partikel gleichzeitig auftauchen. Partikel können „sterben" oder „unendlich" leben.

Verwendet man also eine bestimmte Geometrie als Emitter, eine andere Geometrie als „Blatt", so lassen sich bereits recht schnell einfache Baumstrukturen erstellen.

Die nachfolgende Abbildung zeigt ein einfaches Beispiel für die Verwendung von Partikelsystemen. Ein erstes Partikelsystem nutzt die Äste des grob modellierten Baumes als Emitter. Als Partikel wird ein Polygon verwendet, welches dazu dient, weitere Äste zu erstellen. Es wird im Vorfeld eine feste Anzahl zu erzeugender Partikel definiert.

Die so erstellten Äste werden wiederum als Emitter für die Blätter verwendet - und schon ist der Baum fertig.

Das Beispiel entspricht natürlich keiner realen Pflanze, zeigt aber, wie schnell mit Hilfe eines Partikelsystems einfache Baumstrukturen zu erstellen sind.

Je detaillierter hierbei allerdings die einzelnen Geometrien ausfallen, desto rechenintensiver wird die Handhabung.

Im Zweifelsfall und je nach Einsatzbereich empfiehlt es sich, die Blattstrukturen eher in geringerer Anzahl zu erstellen und vielleicht auch auf die zusätzlichen Äste zu verzichten.

Ein Vorteil bei der Verwendung von Partikelsystemen sei noch erwähnt: Sie lassen sich hervorragend durch äußere Kräfte wie z.B. simulierte Schwerkraft oder Wind beeinflussen.

Im Grunde lässt sich ein Partikelsystem wie die zuvor beschriebene Funktion Scatter (Verteilung) nutzen. Die Variationsmöglichkeiten und Editier-Optionen sind allerdings weitaus vielschichtiger.

Auch benötigen Partikel weniger Ressourcen, als z.B. den gleichen Effekt mit kopierter Geometrien zu erstellen. Partikel werden in der Regel erst beim Rendern dargestellt, während der Bearbeitung begnügt man sich meist mit vereinfachten Dummy-Darstellungen, um den Grafikspeicher nicht über Gebühr zu beanspruchen. Durch den Einsatz von Partikeln lassen sich somit auch sehr komplexe Szenen mit hoher Detaildichte realisieren.

176 Vegetation

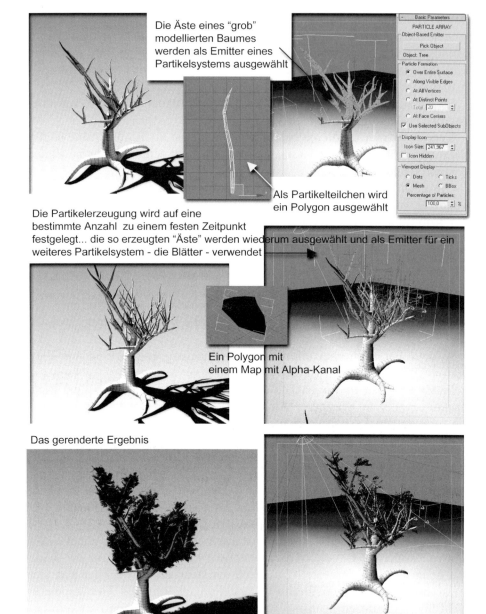

Abb. 133. Vorgehensweise für die mögliche Begrünung eines Baumes

Grasflächen

Die meisten Programme zur Erstellung von Landschaften sind sehr stark darin, Übersichten zu generieren. Ob die Programme Bryce, Vue d'Esprit, World Construction Set heißen spielt keine Rolle, bei einem Close-Up wird es meist schwierig mit der Überzeugungskraft der dargestellten Szene.

Gras ist grün, aber damit ist es noch nicht getan. Grasflächen für entfernte Objekte lassen sich problemlos mittels einer entsprechenden Textur erstellen. Hier reicht die Farbe Grün tatsächlich aus, um den gewünschten Effekt einer begrünten Fläche zu erreichen. Für eine Nahaufnahme ist diese Art der Grasdarstellung allerdings nicht ausreichend. Hier gilt, wie zuvor beschrieben, der Einsatz detaillierterer Modelle, um glaubwürdige Szenen zu erstellen.

Das Hauptproblem bei Nahaufnahmen liegt darin, das chaotische Erscheinungsbild von Mutter Natur wiederzugeben. Und gerade Grasflächen wirken schnell unglaubwürdig, wenn alle Grashalme mit der gleichen Länge, wie Soldaten in Reih' und Glied stehen.

Eine einfache Grasfläche in einem Beispiel könnte in etwa so aussehen:

Abb. 134. Die „rohe" Szene noch ohne Pflanzen und Bewuchs

Die Szene soll im Abschluss den Eindruck kompletter Grasbedeckung erwecken.

Die Randbedingungen

Die Beispielszene besteht aus einer Hünengrab ähnlichen Konstruktion. Im Vordergrund steht ein nicht mehr ganz so frischer Baum. Die Szene soll mit Gras ausgestattet werden. Die Kamera soll ein Standbild aufnehmen.

Eine Kamerabewegung durch die Szene ist nicht vorgesehen. Optional soll die Möglichkeit bedacht werden, das Gras im weiteren Verlauf wachsen zu lassen und den Einfluss des Windes auf die Grashalme zu zeigen.

Textur / Material

Da die Kameraposition nicht verändert wird, ist es nicht zwingend notwendig, die gesamte Szene mit Grasbewuchs zu versehen. Der erste Schritt wäre somit eine „geeignete" Textur zu erstellen, die dem Anspruch Gras für die Bereiche im Hintergrund der Szene genügt.

Ein Fotografie eines mit Grassoden bedeckten Bodens ist für den ersten Eindruck völlig ausreichend.

Abb. 135. Die Untergrundebene wurde mit einer Textur versehen.

Zwar sieht das Gras recht ansprechend aus, aber nur so lange wie der Abstand der Kamera zum Boden groß genug ist. Einem Close-Up genügt diese Textur trotz rauem Bump-Mapping nicht.

Modellierung eines Grashalms

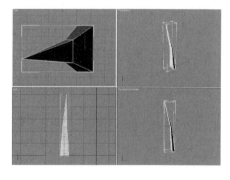

Auf Grundlage einer Pyramide wird durch ein wenig Manipulation ein grashalmähnliches Objekt. Es hätte auch ein Objekt auf Grundlage eines Polygons oder jede andere beliebige Geometrie sein können. Wichtig im vorliegenden Beispiel ist der „Eindruck" des Grashalms. Auch steckt bereits im Hinterkopf die Information, „Achtung" Polyygonzahlen nicht zu groß werden lassen.

Wachstumsbereiche

Egal ob man den Grashalm im Anschluss an seine Erstellung manuell kopiert, ihn mittels einer Verteilungsfunktion über eine Oberfläche verteilt oder ob man ein Partikelsystem nutzt, die Kamera steht im Vordergrund und es macht wenig Sinn, das Gras über die gesamte Fläche zu verteilen.

Die weiteren Anforderungen hinsichtlich Wachstum der Grashalme und auch die Beeinflussung durch Wind legen den Einsatz eines Partikelsystems zur Erstellung des Rasens nahe.

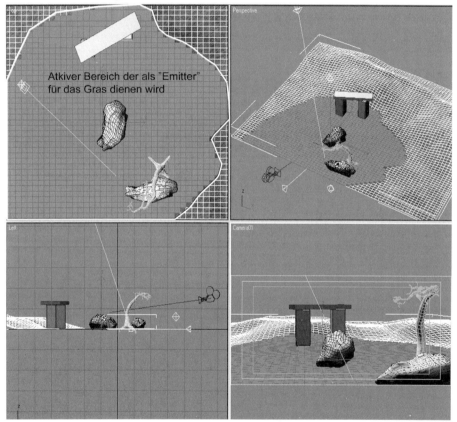

Abb. 136. Auswahl der Polygone, die mit Gras „bewachsen" werden sollen

Bei der Auswahl der Polygone, die mit Gras versehen werden sollen, ist sinnvoll, die Bereiche der Felsen auszusparen, um spätere ungewollte Durchdringungen zu vermeiden. Das Gras würde, ohne Rücksicht auf vorhandene Elemente alles durchdringen, was ihm im Wege stünde.

180 Vegetation

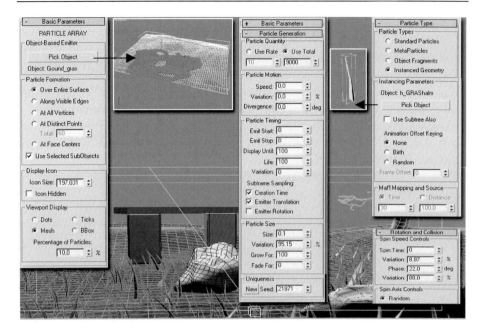

Abb. 137. Verminderung der Polygonauswahl um Durchdringungen zu vermeiden

Verteilung des Grashalms

Erstellt wird wieder ein Partikelsystem. Im Beispiel mit 3ds max wurde das Partikelsystem PANORDNUNG (PARRAY) gewählt, da dieses Partikelsystem sowohl die Auswahl eines beliebigen Emitters als auch den Einsatz beliebiger Instanzgeometrien ermöglicht.

Als Emitter wird die Ebene ausgewählt und die Option AUSGEWÄHLTE UNTEROBJEKTE VERWENDEN (USE SELECTED OBJECTS) aktiviert. Somit ist gewährleistet, dass die Partikel das Gras nur auf den aktiven (ausgewählten) Flächen erzeugen werden.

Zur Erzeugung der Partikel wird eine Summe (9000) aktiviert, die alle gleichzeitig bei Frame 0 eingeblendet „geboren" werden.

Als Partikelobjekt wird der zuvor erzeugte Grashalm ausgewählt.

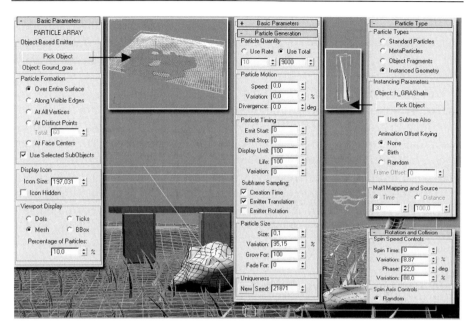

Abb. 138. Einsatz des Partikelsystems *PANORDNUNG (PARRAY)* zur Erzeugung der Grasverteilung

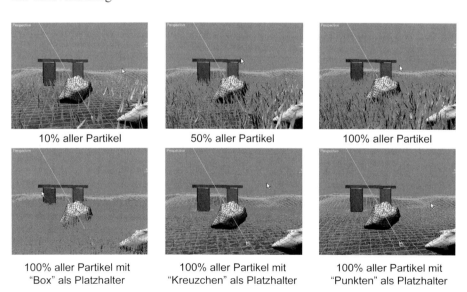

Abb. 139. Unterschiedliche Darstellungen von Partikeln in der Bildschirmansicht

Da bei einer Grasfläche eine gleichmäßige Fläche sehr unrealistisch wirken würde, sollte ein gewisses „Chaos" herrschen. Durch eine Variation der Größe (95,15%) wird für ein ungleichmäßiges Erscheinungsbild gesorgt. Eine weitere Größe sorgt für unterschiedliche Drehung und Neigung der Grashalme: Rotation und die aktivierte Option DREHACHSE (SPIN AXIS CONTROLS).

Um die Grafikkarte nicht zu übermäßig zu beanspruchen, macht es bei umfangreicheren Partikelvorkommen ausgesprochen Sinn, nur einen bestimmten Prozentsatz für die Bearbeitung darzustellen. Erst bei der Bildberechnung (Rendern) wird die volle Partikelanzahl generiert. Geht man noch einen Schritt weiter, so werden die Partikel durch Platzhalter, meist einfache Punkte oder Kästchen dargestellt.

Der mögliche Einsatz von Partikelsystemen ist übrigens einer der Punkte, die ein reines Visualisierungsprogramm von CAD-Anwendungen unterscheidet. Partikelsysteme haben in einer Konstruktionsumgebung in der Regel nichts verloren.

Hinweis Particle System vs. Streuen (Scatter)

3ds max stellt ein System zur Verfügung, das ein beliebiges Objekt auf der Oberfläche eines anderen Objekts verteilt. Für statische Zwecke und nicht allzu große Polygonzahlen ist dies eine passende und schnelle Lösung. Bei großen Verteilungen und dem Wunsch, diese vielleicht nachträglich zu animieren ist dem Partikelsystem allerdings eindeutig der Vorrang einzuräumen.

Abb. 140. Das Ergebnis zeigt das mittels Partikelsystem erzeugte Gras.

Die Angaben des Beispiels beziehen sich zwar auf 3ds max, sind bei vergleichbaren Werkzeugen wie Softimage XSI, Lightwave, Cinema 4D oder Maya sehr ähnlich in der Handhabung.

Um den Eindruck zusätzlicher „graslicher" Unordnung zu erhöhen, könnte ein weiteres Partikelsystem an gleicher Stelle mit veränderten Parametern und vielleicht auch veränderter Partikel-Instanzgeometrie herangezogen werden.

Waldflächen

Abb. 141. Die bereits bekannte Szene mit Bewaldung am Rande der Straße

Ähnlich wie bei der Erstellung der Grasfläche ist es auch hier sinnvoll, instanzierte Geometrien mit Hilfe eines Partikelsystems oder einer Verteilungsfunktion darzustellen. Der Abstand der Bäume zur Kamera entscheidet darüber, welche Art von Baummodell am besten verwendet wird. Je näher die Bäume sich an der Kamera befinden, desto wichtiger ist die detaillierte Aufbereitung der darzustellenden Modelle.

Es dürfte klar sein, dass der detaillierte Aufbau einer Waldsequenz, wie sie beispielsweise Dreamworks für den Film Shrek[12] erstellte, den Rahmen einer simplen Landschaftsvisualisierung sprengen dürfte. Auch geht es hier nicht um die Darstellung von Wachstumsmodellen, wie sie z.B. mit der Applikation Grass[13] im GIS-Bereich erstellt werden. Aber die Vorgehensweise für eine einfache Waldfläche lässt sich sehr wohl schnell und mit den Bordmitteln der meisten 3D-Programme realisieren.

---

[12] Shrek Teil 1: www.shrek.de
[13] http://grass.itc.it/

Ähnlich wie bei den Gräsern, wird eine Fläche als Emitter definiert und anschließend mit einer bestimmten Anzahl an Partikeln versehen. Als referenzierte Geometrie wird nun, anstatt der Grasgeometrie eine Fläche mit einem Baum-Map und dazugehörigem Opazitäts-Map verwendet.

Sehr wichtig ist natürlich, darauf zu achten, dass die verwendeten Flächen möglichst unterschiedlich dargestellt werden. Diese Varianz lässt sich meist durch entsprechende Verteilungen in der Skalierung oder Rotation erreichen.

Natürlich gibt es hierfür auch fertige Werkzeuge, wie z.B. das Programm „Forest" der Firma Itoo Soft[14]. Die Hersteller haben sich nicht nur über die möglichen Verteilungen von Waldbeständen Gedanken gemacht, sondern liefern auch gleich einen eigenen Schattentyp namens Xshadow, der die Vorteile des Shadow-Maps mit der Eleganz eines Raytracers verbindet.

Abb. 142. Fläche mit Baum-Map und Opazitäts-Map

---

[14] http://www.itoosoft.com

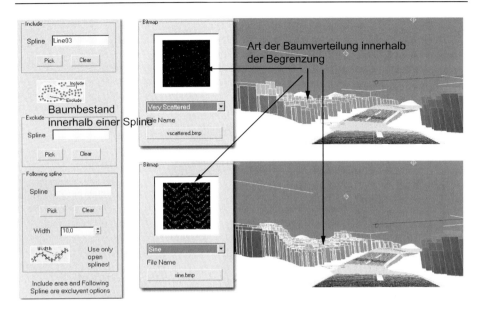

Abb. 143. Baumverteilung auf Grundlage einer Schwarzweiß-Bitmap

Um bei Kamerabewegungen niemals in die Verlegenheit zu geraten, plötzlich im Vorbeifliegen die schmale Seite der mit dem Baum-Map versehenen Fläche zu sehen, lohnt sich der Aufwand, die Baumflächen der Waldbereiche immer in Richtung der Kamera ausgerichtet zu lassen. Dieser Effekt wird auch sehr gerne für interaktive Visualisierungen verwendet. Ein Bereich, in welchem Ressourcen noch weitaus wichtiger sind als bei der rein statischen 3D-Visualisierung für Präsentationszwecke.

Abb. 144. Flächen zur Darstellung von Waldflächen, die „versehentlich" nicht an der Kamera ausgerichtet sind, hinterlassen einen „flachen" Eindruck.

Um Baumalleen darzustellen, empfiehlt sich allerdings eher die Verwendung eines „Pfads", also eines Spline. Entlang des Splines können die notwendigen Bäume erstellt werden.

Jahreszeiten

Der Wechsel der Jahreszeiten zeigt sich am stärksten in der Veränderung der Vegetation. Im Winter ist alles wie leergefegt, kein Blatt hängt mehr an den Bäumen, die Sicht ist weiter, der Schall trägt über viel größere Entfernungen als im Sommer - fehlt ihm doch die akustische Bremse der Belaubung. Liegt auch noch Schnee, wirkt die ganze Landschaft nicht nur bedeckt, sondern auch oft verformt. Der Frühling sorgt für immens schnelle Veränderung. Innerhalb kürzester Zeit wechseln Farben und Formen. Im Sommer steht alles in voller Kraft, um sich im Herbst wieder zu verfärben, zu verändern und zu vergehen.

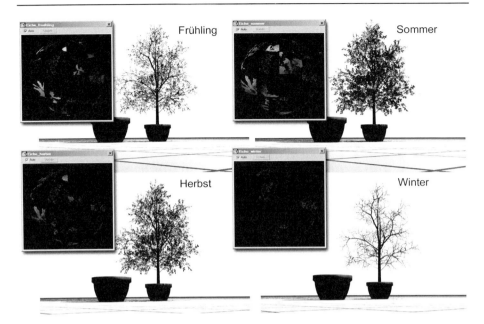

Abb. 145. Wechsel der Jahreszeiten durch unterschiedliche Materialien

Eine Methode, um die Vegetation möglichst schnell der jeweiligen Jahreszeit anzupassen, besteht in der Erstellung jahreszeitlicher Materialien. Wurde eine Materialbibliothek für den Sommer erstellt, so macht es Sinn, die gleichen Namensvergaben für eine weitere Materialbibliothek für jede weitere Jahreszeit zu erstellen. Durch Zuweisen der jeweiligen Materialien ist somit die Jahreszeitenstimmung schnell erreicht.

Abb. 146. Material für Schnee, STREUFARBEN (DIFFUSE), GLANZFARBENSTÄRKE (SPECULAR LEVEL) und RELIEF (BUMP) sind mit einem RAUSCHEN-MAP (NOISE-MAP) versehen.

Es kann auch vorkommen, dass Detailaufnahmen mit Schnee zu erstellen sind. Das kleine Beispiel zeigt eine mögliche Vorgehensweise, um einer Geometrie eine teilweise oder auch vollständige Schneebeckung zuzuweisen.

Das Beispiel auf der nächsten Seite ist ein vertrockneter Baum, es könnte natürlich auch ein Stück Mauer, eine Parkbank oder jedes andere beliebige Objekt der Szene in der Nähe der Kamera sein.

Das Problem bei der Darstellung winterlicher Landschaften ist oft die Darstellung überzeugend wirken zu lassen. Will man eine komplette Szene unter Schnee setzen, wird der Aufwand schnell unüberschaubar. Also konzentriert man sich auf ein Detail im näheren Sichtbereich der Kamera.

Zuerst werden die Polygone des Objekts ausgewählt, die später mit Schnee bedeckt sein sollen. Diese kopiert man in ein eigenständiges Objekt, gibt diesem einen klaren Namen, wie z.B. „Schnee_Baum_XY", extrudiert die Flächen, fügt etwas Rauschen hinzu, wendet eine nachträgliche Netzglättung an, versieht das Ganze mit einem geeigneten Schneematerial - und schon ist der auf dem Baum liegende Schnee fertig.

Diese Art „Schneebedeckung" zu erstellen ist sicherlich nur eine Variante von vielen. Der Vorteil besteht darin, dass damit Schnee schnell und unkompliziert auf nahezu jeder Art von Geometrie erzeugt werden kann.

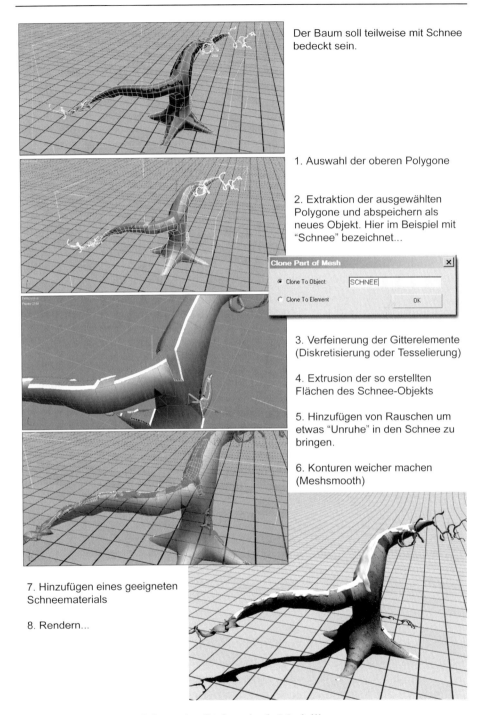

Abb. 147. Begrenzte Schneeoberfläche mittels Modellierung

Animation von Pflanzen

Äußere Einflüsse

Meist spielen gerade bei Pflanzen äußere Einflüsse eine wichtige Rolle. Man denke nur an den Wind, der die Baumwipfel in Bewegung hält, der dafür sorgt, dass Gräser sich neigen. Ein an einer Gruppe von Büschen vorbeifahrendes Fahrzeug erzeugt einen Sog usw. Diese Bewegungen nehmen wir selten bewusst wahr, doch wenn sie nicht vorhanden sind wird eine Umgebung als unwirklich erfasst. Der Hauptverursacher all dieser kleinen Bewegungen ist der Wind. In der Computeranimation wird dieser Effekt als Sekundäranimation bezeichnet. Zu Sekundäranimationen zählt man auch das Nachschwingen von Kleidung oder das Folgewippen eines Automobils, das gerade durch ein Schlagloch gefahren ist.

Man sollte die Kirche im Dorf lassen und sich bei der Visualisierung von Landschaften auf die Aspekte beschränken, die der Betrachter gerade noch wahrnimmt. Zuviel Energie auf Sekundäranimationen sollten großen Filmstudios mit ausreichender Man-Power vorbehalten bleiben.

Aber man kann mit wenig Aufwand auch bei der Landschaftsvisualisierung des Landschaftsplaners einiges mit geringem Aufwand „in Bewegung bringen".

Abb. 148. Verknüpfen der Option „Biegen" mit der referenzierten Geometrie. Die Steuerung der Biegefunktion erfolgt über einen Schieberegler. Dieser ist animierbar.

Wurde das Gras, wie im vorhergehenden Beispiel, mit Hilfe eines Partikelsystems erstellt, so ist es ein Leichtes, zusätzlich „äußere Kräfte", eben den Wind, auf die Partikel einwirken zu lassen. Dieser Effekt, sparsam im Nahbereich der Kamera eingesetzt, kann bei einem Walkthrough einer virtuellen Landschaft wahre Wunder an Überzeugung mit sich bringen. Schade ist nur, dass der Betrachter diesen Aufwand nur dann registriert, wenn man ihn eben nicht betreibt.

Abb. 149. Wind wird als „äußere" Kraft auf das Partikelsystem Gras angewandt.

Ähnlich verhält es sich mit den Bäumen. Sind die Pflanzen einer 3D-Szene, die mit einer Sekundäranimation versehen werden sollen, nicht mit Hilfe eines Partikelsystems erstellt, so gibt es andere Möglichkeiten, diese mittels einer leichten Verformung (z.B. Biegen) zeitlich variiert zu animieren.

Wachstum

Sich mit Pflanzenwachstum in erschöpfender Art und Weise zu beschäftigen, würde den Rahmen des Buches sprengen. Hier ist man nämlich mit den Bordmitteln gängiger 3D-Werkzeuge schnell am Ende.

Zwar bieten 3ds max, XSI, Cinema und Konsorten eine unglaubliche Vielfalt an animierbaren Parametern, aber bei der naturnahen Simulation von Pflanzenwachstum ist die Parameterfreude dann doch am Ende.

Hier empfiehlt sich, wer Spaß daran hat, der Einstieg in die jeweilige Programmiersprache (meist Skript basiert) und die intensive Beschäftigung mit L-Systemen[15].

Wer auf Programmierung keine Lust hat, sollte einen Blick auf die auf dem Markt verfügbaren Pflanzenmodellierer werfen. Diese bieten auf fundierter Grundlage eine komfortable Art der Pflanzenerstellung. Die meisten gängigen 3D-Programme werden dabei über entsprechende Austauschformate bzw. Plug-Ins unterstützt.

---

[15] L-Systeme siehe Typen der 3D-Darstellung/Volumendarstellung

Abb. 150. Das Partikelsystem Gras wird mit einer freien Wachstumskonstante versehen.

Zwar lässt sich mit Hilfe von Partikelsystemen auch hier relativ schnell ein glaubhafter Eindruck erreichen, aber die Handhabung der Parameter erfordert viel Übung und Fingerspitzengefühl.

Abb. 151. Pflanzenwachstum am Beispiel einer Blume

Die „richtige" Mischung

Pflanzen zu modellieren ist eine zeitraubende Tätigkeit. Hat man nicht die Zeit, sich ausgiebig mit der Modellierung mit Hausmitteln zu beschäftigen, so empfiehlt es sich, beim notwendigen Einsatz auf vorhandene Werkzeuge zurückzugreifen. Ob dies nun reine Modellierer sind, die nach unterschiedlichen Kriterien das Wachstum der Pflanzen abbilden oder einfach nur vorgefertigte Bibliotheken zur Erzeugung von Billboards oder 3D-Modellen spielt keine Rolle. Wichtig ist vor allem im Rahmen einer Projektarbeit, und um eine solche dreht es sich meist, wenn es um Land-

schaftsvisualisierung geht, möglichst schnell, effizient und zeitsparend (damit auch kostengünstig) zum Ziel zu kommen.
Es gibt kein „Richtig" oder „Falsch", sondern vielmehr eine Mischung aus Erfahrungsschatz und den unterschiedlichen Methoden, die letztendlich in einer vernünftigen Zeit zum Erfolg führen.

Die Entscheidung liegt meist beim Modellierer, denn er muss entscheiden, wie er am geschicktesten zum Ziel kommt.

Sinnvoll ist sicherlich ein vorsichtiges Abwägen und die Entscheidung der geeigneten Werkzeuge.

Ein paar Stichpunkte, die bei der Wahl der Methode und der Auswahl der geeigneten Werkzeuge helfen können:

- **Standbild oder Animation** - Die Frage nach der Art der Visualisierung; Wird ein Standbild benötigt oder soll eine Animation mit bewegter Kamera durchgeführt werden? Für ein Standbild ist ein erheblich geringerer Aufwand erforderlich, da lediglich die Pflanzenmodelle im direkten Blickfeld der Kamera überzeugen müssen.
- **Kameraabstand** - Welche Pflanzen befinden sich in der Nähe der Kamera und welche befinden sich im Hintergrund?
- **Arten der Pflanzen** - Welche Arten von Pflanzen sind mit welchem Aufwand zu erstellen? Natürlich ist hier auch zu entscheiden, ob Billboards ausreichen, oder ob 3D-Modelle erstellt/importiert werden können.
- **Zusätzliche Programme** - Welche vorgefertigten Pflanzenmodellierer oder Pflanzbibliotheken sind vorhanden oder müssen im Rahmen des Projekts gekauft werden?
- **Renderzeit** - Welche Rechenleistung steht zur Verfügung, um komplexe Szenen in ausreichender Zeit zu erstellen/rendern?

Zusammenfassung

Das vorliegende Kapitel hat sich mit dem Thema Pflanzen in der 3D-Visualisierung aus praktischer Sicht beschäftigt. In erster Linie ging es darum, die grundsätzlichen Fragen nach dem Einsatz von Pflanzen, ihrem Sinn und Zweck etwas genauer zu beleuchten.

Die unterschiedlichen Typen zur Visualisierung lassen sich nach

- symbolhafter Darstellung
- flächenhafter Darstellung und
- Volumendarstellung.

grob nach der Methodik ihrer Erstellung unterscheiden.

Es macht Sinn, Flächendarstellungen vor allem für Hintergründe zu verwenden. Wichtig ist dabei der Einsatz von Transparenzeffekten (Opazität), die mittels eines Alpha-Kanals oder einer eigenständigen Bilddatei für Transparenz erstellt werden.

Alpha-Kanäle und Transparenzinformationen liegen in der Regel als Graustufenbilder vor. In Abhängigkeit des Grauwertes werden die Bildinformationen durchsichtig (schwarz) bis undurchsichtig (weiß) dargestellt.

Die verwendete Technik für Einzelpflanzen oder Pflanzengruppen wird mit Billboard bezeichnet.

Beim Einsatz von Billboards ist auf die unterschiedlichen Schattentypen und ihre Vor- und Nachteile, gerade bei der Darstellung von Pflanzen zu achten. Nicht alle Berechnungsmethoden, bzw. Schattentypen können transparente Effekte wiedergeben.

Aus der Praxis wurden verschiedene Möglichkeiten zur Erzeugung von Gras vorgestellt. Im Vordergrund hierbei stand der Einsatz von Partikelsystemen.

Dieselbe Technologie, also die Verwendung von Partikelsystemen empfiehlt sich für die Aufbereitung von Waldflächen.

Ein kurzer Ausflug hat einige Möglichkeiten zur Animation von Pflanzen auf Grundlage von Partikelsystemen aufgezeigt. In erster Linie ging es um die Erzeugung von Sekundäranimationen und einfache Wachstumsanimationen.

Eines dürfte vor allem klar geworden sein:

Pflanzen machen Arbeit, viel Arbeit. Aber es lohnt sich, sich mit diesen Inhalten vertiefend auseinander zu setzen, denn eine gelungene Visualisierung von Landschaften steht und fällt auch mit der Art der Pflanzendarstellung.

Für weitergehende Details lohnt sich der Blick in vertiefende Literatur (siehe Literaturliste). Auch sind inzwischen einige Tutorials im Internet zu finden. Da diese sich meist auf den Einsatz der jeweiligen Software-Pakete beschränken macht es Sinn, in den entsprechenden Diskussionsforen zur jeweiligen Software nachzuschlagen. Aber auch die meisten Suchmaschinen liefern hierzu in der Regel gute Ergebnisse.

Atmosphäre

Das Wort Atmosphäre entstammt dem griechischen ατμός, atmós = Luft, Druck, Dampf und σφαίρα, sfära = Kugel. Sie ist die gasförmige Hülle um unsere Erde. Sie besteht aus einem Gemisch verschiedener Gase, die vom Schwerefeld unseres Planeten festgehalten werden.

Atmosphäre?

In erster Linie ist mit Atmosphäre dieses wilde Gemisch an Gasen gemeint, die dafür sorgen, dass - durch die Schwerkraft an unserem Planten klebend - das Dasein auf der Erde meist erträglich ist. Diese vier maßgeblichen Schichten sind:

- **Troposphäre**: Die Wetterschicht mit nach oben abnehmender Temperatur schließt an die
- **Stratosphäre**: In dieser Schicht nimmt die Temperatur mit der Höhe wieder auf einen Wert von etwa 0° C zu, um in der
- **Mesosphäre**: auf bis zu -100° C abzusinken und anschließend in der Höhe, in der Polarlichter ihr Unwesen treiben, erneut zuzunehmen.
- **Thermosphäre**: Die letzte Trennschicht zu den unendlichen Weiten des Weltraums.

Aber Atmosphäre lässt sich nicht nur als ein Bestandteil ihrer vier Schichten beschreiben, sondern beinhaltet einiges mehr. Mit Atmosphäre sind Emotionen, Gefühle und Empfindungen verbunden. Der Begriff steht eigentlich immer in Zusammenhang mit nicht rein faktischen Wahrnehmungen.
In Bezug auf die Darstellung von Landschaften bezeichnet Atmosphäre die Stimmung, den Gemütszustand oder schlicht den emotionalen Eindruck, den eine Landschaft in uns erzeugen kann.
Die Aussagekraft einer Visualisierung, eines beliebigen Bildes hängt entscheidend von der „korrekten" Wiedergabe der atmosphärischen Effekte ab. Dunst und Nebel über einer Naturszene, der leichte Dunstschleier in der Ferne, Wolkenbildungen, Rauch - sind alles wichtige Elemente zur Erzeugung eines überzeugenden Ergebnisses.

Im vorliegenden Kapitel soll das Hauptaugenmerk auf jene Effekte gelenkt werden, die in der Realität und damit auch in der Computervisualisierung eine wichtige Rolle für einen gelungenen Auftritt sorgen.

Manche dieser Effekte finden innerhalb einer 3D-Szene statt, manche werden durch Materialien definiert und andere wiederum werden durch so genannte Video Post-Effekte herbeigeführt. Damit sind Verfahren gemeint, die nach dem Rendern eines Bildes in Form eines Filters auf das fertige Ergebnis angewandt werden.

Bleibt man beim allgemeinsprachlichen Gebrauch, so geht es letztendlich um

☐ Farbperspektive und den Verlust der Farbe zum Horizont,
☐ Dunst und Nebel,
☐ den Himmel in Abhängigkeit von Tageszeit und Luftfeuchtigkeit,
☐ Wolken,
☐ Regen und
☐ Schnee.

Haben Sie schon mal darauf geachtet, dass

☐ am Morgen die Farbe oder besser die Transparenz der Luft klarer ist als zu Mittag,
☐ am Abend die Farben am schwächsten wirken,
☐ die Luft im Winter klarer als im Sommer wirkt und
☐ im Herbst das Licht am „weichsten" ist?

All dies sind gute Gründe für viele Landschaftsmaler und -fotografen, ihre Werke bevorzugt in dieser Jahreszeit zu erstellen.

Farbperspektive

Blickt man am Rande einer Bergkette stehend in die Ferne - so weit es die anstehenden Berge eben erlauben - so erscheinen die Gipfel im Vordergrund noch in kräftigen Farbtönen, die Berge im Hintergrund hingegen verlieren mehr und mehr an Farbe und verblassen in milchiges Weiß oder helles Blau, je nach Anteil der Luftfeuchtigkeit, dem jeweiligen Stand der Sonne und damit der Tageszeit.

Computeranimationen älterer Herkunft haftet oft noch ein Geschmack von fader Künstlichkeit an, der durch gezielte Nichtberücksichtigung jeder Farbperspektive zustande kommt. Atmosphärische Effekte, wie eben jener

Verlust an Farbsättigung, sind jedoch dringend nötig, um eine 3D-Darstellung überzeugend und glaubwürdig wirken zu lassen.

Gerade bei Landschaftsdarstellungen ist der gezielte Einsatz der Farbperspektive nicht nur ein Mittel zur Wiedergabe der Natur, sondern, außer der erwähnten Glaubwürdigkeit auch ein geeignetes Werkzeug um einer Szene mehr Tiefe zu verleihen.

Erreichen lässt sich dieser Effekt relativ leicht, da die meisten 3D-Programme unterschiedliche Nebeleffekte ihr Eigen nennen. Manche auf Außendarstellung spezialisierten Anwendungen gehen sogar soweit, dem Anwender den Einsatz der Farbperspektive automatisiert aus der Hand zu nehmen.

In der Regel erreicht man diesen Zustand des Farbverlustes durch gezieltes Hinzufügen von weißem „Rauschen" in den Hintergrund der Szene.

Je weiter entfernt sich ein Objekt von der Kamera befindet, desto dichter wird der über die Szene gelegte Rauschenfilter, desto blasser und heller wirken die Farben.

Abb. 152. Landschaft mit Verlust der Farbsättigung und Kontrast

Wobei natürlich zu beachten ist, dass der Farbverlust durch die Atmosphäre, je nach Tageszeit, Temperatur und Luftfeuchtigkeit variieren kann. So wirkt die Farbperspektive an einem sonnigen Tag im Sommer eher leicht blaustichig, an einem Herbstabend mit dazugehörigem Sonnenuntergang eher rötlich.

Wie immer ist es schwierig, eine spezifische Farbdarstellung in einem Schwarzweißdruck darzustellen, aber die Abbildung gibt einen Überblick über den vorgestellten Effekt. Im Vordergrund sind die Konturen der Landschaft scharf umrissen und verschwinden zum Horizont in einem diffusen Dunst, der mit zunehmender Entfernung zur Kamera immer dichter wird. Gleichzeitig verblassen die Farben immer mehr, bis am Horizont nur noch ein milchiges Blau bleibt.

Dunst und Nebel

Dunst und Nebel werden in den meisten 3D-Programmen in drei unterschiedlichen Arten zum Einsatz gebracht:

- **Standardnebel**: Hierbei wird die gesamte Szene mit einem Filter überzogen. Es besteht die Möglichkeit, Opazitäts-Maps für die Dichte oder Umgebungs-Maps für die Farbe auf den Nebel anzuwenden (Fog).
- **Schichtennebel**: Zwischen einer definierten Ober- und Untergrenze wird die Nebelschicht dichter oder dünner. Aufsteigender Bodennebel wird z.B. mit geschichtetem Nebel simuliert (Layered Fog).
- **Volumennebel**: Hierbei wird ein Nebel erzeugt, dessen Dichte innerhalb eines beschriebenen 3-dimensionalen Raumes nicht konstant ist (Volume Fog).

Werden die ersten beiden Nebelarten durch einen, auf das fertige Bild angewandten, Filter erzeugt und als variabel transparente Schicht zwischen Kamera und der Szene definiert, so ist der dritte Effekt ein 3-dimensionaler Effekt, der sich innerhalb definierter Grenzen mit Hilfe eines sogenannten Helferobjekts (Gizmo) räumlich beschreiben lässt.
In der Praxis sieht das Ganze etwa so aus:

Nebel als Hintergrund

Wird Nebel als Hintergrund einer Szene verwendet, so wird ein Bildfilter mit weißem Rauschen über den Hintergrundbereich gelegt und damit für eine Farbabschwächung der Farben gesorgt.

Dezent eingesetzt simuliert ein solcher Nebel eben jenen Effekt des natürlichen Farbverlusts. Wird der Nebel dominant, so sorgt er als Gestaltungselement in der Szene für entsprechende Unterstützung der gewünschten Stimmung.

Dunst und Nebel 199

Nebelhintergrund ein ☑ Fog Background
Das Hintergrundbild wird durch den
Nebel beeinflusst.

Nebelhintergrund aus ☐ Fog Background
Das Hintergrundbild wird durch den
Nebel nicht beeinflusst.

Abb. 153. Nebel und seine Beeinflussung des Bildhintergrundes

Nebel als atmosphärischer Szenenhintergrund zur Unterstützung der Farbperspektive kann entweder die Geometrie einer Szene oder auch den Hintergrund (z.B. ein Hintergrundbild) beeinflussen.

Mit Transparenzinformationen versehen, kann der Nebel auch als zarte Wolkenformation verwendet werden.

Nebeldichte

Die Zunahme der Dichte des Nebels lässt sich in der Regel durch einen linearen oder einen exponentiellen Verlauf steuern.

Der Nebel nimmt zum Horizont
linear zu, Beginn 0% Ende 100%.

Der Nebel nimmt zum Horizont
exponentiell zu, Beginn 0% Ende 100%.

Abb. 154. Zunahme der Nebeldichte linear oder exponentiell

Nebel lässt sich meist in Prozentangaben für den Nah- und den Fernbereich angeben. So kann die Nebeldichte getrennt, je nach Bedarf festgelegt werden.

Naheinstellung 60%, Fernbereich 0%   Naheinstellung 0%, Fernbereich 60%

Abb. 155. Wertebereich der Nebeldichte für Nah- und Fernbereich

Tipp **Transparente Materialien**

Vorsicht ist angeraten beim Einsatz von Nebel und transparenten Materialien, bzw. Materialien, die eine aktives Opazitäts-Map nutzen. Im Beispiel wird die Straße an den Rändern durch ein Verlaufs-Map mit zusätzlichem Rauschen „aufgeweicht". Durch das Hinzufügen des Nebels wird die Opazitäts-Map ignoriert und es kann zu Fehldarstellungen kommen. Das Problem lässt sich durch getrenntes Rendern der Komponenten lösen. Die Ergebnisse in Form mehrerer Layer können anschließend in einem Video-Postprogramm, wie z.B. Combustion oder After Effects wieder zusammengeführt werden - die meisten großen 3D-Pakete haben in der Regel ein komplettes Video-Post-Paket mit an Bord (bei 3dsmax unter Rendern Video • Nachbearbeitung ... (Rendering • Video Post...).

Geschichteter Nebel

Lassen sich mit dem zuvor vorgestellten Nebel Nah- und Fernbereich hervorragend simulieren - damit auch genau der Effekt der Farbperspektive, so ist manchmal auch dieser wabernde, über dem Boden schwebende Nebel der frühen Morgenstunden ein gerne eingesetzter Effekt.

Man spricht in diesem Fall von geschichtetem Nebel, der sich nun, statt von Nah nach Fern von oben nach unten (bzw. anders herum) definieren lässt.

Bottom 1 Top 8, Falloff Bottom   Bottom 0 Top 0,5, Falloff Top

Abb. 156. Geschichteter Nebel in unterschiedlichen Schichtdicken. Der Falloff verläuft links nach oben und rechts nach unten.

Mit Falloff ist der Parameter bezeichnet, der den Übergang von der Nebelschicht zur klaren Luftschicht darüber (Top) oder darunter (Bottom) bestimmt.

Die Einheiten werden aus den Voreinstellungen der Datei übernommen. Da die Szene in der Einheit Meter eingerichtet ist, entsprechen somit 0,5 Einheiten 50 cm.

Ändert man den Verlauf des Nebels von Top nach Bottom, so lässt sich auf diese Weise hervorragend Hochnebel simulieren (rechtes Bild).

Fügt man zusätzlich noch Effekte wie Horizontrauschen hinzu, so lässt sich die Horizontlinie - falls sichtbar - dezent verwischen. Gerade bei Aussichten auf große Wasserflächen kann dieser Effekt sehr hilfreich sein, um scharfe Horizontkonturen zu vermeiden.

202   Atmosphäre

Abb. 157. Meeresblick mit sehr feinem Horizontrauschen

In der Regel lassen sich Nebel und Dunst natürlich auch animieren.

Volumennebel

Im Gegensatz zu den zuvor aufgeführten Nebelarten, lässt sich mit Volumennebel, wie der Name schon sagt, ein 3-dimensionaler Effekt von Nebel, Dunst oder auch Wolken erstellen.

Abb. 158. Volumennebel mit sehr scharfen Kanten zur Verdeutlichung des Effekts. Der „BoxGizmo" dient als Begrenzung der Nebelausdehnung.

Um einen Volumennebel zu erstellen, reicht ein Rendereffekt alleine nicht mehr aus. Hier wird zuvor die Grenzbedingung des Nebels innerhalb der Szene durch ein Helferobjekt definiert. Dieses Helferobjekt kann je nach

Anwendung die Form eines Quaders, einer Kugel oder eines Zylinders besitzen. Innerhalb dieses Helferobjektes wird anschließend die Nebeldichte, die Rauschen-Verteilung und die Art des Falloff-Bereichs zu den Rändern definiert.

Die obere Abbildung zeigt sehr klar das Verhalten des Volumennebels, wenn alle „weichen" Parameter deaktiviert sind. Der Nebel ist so dicht, dass er das komplette Helferobjekt scharfkantig ausfüllt. Ersichtlich ist auch, dass der Nebel sich wie ein 3-dimensionales Objekt verhält, welches in der Lage ist, andere Objekte der Szene zu verbergen und auch Schatten zu werfen.

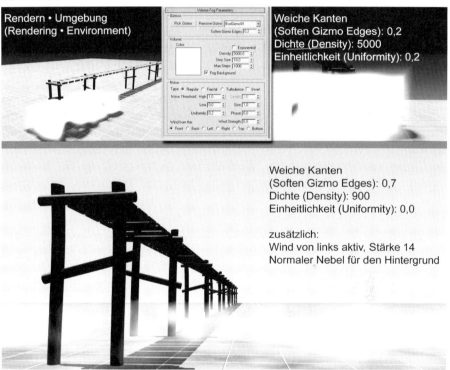

Abb. 159. Weiche Kanten und Reduktion der Dichte sorgen für ein passendes Erscheinungsbild.

Die Einstellungen der jeweiligen Parameter unterliegen, wie so vieles, vor allem eigenen Erfahrungswerten. Die einzige Faustregel, die beachtet werden kann, ist die Orientierung an den Einheiten der Szene. Die Parameter-Größen richten sich in der Regel (wie immer gibt es Ausnahmen) an den Einheiten der Datei aus. So sollte hier immer ein besonderes Augenmerk auf die verwendeten Einheiten geworfen werden.

Himmel

Aber warum ist der Himmel eigentlich blau?
Diese Frage hat auch die Autoren beschäftigt, denn so ganz schlüssig waren sich auch hier einige wissenschaftliche Kapazitäten nicht. Eine Aussage, die der gängigen wissenschaftlichen Meinung folgt und auch noch verständlich erschien, ist auf der Homepage von Hans Schremmer[1] zu finden. Hier werden auch noch einige andere Phänomene zum Thema Himmelserscheinungen mehr als nur beleuchtet.

Die Tatsache, dass der Himmel blau erscheint (und nicht schwarz wie der Himmel, den die Astronauten auf dem Mond sahen) sowie die langsame (und nicht schlagartige) Helligkeitsabnahme nach Sonnenuntergang erklären sich durch Streuung der Lichtes an den Molekülen der Luft und an Aerosolpartikeln.

Die reine Molekülstreuung ist wellenlängenabhängig. Sie wächst mit der vierten Potenz der Wellenlänge, d.h. violettes Licht wird am stärksten gestreut (ca. 16 mal stärker als rotes Licht, das eine doppelt so große Wellenlänge als blaues Licht besitzt). Dass der Himmel nun nicht violett, sondern blau aussieht liegt daran, dass die Intensitätsverteilung des Sonnenlichtes und auch die Augenempfindlichkeit ein Maximum im grünen Bereich haben. Aus der Überlagerung der Intensitäts- und Empfindlichkeitskurven ergibt sich zwanglos die blaue Farbe des Himmels.

Die rote Farbe der Sonne bei Sonnenuntergang erklärt sich ähnlich einfach wie die blaue Farbe des Himmels. Das Licht hat einen langen Weg durch die Erdatmosphäre zurückzulegen. Die blauen Anteile werden gestreut, wodurch die Sonne rot erscheint. Besonders schöne Sonnenuntergänge mit tiefen Farben gibt es, wenn zusätzlich Staub oder Aerosolpartikel in der Atmosphäre vorhanden sind.

Abb. 160. Sky.JPG aus der Sammlung von 3ds max

Wer kennt sie nicht, die Standardwolkenhintergründe, die bei unglaublich vielen Architektur- oder Landschaftsvisualisierungen immer wieder den Hintergrund für eine 3D-Darstellung liefern. Die meisten 3D-Programme liefern ein gewisses Re-

---

[1] http://www.schremmer.de

pertoire an Himmelsbildern, welches in der Regel auch völlig ausreichend ist. Aber wenn die Wolkenformationen bereits so oft gesehen wurden, kommt irgendwann Langeweile auf.
Nicht immer lässt es sich vermeiden, auf einen „schnellen" Hintergrund zurückzugreifen, vor allem wenn der Projektdruck groß ist.
Aber mit ein wenig Mehraufwand lassen sich überzeugende Bildhintergründe auch mit vorhandenen Materialien realisieren.
Der Himmel, der uns tagtäglich umgibt, hat allerdings mehr zu bieten als die Reduktion auf ein paar wenige, sich wiederholende Hintergrundbilder. Deshalb lohnt der Blick auf die Möglichkeiten zur Erstellung und Manipulation des uns umgebenden Himmelgewölbes.

Grundsätzlich lassen sich zwei Arten von Himmel unterscheiden, Einsatz eines Hintergrundbildes und prozedural erzeugter Himmel (ähnlich wie bei den Materialien):

- **Hintergrundbild** - Ein beliebiges Foto oder gemaltes Bild
- **Prozedural erzeugter Himmel** - Durch entsprechende Algorithmen wird der Aufbau eines Himmels ermöglicht.

Und natürlich bietet eigentlich erst die Vermischung dieser Möglichkeiten eine große Vielfalt an weiteren Details.

Hintergrundbild

Vorausgesetzt man beachtet einige grundlegende Aspekte, führt der Einsatz eines Hintergrundbildes sicherlich am schnellsten zum Erfolg.
Hintergrundbilder können selbst erstellte Fotografien sein, oder man bedient sich in unzähligen Internetplattformen kostenfreier oder auch kostenpflichtiger Bildmaterialien.
Die Eingabe der Begriffe „Hintergrundbilder und Himmel" liefern in den gängigen Suchmaschinen schnell eine Vielzahl an möglichen und auch sehr oft frei nutzbaren Bildern.
Wird ein solches Hintergrundbild für den Einsatz einer Landschaftsvisualisierung verwendet, so ist darauf zu achten, dass

- die Auflösung ausreichend ist, um die Szene mit genügend Hintergrund zu versehen (das Bild sollte in seinen Abmessungen mindestens der gewünschten Rendergröße entsprechen),

☐ das Bild ggf. kachelbar sein muss, wenn die Szene mit einer Himmelskugel bzw. einem Kugel-Environment versehen wird und große Kameraschwenks anstehen,
☐ die Einstellung der Umgebungs-Map (siehe Abb.161) der Verwendung der Szene angepasst wird und natürlich
☐ dass das Bild zur Szenengestaltung passt.

Hintergrundbild für ein Standbild

So ist für ein Standbild einer Landschaftsaufnahme mit entsprechendem Hintergrund weniger Aufwand zu betreiben, als bei der Verwendung des Hintergrunds für eine Animationssequenz.

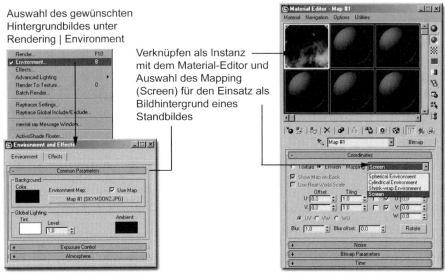

Abb. 161. Hintergrundbild in den Rendering-Einstellungen: UMGEBUNG UND EFFEKTE • UMGEBUNGS-MAP (ENVIRONMENT AND EFFECTS • ENVIRONMENT MAP)

Hintergrundbild für Animationen

Bei einer Animationssequenz mit variabler Kameraausrichtung ist folgende Vorgehensweise zu empfehlen:

Nach der Erstellung einer „Hemisphäre", also einer geschlossenen Halbkugel, die die gesamte Szene umschließt und deren Normalenvektoren nach innen, also zur Szene weisen, erfolgt die Auswahl eines geeigneten

Bildes. Hierbei ist darauf zu achten, dass das Bild kachelbar sein sollte, um das Aneinanderstoßen der Bildkanten zu vermeiden.

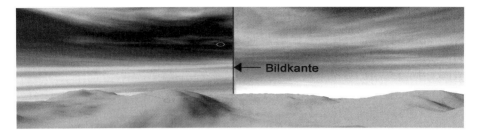

Abb. 162. Bei nicht kachelfähigen Bildern stoßen die Kanten hart aneinander.

Alternativen zur Vermeidung sind entweder der Verzicht der Kameraausrichtung in Richtung der Kante oder Verdecken der Kante durch gezielt eingesetzte Objekte, wie z.B. einen Baum oder ein Gebäude.

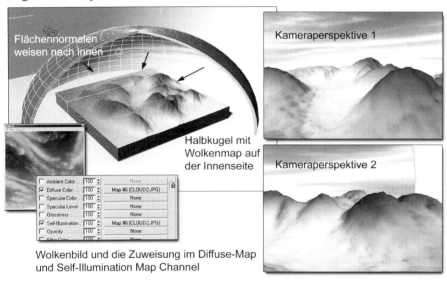

Abb. 163. Einsatz einer Halbkugel mit einer nach innen gerichteten Textur, um das Himmelszelt für eine anstehende Animation nachzubilden.

Tipp Software auch für Hintergünde

Einige Hersteller haben sich auf die Generierung von Landschaften und zugehörigem Atmosphärensetup spezialisiert und es macht Sinn, das eine oder andere Werkzeug zur Erstellung von Hintergrundbildern etwas näher ins Auge zu fassen. Eines dieser Werkzeuge ist sicherlich das Programm Terragen. Dieser Geländevisualisierer ist kostenfrei einsetzbar. Allerdings sind hierbei einige Einschränkungen in der Größe des zu rendernden Bildes vorhanden. Die kostenpflichtige Variante schlägt mit ungefähr 100 $ nicht sonderlich zu Buche, so dass eine Anschaffung der lizensierten Version sicherlich eine Überlegung wert ist.[2]

Prozedural erzeugter Himmel

Materialien und Maps können nicht nur für die Belegung einer beliebigen Oberfläche eingesetzt werden, sondern auch für die Erstellung von „Himmel". Hierbei besteht der bestechende Vorteil vor allem darin, dass auf stoßende Kanten nicht zu achten ist, da prozedural erzeugte Hintergründe dieses Problem bekanntlich nicht aufweisen.

Mischen-Map für den Himmel

Eine Möglichkeit wäre beispielsweise der Einsatz eines MISCHEN-MAP *(MIX-MAP)*, welches in der Renderumgebung der Szene zugewiesen wird.

Wie bei der Verwendung eines Fotos könnte sich dieses Map natürlich auch im STREUFARBEN-KANAL *(DIFFUSE COLOR)* eines beliebigen Materials befinden.

Das erste der drei im Mischen-Map verwendeten Maps besteht aus einem Farbverlauf von Weiß über ein sehr helles Blau (RGB 200 225 255) bis hin zum dunklen Blau (RGB 60 110 180) zum oberen Rand.

Das zweite Map besteht aus einem Rauschen-Map, dessen Verzerrung in horizontaler Richtung für ein wolkenähnliches Aussehen sorgt.

Das dritte Map besteht wieder aus einem reinen Schwarzweiß-Farbverlauf. Dieser Verlauf sorgt im Mischen-Kanal des Mischen-Maps, für die Information, wie die beiden Materialien überblendet werden. Es liefert also sozusagen die Maske, deren weiße Bereiche undurchsichtig und deren schwarze Bereiche transparent sind.

---

[2] http://www.planetside.co.uk

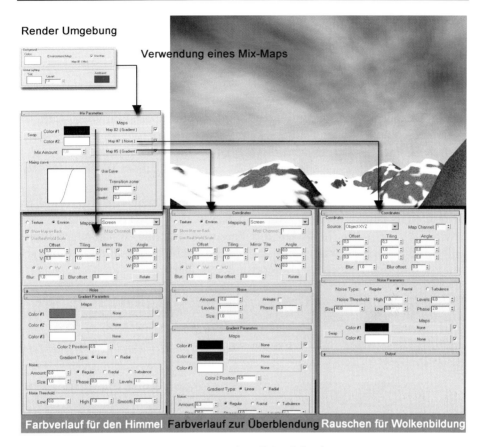

Abb. 164. Mit Hilfe eines *MISCHEN-MAP (MIX-MAP)* werden zwei Maps ineinander geblendet.

Versieht man diesen Verlauf noch mit einem Rauschen, wirkt er ungleichförmig und etwas natürlicher.

Nicht nur die Form des Himmelgebildes lässt sich mit Hilfe eines prozeduralen Maps sehr schnell und ansprechend realisieren, sondern auch die Färbung. So ändert sich die Farbe des Himmels im Verlaufe des Tages nicht nur von Rottönen bei Tagesanbruch über ein kräftiges Blau in der Mitte des Tages hin zu Rottönen mit Violettanteilen in der Abenddämmerung, sondern auch unterschiedliche Lichtstimmungen lassen sich durch die Farbe des Himmels gezielt unterstützen.

Ein bewölkter Tag mit hohen Grauanteilen oder die eigenartige Stimmung vor einem Gewitter mit gelblichen Eigenheiten sind nur ein paar der Beispiele. Nicht immer ist unbedingt ein sonniger Tag mit Cumuluswolken die richtige Wahl für eine gelungene Szenenkomposition; manchmal macht es auch Sinn, die Möglichkeiten des Wetters ein wenig stärker auszureizen.

Animieren vom Himmel

Nicht nur bei Kamerabewegungen, sondern auch bei animierten Aufnahmen bei unbeweglicher Kamera kann es sehr ansprechend wirken, wenn sich der Himmel, oder genauer die Wolkenformationen bewegen.
Die Beschreibung plastisch wirkender Wolken ist unter **Wolken** im Anschluss ausführlicher beschrieben.
Beim reinen Map-Einsatz für den Himmel ist sicherlich das prozedural erzeugte Map eindeutig im Vorteil. So lassen sich im eben gezeigten Beispiel mit einem Mischen-Map die Parameter für die Wolkendarstellung selbst, aber auch die Parameter der Maske unabhängig animieren und somit ein sehr überzeugender Hintergrund erstellen.

Abb. 165. Animierter Rauschen-Parameter „Größe" bei Frame 0, 50 und 100

Auch kann der Effekt des Himmels für den Hintergrund grundsätzlich durch einen gewissen Anteil an Selbst-Illumination unterstützt werden. Außer der Animation von Wolkenformationen können auch die Veränderungen in der Farbdarstellung des Tagesverlaufes sehr leicht über die animierbaren Parameter eines prozeduralen Maps erreicht werden.

Grundsätzlich sind solche Möglichkeiten auch durch den ergänzenden Einsatz von Bildbearbeitungsprogrammen für Hintergrundbilder möglich, aber die mathematisch gesteuerte Variante der Prozedur-Maps bietet erheblich mehr Möglichkeiten.

Wolken

Die simpelste Art Wolken zu erstellen wurde eigentlich bereits im Vorfeld, beim Thema Himmel vorgestellt. Ein 2-dimensionales Map wird entweder als Szenenhintergrund verwendet oder als Material auf eine Halbkugel oder ein anderes Hintergrundobjekt gemappt. Hiermit lassen sich mit Hilfe des Rauschenfilters sehr schnell prozedurale Wolkenhintergründe erstellen, die mit wenig Aufwand auch animierbar sind; die Alternative heißt Bildbearbeitung und mit Stift und Pinsel einen Wolkenhintergrund in Photoshop oder einem ähnlichen Bildbearbeitungsprogramm „malen". Eine sehr schöne Anregung zum Thema unterschiedliche Wolken findet sich übrigens im Karlsruher Wolkenatlas unter: http://www.wolkenatlas.de.

Aber was, wenn dieser Effekt eines Hintergrundes, auch mit Nebel unterstützt nicht ausreicht? Was, wenn das Thema Wolken Volumen aufweisen und die virtuelle Kamera hindurch fliegen soll?
Ein paar Anforderungen hierzu könnten sein:

☐ Die Wolken sollen plastisch wirken,
☐ eine „Befliegung" muss möglich sein,
☐ die Wolken sollen Schatten werfen und
☐ sie sollen animierbar sein.

Eine geeignete Möglichkeit ist der Einsatz der zuvor gezeigten volumetrischen Nebeleffekte. Hier empfiehlt es sich, ein wenig Zeit aufzuwenden und mit den Parametern zu spielen. Der Erfolg stellt sich schnell und ohne allzu großen Aufwand ein. Aber leider lässt die Qualität solcher mittels Nebelparametern erstellten Wolken doch einige Wünsche offen. Es fehlt ihnen meist an Plastizität, so dass sie zwar für ein Wolkenbewegungsszenario mit animiertem Schattenwurf ausreichen, aber mehr eben nicht.

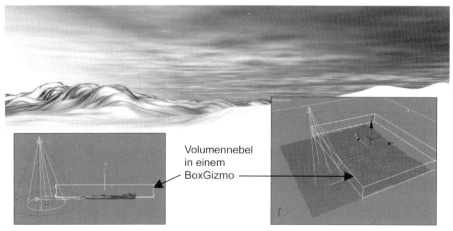

Abb. 166. Animierter Wolkenhintergrund mit Volumennebel

Eine weitere Möglichkeit wäre der Einsatz eines entsprechenden Plug-Ins für Wolken und Rauch wie z.B. Pyrocluster[3], Afterburn[4] oder ähnliche. Dies ist aber mit Extrakosten verbunden und somit auch nicht immer die geeignete Alternative. Wolken lassen sich aber auch hervorragend mit Bordmitteln erledigen und die Lösung hierfür heißt, wie so oft: Partikelsystem.

Tipp Partikelsystem in Max

In 3ds max wird das Partikelsystem unter der ERSTELLEN-PALETTE (CREATE), GEOMETRIE, PARTIKELSYSTEME aufgerufen.

An einem Beispiel könnte dies etwa so aussehen:
Als Grundlage werden

- ein Partikelsystem mit der Möglichkeit Geometrien zu instanzieren,
- eine Geometrie zur Referenzierung und
- ein passender Hintergrund benötigt.

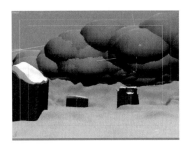

Das vordefinierte Partikelsystem *PWOLKE (PCLOUD)* liefert, ähnlich wie die Gizmos bei Volumennebel, verschiedene vorgefertigte Helfer, innerhalb derer dann die Partikel erzeugt werden. Alternativ kann eine beliebige Geometrie als Emitter definiert werden.

Abb. 167. Voransicht der Partikel

Als referenzierte Geometrie wird eine Kugel erstellt, die in Z-Richtung gestaucht wird. Dies hat den Vorteil, dass die Wolken anschließend nicht zu „blasenhaft" wirken.

Wurde die Kugel als Partikel ausgewählt, die Anzahl entsprechend erhöht, dass der Eindruck einer Wolkenfront entsteht, sieht das Ganze in etwa so aus, wie in der Abbildung 167 zu sehen ist. Jetzt geht es eigentlich nur noch darum, ein geeignetes Wolkenmaterial zu finden, welches die Wolken aussehen lässt wie Wolken.

---

[3] http://www.cebas.com - Cebas
[4] http://www.afterworks.com - Sitni Sati

Wolken 213

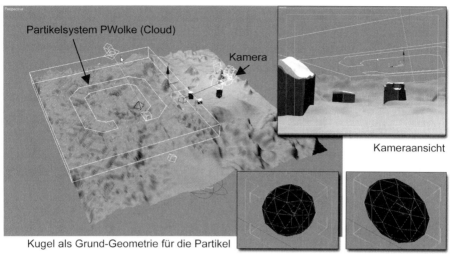

Abb. 168. Partikelsystem *PWOLKE (PCLOUD)* für die Wolkenbildung

Der erste Ansatz hierzu führt, wie so oft, über den Einsatz eines Rauschen-Maps. Zuerst muss die Farbgestaltung der Wolke definiert werden. Dies geschieht über ein Rauschen-Map im Streufarben-Kanal eines Standardmaterials.

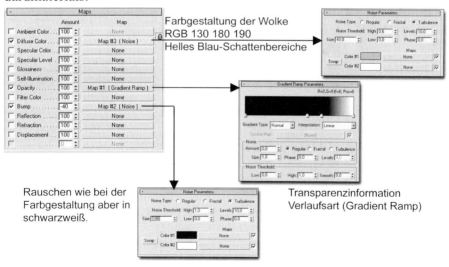

Abb. 169. Materialaufbau für Wolken

214 Atmosphäre

Das *RAUSCHEN-MAP (NOISE)* im *STREUFARBEN-KANAL (DIFFUSE)* ist für die Farbgestaltung der Wolke maßgeblich. Hier werden helle Bereiche (weiß) und „Schattenbereiche" der Wolke (helles Blau) festgelegt.

Kopiert man das *RAUSCHEN-MAP (NOISE)* in den *RELIEF-KANAL (BUMP)* und ändert den Blauton in Schwarz, den Reliefwert in einen mit negativem Vorzeichen (-40), so gibt dieses zweite Rauschen der Wolke die notwendige Plastizität.

Da die Werte grundsätzlich von den Einheiten der Szene abhängen, sind die hier angegebenen Zahlenwerte mit Vorbehalt zu verwenden

Was nun noch fehlt, ist die Transparenzinformation der Wolke. Diese wird durch das *MAP VERLAUFSART (GRADIENT RAMP)* erreicht.

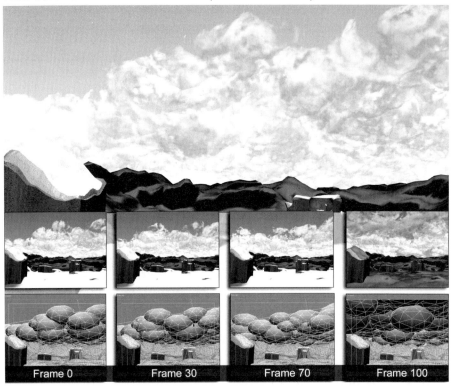

Abb. 170. Die fertigen Partikelwolken

Um zu vermeiden, dass die Wolke zu viel Schattenwurf erhält, empfiehlt es sich, die Eigenschaft „Schatten erhalten" zu deaktivieren. Damit ist das Wolkenobjekt zwar noch in der Lage Schatten zu werfen, aber es bildet keine eigenen Schatten zwischen den einzelnen Wolkenbereichen.

Die so erstellten Wolken werfen Schatten, wirken plastisch und lassen sich wie alle Partikelsysteme schnell und effizient animieren.
Für unterschiedliche Stimmungen lassen sich Farbe, Verhalten und Erscheinungsbild somit unkompliziert an die jeweiligen Erfordernisse anpassen.

Regenmacher

Eine wenig Rauschen und Weichzeichner in Photoshop, und fertig ist der Regen für ein Standbild. Sich mit Regen eingehender zu beschäftigen macht eigentlich nur Sinn, wenn er in einer Animation zum Einsatz gebracht wird. Die grundlegenden Bedingungen für Regen in einer Animation lassen sich auf folgende Punkte reduzieren:

- ein einfaches Partikelsystem über der 3D-Szene,
- ausreichend Partikel, eine passende Textur,
- ein wenig Bewegungsunschärfe (Motion Blur)

und fertig ist das Niederschlagsereignis.

Aber wenn es ins Detail geht ist schnell „Schluss mit lustig", und vor allem mit „schnell" und „einfach", kurz, die Angelegenheit beginnt spannend zu werden. Die Sache mit dem Regen hat es in sich.

- Was passiert in dem Moment, in dem es gerade zu regen beginnt?
- Was ist mit all den Regentropfen, die von einer Oberfläche abprallen?
- Wie interagiert Regen mit Effekten wie Wind und Schwerkraft?

Regen wird in der Regel durch Wind beeinflusst. Wind kommt meist aus unterschiedlichen, sich ändernden Richtungen und tendiert dazu, auch seine Intensität oft zu wechseln.
Fällt ein Regentropfen auf eine Oberfläche, so wird er entweder absorbiert und nur in geringem Maße reflektiert, oder er wird, nachdem er sich durch den Aufprall in unzählige kleinere Regentropfeneinheiten zerlegt hat, nahezu vollständig reflektiert. Trifft ein Regentropfen auf eine Wasseroberfläche, so bilden sich diese interessanten konzentrischen Wellenkreise, die, nachdem die reflektierten Teilchen die Wasseroberfläche erneut getroffen haben, für ein reges Chaos sorgen.

All diese Details würden den Rahmen dieses Kapitels bei weitem sprengen, aber einige grundsätzliche Fragestellungen zum Thema Regen sollten doch etwas genauer unter die Lupe genommen werden.

Die einfache Variante

Voraussetzung ist, dass es bereits seit einiger Zeit im virtuellen Raum geregnet hat. Somit sind alle Objekte, um die es in der Szene geht, bereits nass. Es geht also in erster Linie darum, den Regen darzustellen und in zweiter Linie darum, die nassen Oberflächen wiederzugeben.

Wie bereits bei den Pflanzen und Wolken tauchen auch hier wieder Partikelsysteme auf. Partikelsysteme können einfache Grundprimitive als Partikel nutzen oder auch referenzierte Geometrien, sie können auf Kräfte reagieren und Kollisionsverhalten simulieren.

Geht man ein wenig weiter, gibt es regelbasierte Partikelsysteme, denen ein bestimmtes Verhalten zu einer bestimmten Zeit, oder durch Interaktion mit Körpern oder andere Ereignissen zugewiesen werden können.

In der Regel reicht für einen einfachen Regen(-schauer) ein simples Partikelsystem völlig aus. Im vorliegenden Fall wird das Partikelsystem *SUPERGISCHT (SUPERSPRAY)* verwendet um einen diesen Regen zu generieren.

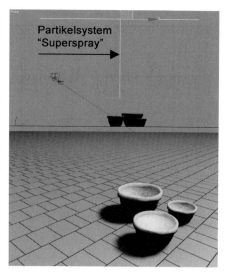

In der bereits bekannten Szene wird über den Pflanzentöpfen ein Patikelsystem *SUPERGISCHT (SUPERSPRAY)* eingerichtet. Die Anzahl der Tropfen liegt bei 10.000, deren Größe beträgt eine Einheit (1), die Geschwindigkeit 10 und die Variation der Erzeugung beträgt 2. Die Partikel haben eine Lebensdauer von 30 Frames und lösen sich anschließend in nichts auf.

Diese Einstellungen beziehen sich auf die vorliegende Datei und 3dsmax. Es empfiehlt sich grundsätzlich, die Partikelerzeugung und die Vielzahl möglicher Parameter im Vorfeld an einfachen Beispielen zu testen um ein Gefühl für dieses Werkzeug zu bekommen.

Abb. 171. Einrichtung eines Partikelsystems

Bei Frame 20 schüttet es bereits aus Eimern und es fällt auf, dass die Tropfen den Boden, auf dem die Töpfe stehen, glatt durchschlagen.

Der Effekt ist somit schon recht nett, aber was unbedingt fehlt ist die Reflexion der Tropfen am Boden. Diese kleinen Spritzer tanzenden Wassers, die je nach Einfall der Beleuchtung äußerst witzig aussehen können.

Um die Tropfen vom Durchdringen des Bodens abzuhalten, ist der Einsatz eines sogenannten Deflektors notwendig. Ein Deflektor sorgt für Interaktion des Partikelsystems mit einer Fläche oder einer beliebigen Geometrie und beschreibt das Verhalten der aufprallenden Partikel, bzw. sorgt für eine Reflexion der auf den Deflektor auftreffenden Partikel.

Abb. 172. Partikelsystem im Einsatz

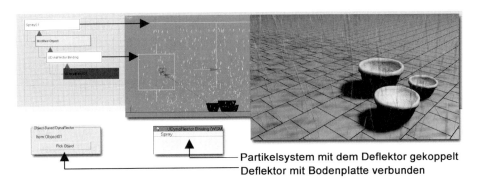

Abb. 173. Partikelsystem reagiert auf den Deflektor und die Tropfen prallen vom Boden ab.

Ein zweiter Deflektor sorgt dafür, dass auch die Töpfe als Widerstand definiert werden und keine unliebsamen Durchdringungen auftreten können.

Da die Szene eine nasse Szene sein sollte, ist es noch erforderlich, die Materialien in einen „nassen" Zustand zu versetzen.

Hierzu werden einfach die Reflexionswerte der einzelnen Materialien erhöht und dem Boden zusätzlich ein Raytrace-Map für die Spiegelung zugewiesen.

Abb. 174. Die Materialien wurden auf Reflexion und Nässe getrimmt.

Ein weiterer Effekt, der einen Visualisierer in die Verzweiflung treiben könnte, ist der Zustand gerade beginnenden Regens. Der Boden ist staubtrocken und plötzlich sind die ersten Tropfen zu spüren, und man sieht diese feuchten Flecken, die sich rundherum auf dem Boden ausbreiten.

Was passiert, wenn es zu regnen beginnt?

Es gibt, wie immer, unterschiedliche Wege und Möglichkeiten, die zum Ziel führen. Eine Möglichkeit wäre beispielsweise der Einsatz eines ereignisbasierten Partikelsystems, wie z.B. Partikel Flow. Dieser Weg ist, obwohl sehr mächtig, leider auch ein sehr steiniger.
Eine weitere Möglichkeit ist der Einsatz des Material-Editors.

Was also passiert, wenn Regentropfen auf trockenen Boden fallen?
Sie schlagen auf, hinterlassen dabei kleine Krater, spritzen ein wenig verteiltes Restwasser in die Luft und all diese Effekte sind nicht wirklich das, was wir wahrnehmen. Was wir sehen, ist die Tatsache, dass sich plötzlich in Windeseile „dunkle" Flecken bilden. Diese werden immer mehr und verschwinden auch nicht mehr, sondern bedecken den Boden bald voll und ganz.
Abstrahiert man diese eigentliche Information auf ein simples Modell, so reichen eigentlich zwei Materialien in einer 3D-Umgebung völlig aus. Und zwar ein Material des ursprünglichen Zustandes (Boden trocken) und ein Material für den zweiten Zustand des nassen Bodens.
Geht man davon aus, dass sich der Boden in einer gewissen Entfernung vom Betrachter befindet oder das Interesse auf ein bestimmtes Geschehen

in der Szene gelenkt wird, so dass der fallende Regen zwar wichtig aber nicht dominant erscheint, so könnte eine mögliche Lösung etwa so aussehen:

Es wird ein Bodenmaterial erstellt. Im vorliegenden Fall ein Standardmaterial mit einem Bitmap im *STREUFARBEN-KANAL* *(DIFFUSE)* und dem gleichen Bitmap im *RELIEF-KANAL (BUMP)*.

Kopiert man dieses Material und ändert die Einstellungen der Reflexion (z.B. Raytrace-Map) und der Glanzlichter, so wirkt das Material nass.

Die beiden Materialien werden nun über eine Maske ineinandergeblendet, und fertig ist das beginnende Regenereignis.

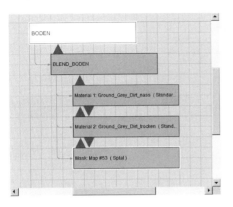

Abb. 175. Verschmelzen-Material

Abb. 176. *VERSCHMELZEN MATERIAL (BLEND)* mit animiertem *SPLAT-MAP*

Das Problem liegt hierbei darin, dass die fallenden Regentropfen und der nass werdende Boden nicht miteinander korrelieren. So sollte eine detaillierte Betrachtung des einzelnen fallenden Tropfens vermieden werden.

Eleganter und auch aufwendiger ist es eine Verknüpfung zwischen den Tropfen (Partikeln) und dem Untergrund (Material) herzustellen.

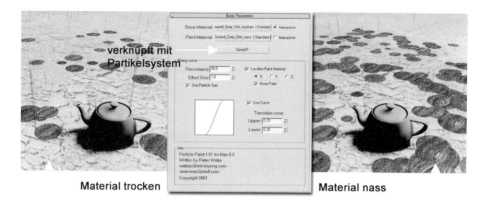

Abb. 177. Spezielles Material von Peter Watje[5], das auf fallende Partikel reagiert. Hierbei wird an der Stelle, an welcher ein Partikel auftrifft, eine automatische Blende zu einem zweiten Material erstellt.

Hinweis Verschmelzen-Material

Man kann sich das Ganze in etwa so vorstellen: Zwei Bilder werden übereinandergelegt (wie zwei Folien). Zusätzlich wird eine „Maske" verwendet, um die Bildinformationen des oberen in das untere Bild „durchzulassen". Eine Maske arbeitet wie ein Alphakanal mit Schwarzweiß-Informationen zur Darstellung von Transparenz (weiß ~ undurchsichtig, schwarz ~ durchsichtig). Eine Maske kann ein Bild, ein Film oder ein beliebiges prozedurales Map sein.

---

[5] Kostenfreies Plugin, Download unter http://www.maxplugins.de

Schnee

Die Sache mit dem Schneefall ist sicherlich nicht nur eine interessante Möglichkeit, eine Landschaft in winterlicher Stimmung zu präsentieren, sondern sie weckt auch Erinnerungen und Stimmungen. Vielleicht erinnern Sie sich noch an Tage in der Kindheit, in denen man, statt dem Unterricht zu folgen, die ganze Zeit aus dem Fenster des Klassenzimmers starrte und fasziniert vom eigenartigen Treiben der fallenden Schneeflocken das Geschehen des Unterrichts völlig vergessen hatte.

Die Folgen waren meist unangenehm, aber Schnee, vor allem fallender Schnee verhält sich ähnlich wie Feuer- man kann stundenlang hinschauen und dabei die Zeit vergessen.

Interessant ist vor allem wie Schneeflocken fallen. Sie fallen nicht einfach nach unten. Nein, sie werden vom Wind verweht, bilden Wirbel, steigen wieder zum Teil nach oben, um sich dann endlich langsam und majestätisch zu Boden zu senken. Ist der Boden noch zu warm, so schmelzen sie sofort beim Auftreffen, ist es kalt genug, bilden sich auch oft am Boden noch Verwirbelungen des frischen Schnees.

Fällt Regen so schnell, dass die eingesetzte Bewegungsunschärfe eigentlich immer für recht gute Ergebnisse sorgt, so verhält sich dies mit den Schneeflocken ein wenig anders. Hier taumeln Flocken nahe an der Kamera vorbei und man hat ausreichend Möglichkeit, die einzelne Schneeflocke im Detail zu betrachten. Deshalb ist es wichtig, hier ein verstärktes Augenmerk auf die Erstellung des verwendeten Materials zu legen.

222   Atmosphäre

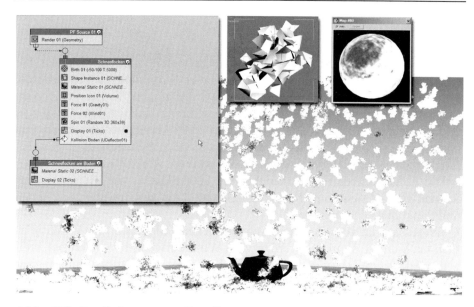

Abb. 178. Partikelsystem zur Erstellung von Schnee mit Hilfe einer instanzierten Geometrie

Abb. 179. Schneeflocke und Material mit Translucent Shader

Im linken oberen Bild wurde das Partikelsystem *PF QUELLE (PF SOURCE)* erstellt.

Als Alternative hätte auch das Partikelsystem *SCHEESTURM (BLIZZARD)* genutzt werden können.

PF QUELLE (PF SOURCE) bietet allerdings eine große Vielfalt an einstellbaren Parametern und ermöglicht ein stärkeres Eingreifen des Bildgestalters.

Die Partikel im Beispiel sind unter anderem mit einer äußeren Kraft, der Gravitation und dem Wind gekoppelt. Als Partikelelement dient eine mittels Rauschen verformte Kugel, deren Polygone zusätzlich bearbeitet wurden.

Das verwendete Material ist ein sogenannter Translucent Shader, der wie bei einer echten Schneeflocke Licht innerhalb der Oberfläche transportiert und damit zwar nicht vollständig transparent wirkt, sondern seine Plastizität behält.

Die Einstellungen für das Material sehen dann in der Übersicht so aus:

- **Shader**: Translucent Shader
- **Streufarbe** (Diffuse Color): Weiß
- **Opazitäts-Maps** (Opacity Map): Falloff
- **Relief-Map** (Bump Map): Flecken (Speckle)

Die Anregung für den Schnee stammt aus Pete Drapers Buch „Deconstructing the elements with 3ds max 6".

Hinweis Translucent Shader

Translucent Shader werden auch zur Simulation von menschlicher Haut verwendet.

Zusammenfassung

Es ging um die Sache mit der Atmosphäre. Atmosphäre als Stimmungsbildner und wie Atmosphäre in der 3D-Visualisierung, und vor allem in der Landschaftsvisualisierung umgesetzt werden kann.

Ein Schnelldurchgang durch die Schwerpunkte von Atmosphäreneffekten sollte die Grundlage in der Erstellung und Ideen und Anreize zum Ausprobieren liefern. Gerade wenn es um Spezialeffekte zu denen die meisten atmosphärischen Bereiche zählen, ist es schwer, alle Inhalte losgelöst vom jeweiligen Werkzeug zu betrachten. Ein Versuch, alle Positionen allgemein zu halten ist gerade hier besonders schwierig. Deswegen mag es dem einen oder anderen Leser vielleicht ein wenig zu programmspezifisch zugegangen sein - dies lies sich unserer Ansicht nach leider nicht vermeiden.

Es ging in erster Linie um die Begrifflichkeiten wie Farbperspektive, und wie sich diese in der Natur verhält. Dunst und Nebel lassen sich in 3D-Werkzeugen mittels so genannter Rendereffekte im Postprocessing des fertigen Bildes erstellen. Die Erzeugung von Dunst und Nebel lässt sich grob in reine Filtereffekte (Nebel) und volumetrische Effekte (Volumennebel) unterscheiden.

Der Effekt der Farbperspektive kann mit solchen Filtern simuliert werden.

Bei der Erstellung von „Himmel" als Bildhintergrund kommt in der Regel ein Map zum Einsatz. Dieses kann ein normales Foto, ein beliebiges digitales Bild oder ein prozedurales, also auf speziellen Algorithmen aufbauendes Map sein. Bildhintergründe, die als Bitmap vorliegen, haben den Vorteil, bei Standbildern schnell zum Einsatz gebracht werden zu können. Bei Animationssequenzen muss auf ihre Fähigkeit zur Kachelung geachtet werden.

Je nach Einsatz der Visualisierung empfiehlt sich eine Sekundäranimation des Himmels, wie sie z.B. durch ziehende Wolken erreicht werden kann. Bei Animationssequenzen ist ein prozedural erzeugter Himmel flexibler und vielseitiger als ein „pures" Bild.

Manchmal kann es sinnvoll sein, beides zu mischen, um den gewünschten Effekt zu erreichen.

Die Steigerung des Himmels als reines Hintergrundbild ist der Einsatz volumetrischer Wolken. Diese lassen sich schnell und elegant und auch flexibel animierbar mit Hilfe von Partikelsystemen erstellen.

Aus den Wolken fällt der Regen und auch für die Generierung von Regen wurde der Einsatz eines Partikelsystems vorgestellt. Ein weiterer wichtiger Aspekt bei Regen sind die Übergänge von trocken zu nass. Eine Möglichkeit zur Darstellung dieses Vorgangs kann der Einsatz geeigneter Materialien wie z.B. das Blend-Material sein.

Schnee lässt sich, wie auch Regen, am einfachsten mit einem Partikelsystem erstellen. Hierbei ist allerdings im Gegensatz zum schnell fallenden Niederschlag eine geeignete Referenz-Geometrie zu erstellen, die mit dem passenden Material versehen, als Schneeflocke dienen kann.

Was bleibt sind Fragen und Ideen und (hoffentlich) weiterhin viel Spaß beim Üben.

Wasser

Vom Regen in die Traufe[1].
War der Regen noch ein den atmosphärischen Effekten zuzuordnendes Ereignis, so gehört der Effekt der Traufe eindeutig in den Bereich des animierten Wassers. Es gab eine Zeit, in der es keine Regenrinnen gab. Zu dieser Zeit konnte einem bei einem ordentlichen Regenguss nichts Schlimmeres passieren, als vom Regen unter den Bereich des Daches zu gelangen, in welchem sturzflutartig das auf dem Dach aufgetroffene Wasser in die Tiefe stürzte. Dieses Kapitel beschäftigt sich unter anderem mit diesem Thema. Es geht um Wasser, und in welchen für die Landschaftsvisualisierung interessanten Formen es auftritt.

Abb. 180. Wasserspiele am Bellagio Hotel (Foto: J. Kieferle)

Bellagio: waren Sie schon mal in Las Vegas - Nein?!? Dann sollten Sie dorthin fahren, nicht aber um Ihr Geld in Casinos zu verspielen, sondern um die Effekte zu studieren, die die Firma Water Entertainment Technologies (WET) entwickelt hat. Bekannt wurde WET mit Wasserskulpturen, die auf dem physikalischen Phänomen des laminaren Fliessens, also der regelmäßigen, kontinuierlichen, nicht turbulenten Bewegung einzelner Partikel basieren. Wasser wird unter hohem Druck durch besonders behandelte Düsen gejagt, die verhindern, dass das Wasser Luftblasen aufnimmt, und damit entsteht ein glasähnlicher Wasserkörper, der präzise an anderer Stelle des Brunnens in dafür vorgesehenen Öffnungen verschwindet. Wenn man mit einem Gartenwasserschlauch spielt, kann man ähnliche Effekte erzielen.

Also…

Denkt man bei Wasser an den Aufwand, der im hydronumerischen Bereich betrieben wird, um mit diversen Strömungsmodellen Genauigkeiten

---

[1] Traufe - die untere und i. d. R. horizontale Kante einer geneigten Dachfläche. Die Traufkante ist ein wichtiges gestaltbestimmendes Merkmal von Gebäuden. Bei Dachüberständen liegt sie vor und ohne Dachüberstand über der Außenwand (aus Baulexikon online: http://www.bauwerk-verlag.de/baulexikon)

im knappen Dezimeterbereich zu erreichen, so erscheint es anmaßend, überhaupt nur an eine ansprechende Simulation von Wasser zu denken. Aber wenn man sich wiederum Filme wie „The Day after Tomorrow" oder „Der Sturm" anschaut und weiß, dass hier „nur" Visualisierungswerkzeuge im Einsatz waren, kann man die numerischen Ansätze getrost vergessen und sich auf ein gesundes Augenmaß verlassen. Denn hier überzeugt eine ausreichende Betrachtung der Natur und der Versuch, diese auf künstlerische Art und Weise wiederzugeben. Zwar darf hierbei nicht vergessen werden, dass sich ganze Abteilungen mancher Special Effect-Firmen nur mit der Erstellung von Regentropfen beschäftigen, aber es zeigt, dass man auch ohne numerische Ansätze überzeugende Ergebnisse bei der Darstellung von Wasser erreichen kann.

Und darum geht es hier. Um einige der Grundlagen in der Darstellung von Wasser in unterschiedlichen Formen. Wir haben versucht, die wichtigsten Erscheinungsformen von Wasser im Bereich der Landschaftsvisualisierung zusammen zu fassen. Diese Erscheinungsformen sind:

- **Wasserflächen** - Seen, Teiche und Pfützen
- **fließendes Wasser** - Flüsse, Bäche, Kanäle
- **stürzendes/fallendes Wasser** - Wasserfälle, Abstürze, Ausläufe
- **Grenzbereiche und Übergänge** - Brandung und Uferbereiche.

Jede dieser Erscheinungsformen soll hinsichtlich ihres Erscheinungsbildes betrachtet und bezüglich ihrer Umsetzung in der 3D-Visualisierung untersucht werden.

Ergänzend hierzu spielen natürlich die spezifischen Eigenschaften von Wasser, Reflexion und Refraktion, die Sache mit den unterschiedlichen Aggregatzuständen und natürlich die Erstellung geeigneter Materialien für die Visualisierung eine wichtige Rolle.

Doch zuerst ein paar Grundlagen zum Thema Wasser.

Aggregatzustände

Wasser ist sicherlich eines der interessantesten „Elemente", denn kein anderer Stoff verhält sich so „natürlich" eigenartig. So ist Wasser unter Normalbedingungen eine Flüssigkeit, bei hoher Temperatur liegt es als Wasserdampf vor und unter dem Gefrierpunkt schmerzt es außerordentlich, wenn man einen Brocken gefrorenen Wassers an den Kopf bekommt. Wasser ist der einzige bekannte Stoff, der in der Natur in allen drei Aggregatzuständen flüssig, fest und dampfförmig vorkommt.

Abb. 181. Ein „Klassiker" - Alle drei Aggregatzustände des Wassers auf einmal

Nicht nur, dass wir selbst zu hohen Anteilen aus Wasser bestehen, Wasser ist der Stoff, der unser Leben bestimmt. Schmelz- und Siedepunkt von Wasser sind für uns derart wichtig, dass diese beiden als feste Größe für Temperaturskalen dienen.

Weitere spezifische Eigenschaften

Die Anomalie des Wassers sorgt dafür dass Wasser bei Normaldruck und etwa 4° C seine größte Dichte von 1000 Gramm pro Kubikzentimeter hat. Bei weiterer Temperaturabsenkung unterhalb von 4°C dehnt es sich weiter aus, was der gewohnten Ausdehnung von Stoffen bei Temperaturzunahme völlig entgegenläuft. Und wer kennt es nicht, diesen Zustand geplatzter Kühler beim Auto, weil vergessen wurde, das Kühlschutzmittel vor dem Beginn des Winters nachzufüllen.
Und auch Hannibal schaffte den „Straßenbau" über die Alpen nur aufgrund von mit Wasser gefüllten Gesteinsbohrungen, die bei Frost den Fels sprengten.
Aber nun zu den Details bei der Visualisierung. Die wichtigsten optischen Eigenschaften des Wassers sind seine Fähigkeit der Reflexion und das Verhalten der Refraktion. Und diese sind Bestandteil der Materialien.

Abb. 182. Becken mit ruhigem Wasser im Barcelona Pavillon, 1929, Mies van der Rohe, Barcelona, Spanien

Das erste woran man denkt sind, gerade bei Computeranimationen, glasklare unglaublich reflektierende Wasseroberflächen, in welchen sich der Standardhimmel brillant spiegelt. Aber damit alleine ist es nicht getan. Wasseroberflächen bestechen durch ihre Vielfalt, sind niemals gleich, und Wasser ist in der Natur in den seltensten Fällen glasklar.

Es gibt unterschiedliche Herangehensweisen, um Wasseroberflächen überzeugend darzustellen. So kann, je nach Einsatzbereich, eine blaue Fläche völlig ausreichend sein, in einem anderen Fall muss die Wasseroberfläche so realistisch wie nur möglich umgesetzt werden.

Wasser in der Landschaftsarchitektur

Im Bereich der Landschaftsarchitektur ist die Komponente Wasser eine feste Planungsgröße, deren Darstellung meist mit einem „klassischen Plan" beginnt.

Der Planer muss sich hier seit jeher der Anforderung, Wasser darzustellen auf eine ganz besondere Art und Weise widmen.

Waren Bleistift, Aquarell und ggf. ein Airbrush die Werkzeuge zur Erstellung überzeugender Darstellungen, so drängt sich gerade hier die Möglichkeit der 3D-Visualisierung besonders auf. Denn die Option, Reflexionen automatisch zu generieren ist gerade bei Wasser sicherlich ein besonderer Reiz. Wobei man sich auch hier darüber im Klaren sein muss, dass eine gelungene Zeichnung sicherlich so manche computergenerierte Darstellung auszustechen vermag.

Abb. 183. Planentwurf zum „Garten des Poeten" - Ernst Cramer, Zürich [*Schweizerische Stiftung für Landschaftsarchitektur SLA, Rapperswil*]

„The garden was not so much a garden as sculpture to walk through - abstract earth shapes independent of place, with sharp arises foreign to nature of their material", (Elizabeth Kassler: modern gardens and the landscape, The Museum of Modern Art, N.Y.C., 1964, S. 56)

Abb. 184. Garten des Poeten - Ernst Cramer, G | 59, Zürich, nach Fertigstellung [*Schweizerische Stiftung für Landschaftsarchitektur SLA, Rapperswil*]. Die Fotografie zeigt sehr schön die dunkle Wasseroberfläche mit nahezu keinen Wellen, den sich darin spiegelnden Himmel und das Bauwerk.

Wasserflächen

Bei den Wasserflächen geht es um stehende Gewässer mit freier Oberfläche. Also um die Meeresoberfläche und die Oberflächen von Seen, Tümpeln, Teichen und Pfützen.

Die Farbe der Wasseroberfläche ist dabei hauptsächlich von zwei Faktoren abhängig:

☐ der Farbe und Zusammensetzung des Himmels und
☐ der Beschaffenheit des Wassers.

Farbe und Zusammensetzung des Himmels werden von der Wasseroberfläche reflektiert. Dies geschieht nicht zu hundert Prozent gleichmäßig. So sorgen unter anderem Wellen und Farbverlust mit zunehmender Entfer-

Abb. 185. Wasseroberflächen

nung zum Betrachter für eine starke Beeinflussung der Färbung. Ein weiterer sehr wichtiger Effekt, der durch den französischen Physiker Augustin J. Fresnel[2] entdeckt wurde, hat inzwischen in nahezu allen 3D-Programmen als Shader-Effekt Einzug gehalten.

Fresnel-Effekt

Bei dem sogenannten Fresnel-Effekt geht es dabei um unterschiedliche Spiegelungsstärken auf einem Oberfläche. Diese sind abhängig vom Winkel zwischen den Sehstrahlen und der betrachteten Objektoberfläche.

Einfacher erklärt lässt sich dieser Effekt am ehesten so beschreiben: Steht man am Ufer eines Gewässers und blickt in Richtung Horizont, so wird man feststellen können, dass man zwar die Reflexionen der Wasseroberfläche sieht, es aber fast unmöglich ist, durch die Oberfläche zu schauen. Schaut man jedoch direkt nach unten, sozusagen knapp an den Füßen vorbei, so wird man - vorausgesetzt das Wasser ist nicht zu sehr von Schwebteilchen durchsetzt oder von Wellen gestört, den Grund sehen können. Keinerlei Reflexionen stören dabei.

Das ist der Fresnel-Effekt!

---

[2] Augustin Jean Fresnel (* 10. Mai 1788 in Brogue (Eure); † 14. Juli, 1827 in Ville-d'Avray bei Paris) war ein französischer Physiker und Ingenieur, der wesentlich zur Begründung der Wellentheorie des Lichts und Optik beitrug.

Abb. 186. Die Sache mit dem Fresnel-Effekt

Wellen auf freier Oberfläche

Ein wichtiger Aspekt bei der Darstellung freier Wasserspiegel, egal ob See- oder Meeresoberfläche, ist vor allem die Berücksichtigung der Wellen. Versucht man sich mit Wellen intensiv zu beschäftigen, so wird man die Bewegungen der Wasseroberfläche größerer nicht fließender Gewässer in etwa so beschreiben können:

Es geht dabei in der Regel um Oberflächenwellen. Gesonderte Wellentypen, wie sie z.B. bei einem Seebeben verursacht werden sollen hierbei nicht beachtet werden.

Es gibt Wellen, die sich ähnlich aber nicht identisch verhalten und die in ähnliche Richtungen verlaufen. Es gibt dabei unterschiedliche Wiederholfrequenzen und Zyklen, in denen die Wellen auftauchen. (Wenn Sie surfen, kennen Sie bestimmt dieses Warten auf den nächsten passenden Wellenzyklus.)

Geht man noch ein wenig mehr ins Detail wird man feststellen, dass sich die „großen" Wellen auf ihrer Oberfläche in weitere kleine Wellen unterteilen. Diese kleinen „Rippelwellen" werden meist durch den Wind verursacht.

Die Umsetzung in der 3D-Visualisierung allerdings versucht, wie so oft, mit sehr vereinfachten Darstellungen auszukommen.

Beispiel einer Wasserfläche

Abb. 187. Eine Wasserfläche mit Rauschen und Glow-Effekt

Ein einfaches Beispiel für die Umsetzung einer freien Wasseroberfläche zur Gestaltung von „Meer" oder auch einem großen See könnte so aussehen:

Ebene erstellen
Zuerst wird die Wasserfläche erstellt. Eine Ebene mit sehr großen Abmessungen, die einen weiten Blick auf die Szene ermöglicht.

Als Einheiten sind Meter definiert. Die Länge/Breite der Ebene beträgt 500. Die Unterteilung jeweils 50 in X- und Y-Richtung.
Im vorliegenden Fall wurde der RENDER-MULTIPLIKATOR DICHTE (RENDER MULTIPLIERS DENSITY) auf 10 gesetzt. Dadurch wird beim Rendern die Anzahl der Segmente um Faktor 10 erhöht.

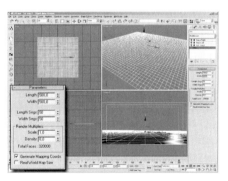

Abb. 188. Erstellung einer Ebene (Plane)

Tipp Vol. Select statt Netz oder Poly auswählen

NETZ BEARBEITEN, POLY BEARBEITEN, NETZ AUSWÄHLEN, POLY AUSWÄHLEN bieten genau wie VOLUMENAUSWAHL die Möglichkeit, Unterobjekte eines Gitters entweder direkt zu bearbeiten oder als Beschränkung für einen danach verwendeten Modifikator zu nutzen.
Bei NETZ AUSWÄHLEN oder POLY AUSWÄHLEN werden die Element-Indizes[3] markiert. Verfeinert man nun nachträglich die Gitterstruktur durch Tesselierung oder Löschen von Elementen, so stimmt die Auswahl der Unterobjekte nicht mehr. Die Auswahl muss also neu definiert werden. Wählt man hingegen Unterobjekte (also Punkte, Kanten oder Flächen) mit VOLUMENAUSWAHL (Vol.Select) aus, hat dies den Vorteil, dass bei nachträglicher Änderung des Netzes der Auswahlbereich unbeeinflusst bleibt.

Wellen zuweisen

Um zu vermeiden, dass unnötiger Rechenaufwand betrieben wird, lohnt es sich, den Effekt der Wellen auf den Nahbereich der Kamera zu beschränken. In Max erfolgt diese Beschränkung durch den Modifikator VOLUMENAUSWAHL (VOL. SELECT). Fügt man anschließend noch einen Rauschen-Modifikator hinzu, so beschränkt sich der Effekt auf den zuvor ausgewählten Bereich.
Einstellungen für Noise:
FRACTAL aktiv, WIEDERHOLUNG (ITERATIONEN): 6,0, Z: 30,0 (in der finalen Ausgabe nur noch 10).

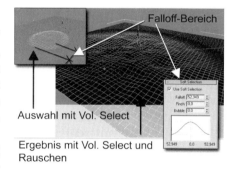

Auswahl mit Vol. Select

Ergebnis mit Vol. Select und Rauschen

Abb. 189. Volumenauswahl (VOL.SELECT - GIZMO SCHEITELPUNKTE und AUSWÄHLEN NACH KUGEL AKTIVIEREN) mit Standardrauschen. Dabei wird der Rauscheneffekt nur dem ausgewählten Bereich zugewiesen.

---

[3] Element Index - Jeder Punkt eines Gitters wird bei der Erstellung mit einer Nummer, dem Index versehen.

Ein Problem mit dem Standardrauschen, ob nun fraktal oder nicht, ist es die Richtung der Wellen zu beeinflussen. Hierzu wird der Rauschen-Gizmo einfach ein wenig gedreht und damit seine Z-Richtung (Richtung der Welle) geneigt.

Animiert man jetzt noch die Phase des Rauschens und die Bewegung des Gizmos in Richtung seiner Z-Richtung, so ergibt sich ein wunderbarer Wellenverlauf der einer eindeutigen Richtung folgt.

Will man ergänzend hierzu, kreuzende Wellen erstellen, so wird der soeben gedrehte Rauschen-Gizmo einfach kopiert und um 180° (oder einen beliebigen anderen Wert) um die Welt-Z-Achse gedreht.

Verändert man die Wellenhöhe und Phase des zweiten Rauschens, so lassen sich hiermit auch auf sehr einfache Art und Weise die kleinen Kräuselwellen animieren.

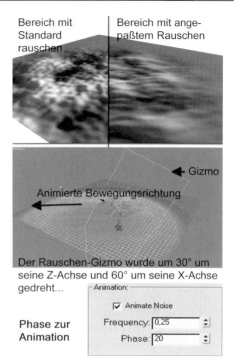

Abb. 190. Veränderung des Standardrauschens durch Drehung des Gizmos

Hintergrund
Wie bereits im Kapitel Atmosphären erwähnt, führt ein sehr einfacher Weg über die Generierung einer Halbkugel, die ein wenig in Z-Richtung gestaucht und mit einem Hintergrundbild versehen wurde.

Die Halbkugel mit dem zugewiesenen Hintergrundbild liefert die, für die Reflexionen auf der Wasseroberfläche benötigten, Bilddaten.

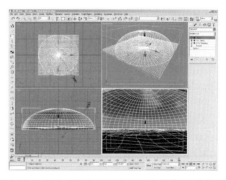

Abb. 191. Einbau einer Halbkugel für den Hintergrund

Material / Reflexion und Glanz
Das A und O einer Wasseroberfläche ist ihr Material. Hier zeigt sich durch den richtigen Einsatz der jeweiligen Maps, ob die Verhalten von Reflexion und Refraktion sich stimmig in die Szene einfügen.

Das im Beispiel eingesetzte Standardmaterial mit Blinn-Shader beinhaltet folgendes **Glanzverhalten**
SPIEGELGLANZLICHTER (SPECULAR HIGHLIGHTS): GLANZFARBENSTÄRKE (SPECULAR LEVEL) 200, HOCHGLANZ (GLOSSINESS) 30 und als
Reflexion 70% und FALLOFF-MAP im REFLEXION MAP (REFLECTION). Im Falloff-Map stellt man unter Falloff-Type den Eintrag Fresnel ein. Hier wurde zusätzlich im unteren Map ein Raytrace-Material für die Reflexionen verwendet.

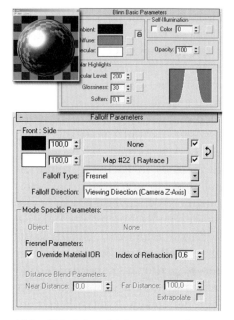

Abb. 192. Material-Parameter für Reflexion und Glanz

Damit dürfte auch klar werden, dass sich das Reflexionsverhalten des soeben erstellten Materials in Abhängigkeit der Entfernung zur Kamera und des Blickwinkels auf die Oberfläche nach den Gesetzmäßigkeiten des französischen Physikers verhält.

Außer in einem geschlossenen Teich oder Tümpel bei völliger Windstille passiert es selten, dass eine natürliche Wasseroberfläche glatt wie ein Spiegel ist. In der Regel sorgen kleinere oder größere Wellen immer für Bewegung.

Die Struktur der Oberfläche lässt sich (die großen Wellen sind ja bereits über die geometrische Verformung erstellt) sehr schnell mit einem Relief-Map erstellen. Um auch hier zu vermeiden, dass das Relief über die gesamte Oberfläche berechnet werden muss, und auch um eine weichere Wasseroberfläche bei zunehmender Entfernung zur Kamera zu erhalten, wird ein Mask-Map in den Relief-Kanal gelegt.

Material / Relief (Bump Map)
Hierfür wird ein Mask-Map eingesetzt. Dieses setzt sich aus dem Relief-Map und einem Maske-Map zusammen.
Das eigentliche Relief besteht aus einem bisher noch nicht erwähnten Map, dem RAUCH-MAP (SMOKE).
Reduziert man hier die Größe auf einen sehr kleinen Wert (im Beispiel 0,005), reduziert den Exponent (hier 0,4) und erhöht man die Anzahl der zu berechnenden Schritte (Wiederholungen/Iterations, hier 20), so lassen sich sehr schöne Fein-Wellenstrukturen erstellen.
Bei Verwendung des Maske-Map wird eine „Maske" wie ein Alpha-Kanal verwendet. Das als Maske definierte Map sorgt dabei für ein Verdecken des eigentlichen Maps (schwarz - komplett verdeckt, weiß - völlig durchlässig).
Durch die Wahl einer radialen Maske (Map Verlaufsart) wird der Bereich des Reliefs kreisförmig nach außen ausgeblendet.

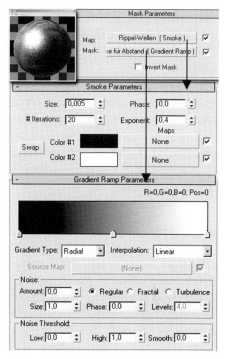

Abb. 193. Material-Parameter für Relief und Struktur

Animiert man nun noch die Parameter „Phase" der Maps, lassen sich schnell und unkompliziert Wellenbewegungen auch im Material simulieren.
Das eben erwähnte Beispiel zeigt zwar in erster Linie die Erstellung einer Meeres- (oder großen See-)Oberfläche, die Vorgehensweise ist bei kleineren Gewässern mit stehender Oberfläche aber nahezu die gleiche.
Lediglich die Parameter für die Höhe und Intensität der Wellen werden hierbei abgemildert. Reduziert man weiterhin auch die Werte des Relief-Maps sind Ergebnisse für ruhigere (oder auch wildere) Gewässer schnell zu realisieren.
 Weiterhin spielen die Eigenschaften der Wasserfärbung und Trübung eine wichtige Rolle. Grundsätzlich ist der Einsatz eines entsprechenden reflektierenden Materials (Raytrace-Material oder Falloff-Map) die wichtigste Voraussetzung, eine real wirkende Wasseroberfläche zu erstellen.

Auch die Umgebung und Beleuchtung sind Faktoren die gerade die reflektierten Inhalte auf der Oberfläche maßgeblich beeinflussen.
Auch wenn im Beispiel die Lichtbrechung keine dominante Rolle spielt ist die Berücksichtigung des Brechungsindex, der durch die Refraktionseigenschaften ausgedrückt wird ein wichtiges Hilfsmittel um glaubwürdige Visualisierungen von Wasser zu erstellen.

Refraktion

Refraktion lässt sich nur mit einem Raytracing-Verfahren berechnen. Es wird bei der Refraktion die Szene hinter dem mit Refraktionseigenschaften versehenen Objekt gezeigt. Alle durchsichtigen Materialien haben einen unterschiedlichen Lichtbrechungsindex. Dieser Wert bestimmt die Art der Lichtbrechung innerhalb des Materials und bestimmt die Verzerrung der hinter dem Objekt liegenden Szenerie. Der Refraktionsindex ist abhängig vom ausgehenden Medium, also dem Medium in welchem sich die Kamera befindet (Luft, Vakuum, Wasser) und der relativen Geschwindigkeit des Lichts. In der Regel kann man feststellen, je höher die Dichte eines Objekts ist, um so höher ist auch der Refraktionsindex.

Vereinfachtes Brechungsgesetz

$$\frac{\sin \alpha_v}{\sin \alpha} = n$$

mit $\sin \alpha_v$ = Einfallswinkel aus Vakuum,
$\sin \alpha$ = Ausfallswinkel aus Medium

Tabelle 6. Refraktionsindex

Material	Index
Aceton	1,360
Alkohol	1,329
Chromoxid	2,705
Diamant	2,419
Eis	1,309
Fluorit	1,434
Glas	1,5 bis 1,7
Glas (hoher Bleigehalt)	1,650
Glas (niedriger Bleigehalt)	1,575
Glas (sehr hoher Bleigehalt)	1,890
Jodkristall	3,340
Kalkspat 2	1,486
Kohlendioxid, flüssig	1,200
Kristall	2,000
Kronglas	1,520
Kupferoxid	2,705
Lapislazuli	1,610
Luft	1,0003
Natriumchlorid	1,530
Polystyrol	1,550
Quarz 1	1,644
Rubin	1,770
Saphir	1,770
Smaragd	1,570
Topas	1,610
Vakuum	1,0 (genau)
Wasser	1,333

Die perfekte Lösung ist schwer zu finden. Auch Einheitenskalierungen, die Art der Umgebung und Anzahl der Objekte in einer Szene beeinflussen das Verhalten bei einer Wasseroberfläche.

Fließendes Wasser

Geht es bei der Erstellung von stehenden Wasseroberflächen hauptsächlich darum, die Wellengestaltung so zu konzipieren, dass der Wind als maßgebliche Größe für Unruhe sorgt, so kommen bei der Gestaltung von fließenden Gewässern noch zwei Faktoren hinzu, die die Darstellung erheblich verkomplizieren. Diese sind der Randbereich zwischen Gewässer und Ufer und die Fließrichtung der Wellen.

Auch haben Flüsse, Bäche und Kanäle meist die Eigenheit, erheblich mehr Schwebstoffe auf und knapp unter der Wasseroberfläche mit sich zu führen, als dies z.B. bei einer rauen Meeresoberfläche der Fall ist.

Ganz zu schweigen von den sich ausbildenden Wirbeln in Uferrandbereichen und den durch Untiefen hervorgerufenen Farb- und Strömungsveränderungen.

Und darum geht es nun: Wie erstellt man ein fließendes, real wirkendes Gewässer?

Es geht dabei in erster Linie um

Abb. 194. Fließgewässer

☐ die Geometrie und die passende Wellenform,
☐ den Aufbau des Materials und
☐ die Erstellung der Schwebteilchen.

Geometrie und Wellenform

Zwei Faktoren sorgen bei fließendem Wasser für die Ausformung der Oberfläche. Diese sind zum einen die Bewegung des Wassers aufgrund des vorhandenen Gefälles und die auf der Oberfläche, wie bereits bei stehenden Gewässern, durch den Wind verursachten Wellen.

Die Bewegung des Wassers entlang der Fließrichtung (immer bergab) ist eher konstant und gleichmäßig (eine Ausnahme stellen natürlich Gebirgsbäche und plötzlich auftauchende Hochwasserwellen dar), wohingegen die auf der Oberfläche auftauchenden Miniwellen durch den Wind stark variieren können.

Abb. 195. Fließgewässer der Beispielszene. Um die Reflexionen auf der Wasseroberfläche hervorzuheben, wurden die Bäume als einfache „Billboards" mit eingefügt.

In der oben gezeigten Abbildung wurden sowohl die Fließrichtung des Wassers, die zusätzliche Wellenbildung an der Oberfläche und auch die ruhigeren Randzonen im Uferbereich berücksichtigt.

Die Szene zeigt die typischen Problemstellungen auf, die bei der Visualisierung eines kleinen Fließgewässers auftauchen.

Wichtig ist so z.B. die Richtung der Wellen, die der Fließrichtung folgen sowie der Übergangsbereich zwischen Ufer und Wasserspiegelfläche. Hier wird durch die Verschneidung unterschiedlicher Polygonflächen (Gelände und Wasser) ein vorhandener Fehler sehr schnell sichtbar.

Eine weitere Problemstelle sind die Uferbereiche mit Einbuchtungen, in welchen nahezu keine Strömung vorhanden ist und die Wellenbildung nur äußerst gering ausfällt. Am Beispiel könnte dies etwa so aussehen:

Umgebung definieren

In einer vorhandenen Geometrie, die vereinfacht die Umrisse einer Landschaft darstellt, soll ein Gewässer fließen.

Die Umgebung ist, wie im Beispiel zuvor, durch eine Halbkugel mit Himmelstextur beschrieben. Die Landschaft selbst wurde aus einem einfachen Quader mittels Auswahl einzelner Punkte durch „Soft-Selection" und anschließendem Verschieben in Z-Richtung erstellt.

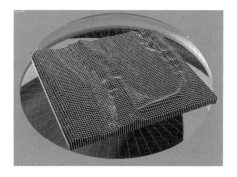

Abb. 196. Das Gelände mit Himmel

Als Einheiten sind Meter definiert. Die Länge/Breite des Geländes betragen 280,0/350,0. Die Unterteilung jeweils 60 in X- und Y-Richtung. Die maximale Höhe des Geländes beträgt 42,0 m.

Wasseroberfläche erstellen

Als Wasseroberfläche für das fließende Gewässer dient eine Ebene.

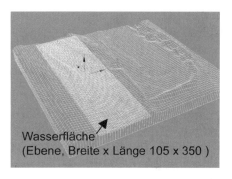

Abb. 197. Erstellung der Wasseroberfläche mit Hilfe einer Ebene

Die Ebene für die Wasseroberfläche sollte ausreichend fein tesseliert sein um die spätere Wellenbildung auch einwandfrei darstellen zu können.

Die Länge/Breite der Ebene beträgt 350 x 105. Im vorliegenden Fall wurde der Render-Multiplikator Dichte auf 10 gesetzt. Dadurch wird beim Rendern die Anzahl der Segmente um Faktor 10 erhöht.

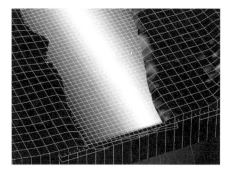

Abb. 198. Wichtig ist eine ausreichend feine Auflösung.

Wellen in Fließrichtung

Ein besonders wichtiger Aspekt ist die verminderte Strömung in den Uferbereichen. So erscheint es sinnvoll, nur die Bereiche in Flussmitte auszuwählen und zum Randbereich hin die Wellenform abzumindern.

Mit Hilfe von *VOLUMENAUSWAHL (VOL.SELECT)* wird ein Streifen in der Flussmitte ausgewählt, der nach außen mittels definiertem *FALLOFF* immer schwächer wird.

Je nach Neigung und Kurvenverhalten des kleinen Flusses ist es ggfs. sinnvoller, die Scheitelpunkte direkt auszuwählen und bereits bei der Auswahl den Flussschlingen zu folgen.

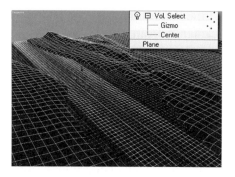

Abb. 199. Zuweisen von Volumenauswahl

Fügt man anschließend noch einen *RAUSCHEN-(NOISE)* Modifikator hinzu, so beschränkt sich der Effekt auf den zuvor ausgewählten Bereich.

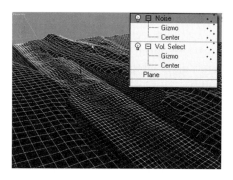

Abb. 200. Rauschen-Modifikator auf der Volumenauswahl

Einstellungen für *RAUSCHEN (NOISE)*: *SKALIERUNG (SCALE)* 20,0, Fractal aktiv, *WIEDERHOLUNG (ITERATIONEN)*: 6,0, Z: 1,8 (in der Beispieldarstellung rechts auf 10 erhöht um die Auswirkung hervorzuheben).

Wie im vorherigen Beispiel wird nun der Gizmo des Rauschen-Modifikators gedreht und auch in Fließrichtung animiert.

Fügt man anschließend noch einen *BIEGEN-(BEND)* oder *FREIFORM- (FFD)* Modifikator hinzu, kann der Flussverlauf den Kurven und Neigungen in geringem Maße angepasst werden.

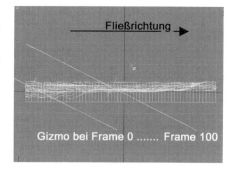

Abb. 201. Drehen des Rauschen-Gizmos und Animation in Fließrichtung

Wasseroberfläche

Nachdem die Zuweisung der Wellengeometrie erfolgt ist, ist der nächste entscheidende Schritt die Erstellung eines „passenden" Wassermaterials.

Standard-Material

Eine undurchsichtige Wasseroberfläche mit entsprechend hohem Reflexionsverhalten lässt sich mit folgende Parametern schnell erstellen:
UMGEBUNG/STREUFARBE
(AMBIENT/DIFFUSE)   RGB: 0,0,0,
GLANZFARBE (SPECULAR)
RGB: 255, 255, 255
GLANZFARBENSTÄRKE (SPECULAR - LEVEL): 200
HOCHGLANZ (GLOSSINESS): 90.

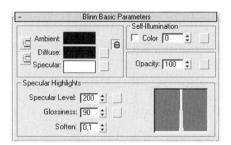

Abb. 202. Standard-Material mit Blinn Shader

Reflexion

Als Reflexionsmap wird wieder ein FALLOFF-MAP mit FRESNEL als FALLOFF-TYPE und FALLOFF-DIRECTION: CAMERA Z-AXIS erstellt. Wichtig ist, im weißen Slot des Falloff-Maps ein Raytrace-Map einzubinden, welches für die Spiegelungen der Umgebungen auf der Wasseroberfläche verantwortlich ist.

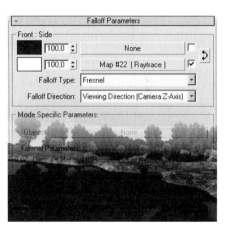

Abb. 203. Falloff-Einstellungen und Reflexionsverhalten

Relief der Wellen

Um die Wasseroberfläche endlich fertig zu stellen, fehlt nur noch das Relief, welches für die kleinen Rippelwellen (falls diese vorhanden sein sollen) sorgt. Im RELIEF (BUMP) Map wird ein MASKE (MASK) Map eingefügt. Dieses setzt sich wie bei den Stillgewässern aus einem RAUCH (SMOKE) - und einem VERLAUFSART-MAP (GRADIENT RAMP-MAP) zusammen.

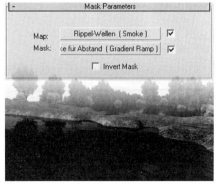

Abb. 204. Mask-Map als Relief

Animiert man im Rauch-Map die Phase, so lässt sich das Fließverhalten der Rippelwellen beeinflussen.

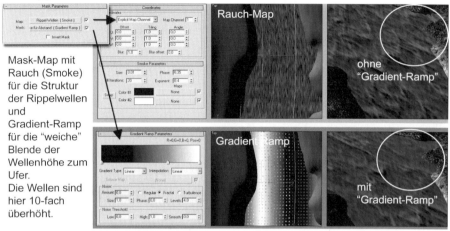

Abb. 205. Aufbau des Mask-Map und Einflüsse auf die Uferbereiche

Je nach Art der Darstellung lohnt sich der Aufwand, die Kanten zwischen Wasserfläche und Ufer mit ein wenig Uferbewuchs zu versehen. Dies können Gras, Büsche, Rohrkolben o.Ä. sein. Der Vorteil liegt darin, dass man Schaumbereiche vermeiden kann und die Problemstelle Schnittlinie elegant verbirgt.

Abb. 206. Die fertige Szene mit Gras und Uferbewuchs zur Verdeckung der Schnittlinie Wasser-Ufer

Wie immer kann ein solches Beispiel nur einen kleinen Ausblick liefern. Einen Ausblick auf Schwerpunkte, auf die es bei der Darstellung von Fließgewässern ankommt. Ein jeder, der sich länger mit diesem Thema beschäftigt, entwickelt mit der Zeit eigene Ideen, Rezepte und Vorgehensweisen. Einen Standard für die „richtige" Darstellung fließenden Wassers gibt es nicht. Aber es gibt Ideen, wie man zum Ziel kommen kann.

Stürzendes / Fallendes Wasser

Stürzendes bzw. fallendes Wasser hat einen weiteren wichtigen Aspekt, der sich leider durch den Einsatz von Gras oder anderen Hilfsmitteln nicht verdecken lässt: Die Sache mit der Gischt!

Konzentriert sich bei fließendem Wasser die Visualisierung auf die Oberflächendarstellung, die Wellengeometrie und die Reflexion, so ist bei stürzendem Wasser, durch den starken Sauerstoffanteil das Wasser eher schaumig und mit Luftblasen durchsetzt, was den Eindruck von weißen Teilchen vermittelt.

Bei über eine scharfe Kante fallendem Wasser, wie im rechten mittleren Bild, ist das Wasser recht klar. Es löst sich direkt von seiner Absturzkante und fließt, ohne störende Einflüsse sehr kompakt in die Tiefe. Die Problemstelle zur Visualisierung befindet sich in diesem Fall außerhalb des Bildausschnitts, nämlich links unten, wo das fallende Wasser in ein Becken stürzt.

Das untere Bild zeigt pure Gischt und verwirbelte mit Sauerstoff angereichte Wasserteilchen, Blasen die eigentlich nur noch aus weißen Partikeln und aus Dunst bestehen.

Abb. 207. Von oben nach unten: Kulturwehr bei Kehl, Wasserfall im Hof des The Salk Institute, La Jolla, California, Luis Kahn, 1965, Wasserfall auf La Gomera

Das obere Bild zeigt eine Mischform. Im oberen Bereich des überlaufenden Wehres fließt das Wasser noch als zusammenhängendes Fluid, bis es sich, etwa nach einem Drittel vom oberen Rand, ablöst und mit Blasen versetzt weiß und schaumig wirkt.

Fließendes Wasser über eine Kante

Der Mini-Wasserfall im vorliegenden Bild des „Salk Institute" soll animiert werden. Die Übung ist recht einfach, da klare Geometrien vorherrschen und die Form des über die Kante fließenden Wassers bereits vorgegeben ist.

Tipp Matte Material

Oft besteht die Anforderung, ein 3D-Objekt in ein vorhandenes Hintergrundbild einzubinden. Hierzu gibt es ein sehr effektives Werkzeug: Das Matte-Material MATTHEIT/SCHATTEN (MATTE/SHADOW). Dieses Material verleiht beliebigen 3D-Objekten unterschiedliche „spezielle"Fähigkeiten. So kann ein Objekt mit einem Matte-Material transparent sein und doch Schatten zu werfen.

Hintergrundszene mit Teekanne... Ausrichten einer Ebene am Horizont ...
und Setzen einer Lichtquelle, dass der Schattenwurf zum Hintergrund paßt.

Zuweisen eines Matte-Materials...

und die Kanne wirft Schatten auf das Hintergrundbild

Abb. 208. Einsatz eines Matte-Materials, um 3D-Objekte in ein Hintergrundbild einzufügen.

Tipp Brennweite zur Orientierung

Zum Thema Kamera an ein Hintergrund anpassen ist eine gute Orientierungshilfe, sich daran zu erinnern, dass die meisten Bildmotive mit einer Standardbrennweite von 35 - 50 mm erstellt werden.

Hintergrundbild in 3ds max
In Max wird unter ANSICHTEN • ANSICHTSFENSTER-HINTERGRUND (VIEWS • VIEWPORT BACK-GROUND) das entsprechende Bild ausgewählt, die Option ZOOM/PAN SPERREN (LOCK ZOOM/PAN) aktiviert und unter SEITENVERHÄLTNISSE • AN BITMAP ANPASSEN (ASPECT RATIO MATCH BITMAP) aktiviert. Damit wird das Bild in die aktuelle Perspektivansicht eingebunden und passt sich beim Zoomen dem jeweiligen Zoom-Faktor an. Jetzt ist das Hintergrundbild zwar in der Szene sichtbar, aber um es beim Rendern erscheinen zu lassen, muss noch unter RENDERN • UMGEBUNG (RENDERING • ENVIRONMENT) das selbe Bild als UMGEBUNGSMAP (ENVIRONMENT MAP) ausgewählt werden.

Da das Wasser in der Szene zum Teil hinter dem Bauwerk verborgen ist, ansonsten aber das Bauwerk verdeckt, ist es an der Zeit, den zuvor gezeigten kleinen Trick zur Integration von 3D-Modellen in Hintergrundbilder anzuwenden. Der Trick heißt Matte-Material.

Der im Hintergrundbild sichtbare Brunnen wird aus einfachen Geometrien nachgebaut. Dann wird die Kamera an der des Hintergrundbildes so ausgerichtet, dass die erstellte Geometrie sich mit der des Hin-

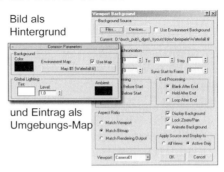

Bild als Hintergrund und Eintrag als Umgebungs-Map

Abb. 209. Standard-Material

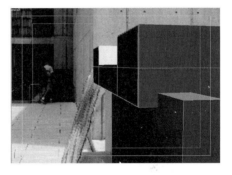

Abb. 210. Einfache Geometrie

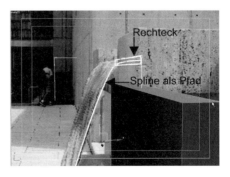

Abb. 211. Querschnitt mit Pfad

tergrundbildes deckt (Abb. 210). Versieht man diese Geometrie jetzt mit einem Matte-Material, kann sie weitere 3D-Objekte innerhalb der Szene verdecken, lässt aber immer das Hintergrundbild „durchscheinen".

Wasser-Geometrie erstellen
Die einfachste Methode das in der Szene vorhandene Wasser nachzubauen ist der Einsatz eines Extrusionsobjekts (Loft-Extrusion).

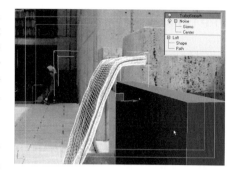

Abb. 212. Rauschen und Glättung

Am Beispiel wird ein abgerundetes Rechteck entlang eines Spline extrudiert. Fügt man diesem so erstellten 3D-Objekt einen *RAUSCHEN (NOISE)-MODIFIKATOR* hinzu und animiert dessen *GIZMO* (vgl. Abb. 190) in Fließrichtung, so wird der Eindruck fließenden Wassers sehr schnell und überzeugend erweckt.

Nachträglich empfiehlt sich hier auch eine weitere Verfeinerung des mit Rauschen animierten Gitters durch eine entsprechende Glättung (im Beispiel mit *TURBO-SMOOTH*).

Wird nun noch das entsprechende Material (hier wurde dasselbe Material wie im vorherigen Beispiel des fließenden Wassers verwendet) zugewiesen, ist fließendes Wasser ohne großen Aufwand schnell erstellt.

Abb. 213. Alle Objekte eingeblendet   Abb. 214. Das gerenderte Ergebnis

Hinweis Meta-Balls oder Blobmesh

Eine Alternative zur Modellierung des strömenden Wassers wäre der Einsatz sogenannter Meta-Balls (bei 3dsmax heißen diese BLOB-NETZ

BLOBMESH). Dabei wird ein Partikel-System erstellt, dessen einzelne (kugelförmige) Partikel zu einem zusammenhängen fluiden Objekt vereint werden.

Der Vorteil liegt im Einsatz eines Partikel-Systems und aller damit verbundenen steuerbaren Parameter. Das Problem ist aber, dass Meta-Balls unglaublich rechenintensiv sind. Wenn möglich ist dem Einsatz einer einfachen Geometrie in einem solchen Fall der Vorzug einzuräumen.

Wasserfall

Bei einem Wasserfall ist leider kein Vorankommen mehr mit dem Einsatz einer vereinfachten Geometrie, wie dies beim Absturz des Wassers über eine scharfe Kante der Fall ist.

Bei einem Wasserfall tauchen Verwirbelungen auf und die Reflexion der Wasseroberfläche tritt in den Hintergrund denn es gibt keine geschlossene Wasseroberfläche mehr die Reflexionen klar sichtbar werden lässt.

In diesem Fall ist der Einsatz eines Partikel-Systems ein Muss!

Will man einen Wasserfall an einer Felswand (die im Beispiel bereits vorhanden ist) entlang fallen lassen, so drängt sich folgende Vorgehensweise auf:

- Erstellen eines eventbasierten Partikel-Systems
- Erstellung eines Events, der dafür sorgt, dass ein Partikel nach dem Aufprall auf den Fels, in kleinere Partikel zerspringt
- Erstellen einer äußeren Kraft für die Simulation der Gravitation
- Erstellen eines Deflektors, der dafür sorgt, dass der Wasserfall die Felswand nicht durchdringt
- Erstellen eines passenden Materials
- Zuweisen von Bewegungsunschärfe.

Die Schwierigkeit bei der aufgeführten Vorgehensweise ist die Berücksichtigung der Felswand als nicht zu durchdringendes Objekt, also der Einsatz des Deflektors um die Durchdringungen des Wassers mit dem Fels zu vermeiden. Auch erfordert der Einsatz der Gravitation einen zusätzlichen Rechenaufwand, der bei einer „schnell" zu erstellenden Animation zum echten Hindernis werden kann. Vom Einsatz eines eventbasierten Partikel-Systems ganz zu schweigen.

Die beschriebene Methodik ist mit Sicherheit eine sehr ansprechende, aber sie kostet auch viel Zeit und Aufwand, bis der Einsatz aller Parameter stimmig wirkt.

Geht man davon aus, dass der Wasserfall bereits vorhanden ist, dass man also einen konstanten Abfluss darstellen möchte, so könnte eine vereinfachte Methode mit sehr guten Ergebnissen und erheblich weniger Aufwand wie folgt beschrieben aussehen:

- Erstellen eines Partikel-Systems
- Erstellen eines Pfades mit Hilfe eines Spline, der die Richtung des Wasserfalls beschreibt
- Erstellen eines passenden Materials
- Zuweisen von Bewegungsunschärfe.

Abb. 215. Aus Partikeln erstellter Wasserfall

Da das Wasser eines Wasserfalls, der mit viel Gischt und Getöse eine Felswand hinabstürzt, die Aufmerksamkeit auf das Chaos der Verwirbelungen legt, können Gravitation und Deflektor zugunsten einer Pfadausrichtung vermieden werden. Auftauchende Durchdringungen werden vernachlässigt und vom Auge des Betrachters nicht im Detail erkannt, so dass diese Methodik zu einem sehr effizienten Ergebnis führen kann. Fügt man als Ergänzung noch einen wenig Volumennebel im Bereich des Wasserfalls hinzu, lassen sich schnelle und überzeugende Ergebnisse produzieren.

Umgebung für den Wasserfall

Die vorliegende Geometrie wurde aus einem Quader mit diversen Verformungen und Anpassungen erstellt. In der Mitte des „Felsens" befindet sich eine Kerbe die dem Verlauf des Wasserfalls entspricht.

Der Kerbe folgend wurde ein Spline erstellt, der als Pfad für die in Folge zu erstellenden Partikel dienen wird.

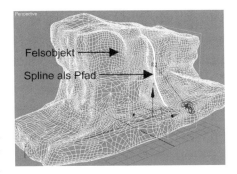

Abb. 216. Felsblock mit Pfad für den Wasserfall.

Partikel-System SCHNEESTURM (BLIZZARD)

Ein einfaches Partikel-System mit der Möglichkeit, als Partikel eine beliebige Geometrie zu instanzieren, ist für den Wasserfall ausreichend.

Im Beispiel wurde das System SCHNEESTURM (BLIZZARD) gewählt. Diese besitzt ein Emitterobjekt welches in Form, Größe und Neigung am Beginn des Wasserfalls und dem Spline ausgerichtet wird.

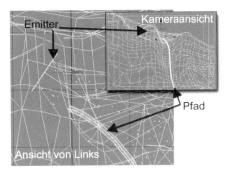

Abb. 217. Partikel-System Blizzard am Spline ausgerichtet

Es werden im Beispiel 800 Partikel mit einer Geschwindigkeit von 50 Einheiten pro Frame „geboren", die nach 40 kurzen Frames ihr Dasein beenden.

SPACE WARP • KRÄFTE • PFAD FOLGEN (FORCES • PATH FOLLOW)

Space Warps entsprechen äußeren Kräften, wie z.B. Gravitation, Wind, usw., die vor allem für den Einsatz mit Partikel-Systemen äußerst gut geeignet sind.

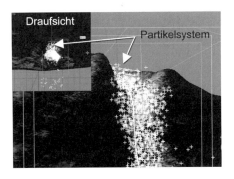

Abb. 218. Geshadete Darstellung des Partikel-Systems.

Ein solcher SPACE WARP ermöglicht es beispielsweise, die Partikel einem beliebigen Pfad folgen zu lassen.

Im Beispiel wurde PFAD FOLGEN (PATH FOLLOW) unter SPACE WARPS • KRÄFTE (FORCES) aktiviert und dieser „Kraft" der zuvor erstellte Spline zugewiesen. Verknüpft man nun das Partikel-System mit PFAD FOLGEN (PATH FOLLOW), so folgen die erzeugten Partikel dem Pfad nach gewissen Kriterien. Diese Kriterien bestimmen beispielsweise den möglichen Aktionsumfang der Partikel, die Animationsdauer (wie lange die Partikel dem Pfad folgen), Geschwindigkeitsverteilung und Rotation um den gewählten Pfad. Zwar durchdringen die Partikel den Fels, aber durch die turbulente Bewegung des stürzenden Wassers fällt dieser „Fehler" nur bei sehr genauer Betrachtung auf und kann getrost vernachlässigt werden.

Als Partikeltyp kann hier getrost eine Fläche gewählt werden. Eine Fläche aus einem einfachen Polygon erfordert weit weniger Ressourcen als dies z.B. bei einer Kugel als Partikeltyp der Fall wäre.

In diesem Zusammenhang ist ein weiterer sehr wichtiger Aspekt die BEWEGUNGSUNSCHÄRFE (MOTION BLUR). Je schneller ein Objekt sich vor unseren Augen bewegt, desto unschärfer erscheint es. Die Partikel erhalten über ihre Eigenschaften (rechte Maustaste EIGENSCHAFTEN (PROPERTIES)) eine BEWEGUNGSUNSCHÄRFE (MOTION BLUR) zugewiesen.

Hinweis Bewegungsunschärfe

Ein sich schnell bewegendes Objekt lässt sich mit der so genannten Objekt-Bewegungsunschärfe sehr gut darstellen. Die Bewegungsunschärfe wird beim Rendern erzeugt. Hierbei werden mehrere Kopien des Objekts zwischen den einzelnen Frames berechnet, und dann wird die gesamte Szene nochmals komplett gerendert. Die Objekt-Bewegungsunschärfe wird von der Kamerabewegung nicht beeinflusst. Im Gegensatz hierzu simuliert die Bildbewegungsunschärfe die Unschärfe ähnlich wie ein Weichzeichner in einem Bildbearbeitungsprogramm durch „Verschmieren".

Der Vorteil der Bildbewegungsunschärfe liegt eindeutig in der Geschwindigkeit beim Rendern. Denn es kostet erheblich mehr Rechenaufwand, die Bewegungsunschärfe für jedes einzelne Objekt zu ermitteln.

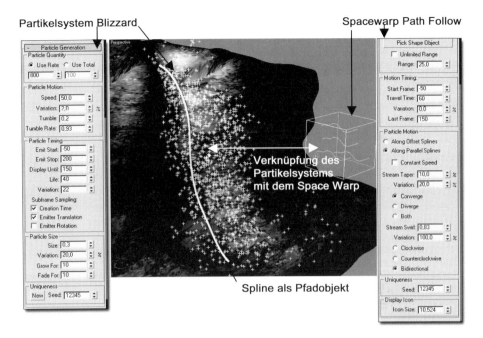

Abb. 219. Abhängigkeiten von Partikel-System und Space Warp

Ein weiterer wichtiger Aspekt ist natürlich das zu verwendende Material. Die Randbedingungen könnten etwa so formuliert werden:

- Gischt ist weiß.
- Unschärfe ist wichtig.
- Dunst und Nebel spielen eine große Rolle.
- Fallendes Wasser sieht eher chaotisch als gleichmäßig aus.
- Bei einem „gischtigen" Wasserfall spielt die Reflexion eine untergeordnete Rolle.

Zwar ist keine „echte Spiegelung" wie beim Einsatz eines Raytrace-Materials notwendig, aber das Wassermaterial sollte eine ausgeprägte Glanzfarbe aufweisen. Diese bedeutet, den Wert eines Standardmaterials (Blinn) für die GLANZFARBENSTÄRKE (SPECULAR HIGHLIGHTS) sehr hoch zu setzen.

Die weiteren, für das Material wichtigen Map-Kanäle lassen sich auf den STREUFARBEN-KANAL (DIFFUSE), den OPAZITÄTS-KANAL (OPACITY) und den RELIEF-KANAL (BUMP) beschränken.

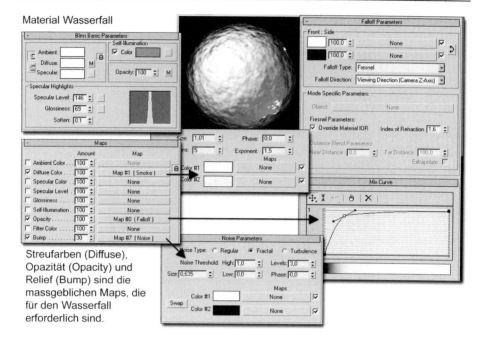

Streufarben (Diffuse), Opazität (Opacity) und Relief (Bump) sind die massgeblichen Maps, die für den Wasserfall erforderlich sind.

Abb. 220. Übersicht über die Materialparameter

Wasser hat die Eigenschaft, Licht sozusagen knapp unter der Oberfläche zu transportieren. Dies kann je nach Art des Lichteinfalls zu fluoreszierenden Effekten in den Gischtbereichen führen. Da der Wasserfall ausschließlich aus Gischt besteht, je nach Erscheinungsbild der Gesamtszene, sorgt eine leichte Selbstillumination des Wassermaterials für eine gelungene Ergänzung. Fügt man nun noch ein wenig atmosphärischen Nebel (Volumennebel, dessen Erstellung im vorherigen Kapitel beschrieben wurde) hinzu, so wirkt der Wasserfall recht überzeugend.

Es dürfte klar sein, dass einen Wasserfall in realer Art und Weise zu generieren, ein wenig mehr Zeit in Anspruch nimmt, als das eben gezeigte Beispiel. Ein detaillierter Einstieg in ereignisbasierte Partikel-Systeme sprengt den uns zur Verfügung stehenden Rahmen leider völlig.

Tipp Rendern beschleunigen

Um den Renderprozess noch ein wenig zu beschleunigen, kann es hilfreich sein, die Eigenschaft „Schatten erhalten" zu deaktivieren. Die Option Schatten werfen eines Objekts sollte je nach Anwendungsfall auf jeden Fall vorab getestet werden.

Grenzbereiche und Übergänge

Die letzte hier behandelte Variante stürzenden Wassers beschäftigt sich mit dem Übergang zwischen fließendem und gischtartigem Wasser, wie es im Beispiel des Kulturwehrs ersichtlich ist. Am leicht modifizierten Beispiel des fließenden Wassers könnte eine Lösung etwa so aussehen:

Abb. 221. Strömender und schießender Abfluss mit Übergangsbereich

Die Beispielszene ist die gleiche, wie die im ersten Beispiel verwendete. Lediglich die beiden Begrenzungen des Wassers und das Material wurden geändert. Zusätzlich wurde auch noch das zuvor erstellte Partikel-System mit leicht veränderten Parametern eingebaut. Das verwendete Material beinhaltet somit das zuvor erstellte Material für fließendes Wasser, das Gischtmaterial ohne Opazität und zusätzlich ein Map *VERLAUFSART (GRADIENT RAMP)*, welches den Übergang der beiden Materialien beschreibt.

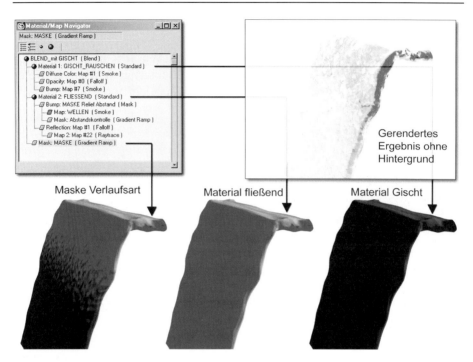

Abb. 222. Das Blend-Material (Verschmelzen) für fließenden und turbulenten Abfluss mit dazugehöriger Maske

Abb. 223. Das fließende Wasser mit Übergang und zusätzlich eingefügtem Partikel-System

Das Partikel-System wurde im oberen Drittel der Geometrie des fließenden Wassers positioniert und wie im Beispiel zuvor an einem Pfad ausgerichtet. In diesem Fall diente der Extrusionspfad des fließenden Wassers als Richtungsweiser für die Partikel.

Lichtreflexionen durch Caustic-Effekte

Caustics sind jene Effekte, die verursacht werden, wenn Licht auf eine Wasseroberfläche trifft, von dieser reflektiert wird und die reflektierten Lichtstrahlen die Umgebung beleuchten. Caustic-Effekte werden auch durch Refraktion erzeugt. Am Beispiel des Bildes mit den Wassertropfen sieht man den durch die Lichtquelle verursachten Schatten, aber auch den Lichtfleck, der durch Refraktion des Tropfens mitten in seinen Schatten geworfen wird. Dieser Effekt ist der Caustic-Effekt.

Es ist nicht allzu lange her, da waren die Berechnungen von Caustic-Effekten eine Domäne sehr teurer Render-Engines. Heute gehört die Möglichkeit, diese Effekte zu simulieren zum Standard eines (fast) jeden 3D-Programmes.

Rendert man die Szene ohne jedwede Berücksichtigung von Caustics oder Global Illumination, sieht das Ergebnis etwa so aus:

Abb. 224. Grotte mit Wasser ohne Reflexionen und Caustic-Effekte

Abb. 225. Grotte mit Wasser gerendert ohne Reflexionen und Caustic-Effekte

Die Beispielszene zeigt eine Grotte mit einer Wasserfläche. Eine einzige Lichtquelle (ein Spotlicht) beleuchtet direkt und senkrecht von oben die Wasserfläche. Die Wasserfläche selbst hat, ähnlich wie die zuvor beschriebenen Wasserflächen, ein Rauschen-Map für eine leichte Wellenbildung und ein Raytrace-Map für die Reflexion.

Eine recht einfache Methode, den Effekt, der durch Caustics hervorgerufen wird, zu simulieren, ist der Einsatz einer zusätzlichen Lichtquelle, die als Projektor dienend, die Caustic-Reflexionen erzeugt.

Hinweis Physikalisch korrekt oder Fake?

Caustic-Berechnungen, ähnlich wie bei der Berechnung von Global Illumination, kosten Zeit und zusätzlichen Rechenaufwand. Die Frage nach der Art der Simualtion hängt, wie immer, von der Art der Szenengestaltung ab. Geht es nur darum, im Rahmen eines Kamera-Walkthroughs eine Wasseroberfläche mit Caustics auftauchen zu lassen, so kann getrost die „Mogelpackung" mit einer zusätzlichen Lichtquelle verwendet werden. Will man allerdings eine Szene mit Caustic erzeugender Wasseroberfläche längere Zeit bei stehender Kamera zeigen, so empfiehlt sich der höhere Rechenaufwand durch die Verwendung von korrekten Caustic-Effekten.

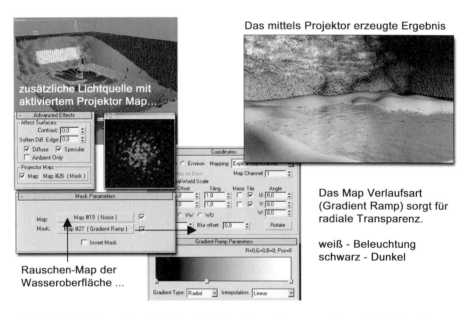

Abb. 226. Grotte mit zusätzlicher Lichtquelle und verwendetem Projektor-Map

Im Beispiel wurde für die Wasseroberfläche ein Relief-Map mit einem Rauschen-Map erzeugt. Erstellt man ein neues Mask-Map, instanziert hier das gleiche Rauschen-Map wie das Relief der Wasseroberfläche, weist als

Maske ein radiales Verlaufsart-Map zu und nutzt das gesamte Mask-Map anschließend als Projektion für die zusätzliche Lichtquelle, die wiederum den Bereich anstrahlt, an welchem die Caustic-Effekte zu erwarten sind, so reicht dies für eine schnelle Darstellung sicherlich aus. Der Vorteil des instanzierten Rauschen-Maps liegt darin, dass bei einer Animation einer bewegten Wasseroberfläche die an die Wand geworfene Projektion durch die zusätzliche Lichtquelle sich genauso verhält.

Allerdings sieht der physikalisch simulierte Effekt doch meist ein wenig anders aus, und die optimale Lösung ist der Einsatz eines entsprechenden Programms, das in der Lage ist Caustics korrekt zu berechnen.

Das folgende Bild wurde in 3ds max7 mit dem Renderer Mental Ray[4] erstellt. Eine einzige Lichtquelle, die mit ausreichend Photonen bestückt ist, schafft überzeugende und „nahezu" korrekte Ergebnisse des Effekts in überschaubarer Renderzeit.

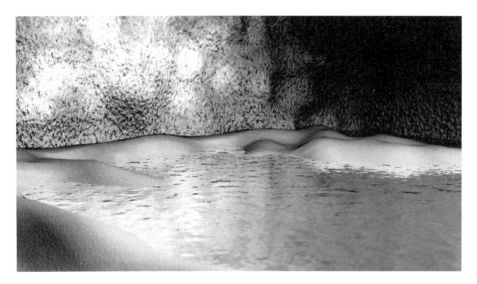

Abb. 227. Grotte mit Mental Ray und physikalisch korrekter Berechnung des auftretenden Caustic-Effekts

---

[4] http://www.mentalimages.com

Zusammenfassung

Wasser ist ein unglaublich vielschichtiges Element und Thema. Dieses Kapitel konnte nur einen kleinen Überblick über einige für den Landschaftsarchitekten relevante Bereiche anreißen. Um die Grundlagen zu vertiefen empfiehlt sich, wie nahezu bei allen Bereichen der Visualisierung natürlicher Phänomene, die Betrachtung der Natur und ein genaues Analysieren der markanten Eigenheiten des darzustellenden Mediums um eine Nachbildung für die 3D-Visualisierung überzeugend zu realisieren. So sorgt beispielsweise der Fresnel-Effekt für eine korrekte Art der Reflexion offener Wasserflächen. Reflexion und Refraktion von Wasser lassen sich mit Raytrace-Materialien ansprechend nachbilden.
Einige der wichtigsten Schwerpunkte für die Darstellung und Simulation von Wasser und Möglichkeiten seiner Visualisierung sind:

- Die Darstellung von offenen Wasserflächen, wie z.B. Meeresoberflächen oder große Seen. Hierbei ist die Art der unterschiedlichen Wellentypen wichtig.
- Darstellung fließenden Wassers für Flüsse, Bäche und Gerinne und der „richtige" Einsatz von unterschiedlichen Materialien und Rauschen-Verformungen, um den Effekt des Fließens nachzubilden. Übergänge zu Uferbereichen sind oft Problemstellen, die sich durch den geschickten Einsatz von Gras, Schilf und anderen Arten von Vegetation verbergen lassen.
- Stürzendes und fallendes Wasser, welches bei Überfallbauwerken oder für die Gestaltung von Wasserfällen beobachtet werden kann lässt sich grob durch zwei Arten visualisieren und animieren. Die erste Art ist die Erstellung einer dem Wasser nachgebildeten Geometrie und die zweite Art ist der Einsatz von Partikel-Systemen. Die Geometrie fließenden Wassers findet ihren Einsatz bei über scharfen Kanten fließendes Wasser. Will man hingegen einen Wasserfall mit sehr hohem Gischtanteil, einen Wildbach oder Abriss in der Strömung und Übergang in ein sehr turbulentes Fließverhalten darstellen ist der Einsatz unterschiedlicher Arten von Partikel-Systemen notwendig.
- Wasser und Licht lassen so genannte Caustic-Effekte entstehen. Diese Effekte können entweder manuell durch den Einsatz entsprechend manipulierter Lichtquellen oder durch eine physikalisch korrekte Simulation entsprechender Render-Engines erstellt werden. Ähnlich wie bei den Lichtquellen ist die Frage nach der Wahl des richtigen Verfahrens auch immer abhängig von Zeitaufwand und Art der Szene.

Datenausgabe und Postprocessing

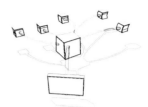

*Wo ist der „Render-Geiles-Bild-Button"?
anonymer User in einem 3D-Forum...*

Rendern?

Rendern ist ein Wort, welches in den unterschiedlichsten Varianten vorkommt. Es bedeutet Bildberechnung oder -erzeugung und wird als Begriff in all jenen Programmen verwendet, die aus digitalem „Rohmaterial" in irgendeiner Form durch komplexe Berechnungen neue Bilder, Filme oder Töne erstellen.

Der Begriff kommt sowohl in der Computergrafik als auch beim klassischen Layout vor. Hier ist damit allerdings das Einfärben/Colorieren von Skizzen oder Scribbles gemeint.

Im Bereich des Bildaufbaus einer Website mittels eines Browsers wird ebenso von Rendern gesprochen wie bei der Berechnung einer Tonsequenz in einem Audioprogramm. Kurzum, Rendern ist ein sehr vielschichtig verwendeter Begriff.

Aber speziell bei der 3D-Visualisierung ist Rendern der Vorgang, der aus der erstellten 3D-Szene, der Beleuchtung und all den Materialien ein fertiges Bild, eine Bildsequenz oder einen Film generiert.

Es geht jetzt darum, was beim Rendern und der anschließenden (nicht immer notwendigen) Postproduktion zu beachten ist.

Nachbearbeitung heißt Filmbearbeitung, Farbkorrektur, Schnitt und/oder nachträgliche Optimierung von Bild- und Filmmaterial. Die meisten 3D-Programme bieten von Haus aus einiges an Postproduktionswerkzeugen, und wem dies noch nicht reicht, der sei auf entsprechenden Spezialisten in diesem Bereich wie z.B. Combustion oder After Effects verwiesen.

Die Schwerpunkte in diesem Abschnitt lassen sich wie folgt festhalten:

- Einige Informationen zu Bilder- und Filmformaten. Welche Arten von Bildern gibt es und was sind Codecs, usw. Erfolgt die Berechnung besser als Filmsequenz oder als Einzelbild?
- Was sind Rendertypen?
- Bildkontrolle
- Optimierung der Rendervorgänge

☐ Renderffekte und Umgebung
☐ Arbeiten mit Layern
☐ Welche Möglichkeiten stecken in der Nachbearbeitung von Bildern mit einem Bildbearbeitungsprogramm wie Photoshop?

Die Qualität eines erzeugten 2D-Bildes hängt von einigen Faktoren ab. Damit sind nicht die Faktoren des Modells oder der hier gezeigten Beispiele gemeint, sondern die Faktoren der Bildqualität, die sich durch drei Schwerpunkte beschreiben lässt:

☐ **Bildauflösung**: Wieviele Bildpunkte (Pixel) gestehen Sie ihrem Bild zu oder anders formuliert: Wie sehen die Rahmenbedingungen aus, unter denen eine 3D-Animation oder das jeweilige Standbild eingesetzt werden sollen?
☐ **Dateityp**: Welche Art von Format soll verwendet werden? Ist dieses ein verlustbehaftet komprimiertes Bildformat, oder ist es geschickter, verlustfreie Formate zu nutzen?
☐ **Art der Präsentation**: Soll die fertige Filmsequenz im Kino laufen, wird es ein Heimvideo, eine Multimedia-CD, ein Film für Streaming-Inhalte im Web, oder werden die Bilder für eine Ausgabe in Printmedien oder Postern produziert?

Innerhalb eines Projekts setzt jeder dieser Punkte wichtige Rahmenbedingungen. Für den Hausgebrauch steht natürlich alles offen, aber es lohnt sich, ein wenig Disziplin walten zu lassen, denn häufiger als man denkt, sind die an regnerischen Wochenenden zu Hause produzierten Arbeiten der Grundstock professionellen Einsatzes.

Im Vorfeld: Bilder und Filme

Einzelbild und/oder Film? Dies ist kein Widerspruch, setzt sich der Film doch aus einer Serie von Einzelbildern zusammen. Diese wiederum werden meist in digitalen Videoformaten wie AVI oder MOV gespeichert.

AVI (Microsofts Videoformat) oder **MOV** (Quicktime Movie-Format von Apple) sind beide sogenannte Containerformate. Diese Containerformate können mit unterschiedlichen Kompressionsmethoden komprimiert sein. Diese Art der Videokomprimierung nennt man **Codec** (En**Co**der/**Dec**oder).

Ein guter Start ist die Erstellung von Standbildern. Hier gibt es unterschiedliche Formate. Jedes Bildformat hat seine Historie und seinen bevorzugten Einsatzbereich. Welches letztendlich für welchen Zweck verwendet wird, hängt von den geplanten weiteren Verwendungen ab. In Folge zeigt eine Auflistung die gängigsten Formate mit einem Hinweis auf deren Einsatzbereiche.

Bildtypen und –formate

Bevor es an die Auflistung der Bildformate geht, zeigt die nächste Tabelle eine Übersicht der gängigen Bildkomprimierungsverfahren.

Tabelle 7. Komprimierungsverfahren Pixelbilder

Name	Bezeichnung	Hinweise
JPEG, JPG	Joint Photographic Experts Group	Verlustreiche Komprimierung (JPEG). JPEG-Komprimierung bietet sehr gute Ergebnisse mit Fotos und Halbtonbildern.
LZW	Lemple-Zif-Welch	Verlustfreie Komprimierung. Sehr gut geeignet für die Komprimierung von Bildern mit großen homogenen Farbflächen.
RLE	Run Length Encoding	Verlustfreie Komprimierung

BMP

BMP steht für Bitmap und kann sowohl komprimiert (RLE) als auch unkomprimiert vorliegen. BMP ist das standardmäßige Windows-Bitmap-Format und wird auf DOS- und Windows-kompatiblen Computern verwendet. Wenn Sie eine Datei in diesem Format speichern, können Sie sie entweder als Format Microsoft Windows oder OS/2 und mit einer Farbtiefe von 1 Bit bis 24 Bit speichern. Für 4 Bit- und 8 Bit-Bilder können Sie auch die Komprimierung Run-Length-Encoding (RLE) wählen; diese Art der Komprimierung ist verlustfrei. BMP ist ein Format, welches sich gut zur Bearbeitung auf Windows-Plattformen eignet. Zur Verwendung im Dateiaustausch ist vom Einsatz von BMP abzuraten.

GIF

GIF steht für Graphics Interchange Format und ist ein Bildformat mit verlustfreier Komprimierung (LZW). Das wohl gebräuchliche Format für die

Darstellung von indizierten[1] Farbbildern in HTML-Dateien im World Wide Web und anderen Online-Diensten. GIF ist ein LZW-komprimiertes Format, das entwickelt wurde, um die Dateigröße und die Übertragungszeit per Telefonleitungen so weit wie möglich zu reduzieren. Das GIF-Format unterstützt keine Alpha-Kanäle.

JPEG / JPG

JPEG steht für Joint Photographic Experts Group und ist ein Bildformat mit verlustreicher Komprimierung. JPEG ist das gebräuchliche Format für die Darstellung von Fotos und anderen Halbtonbildern in HTML[2]-Dateien im World Wide Web und anderen Online-Diensten. Das JPEG-Format unterstützt CMYK-, RGB- und Graustufen-Farbmodi. Es unterstützt keine Alpha-Kanäle. Im Gegensatz zu GIF erhält JPEG sämtliche Farbinformationen eines RGB-Bildes. JPEG wendet eine Komprimierung an, mit der die Dateigröße reduziert wird, indem Daten, die zur Darstellung des Bildes nicht notwendig sind, erkannt und gelöscht werden. Wenn Sie ein JPEG-Bild öffnen, wird es automatisch dekomprimiert. Je höher die Komprimierung, desto niedriger wird die Bildqualität; je niedriger die Komprimierung, desto höher ist die Bildqualität. In den meisten Fällen erzeugt eine Komprimierung mit der maximalen Qualitätsstufe ein Bild, das sich praktisch nicht vom Original unterscheidet.

PNG

PNG steht für Portable Network Graphics und ist ein Bildformat mit verlustfreier Komprimierung. Es stellt eine Alternative zum JPEG-Format dar. PNG wird wie GIF für die verlustlose Komprimierung und Darstellung von Bildern im World Wide Web und anderen Online-Diensten verwendet. Im Gegensatz zu GIF unterstützt PNG 24-Bit-Bilder und erzeugt transparente Hintergrundbereiche ohne zackige Kanten. Manche ältere Versionen von Web-Browsern unterstützen jedoch keine PNG-Bilder. Das PNG-Format unterstützt Graustufen- und RGB-Dateien mit einem Alpha-Kanal und indizierte Farb- und Bitmap-Dateien ohne Alpha-Kanäle. PNG definiert die transparenten Bereiche anhand des gespeicherten Alpha-Kanals.

---

[1] Indizierte Farben sind auf maximal 256 Farben beschränkt.
[2] HTML- Hyper Text Markup Language: HTML ist eine sogenannte Auszeichnungssprache (Markup Language). Diese Sprache hat die Aufgabe, die logischen Bestandteile eines Dokumentes zu beschreiben.

RLA

RLA steht für Run Length Encoded Version A. und ist ein weitverbreitetes unkomprimiertes SGI-Format. Es wurde ursprünglich von Wavefront entwickelt. Das RLA-Format unterstützt 16-Bit RGB-Dateien mit einem einzelnen Alpha-Kanal. RLA ist ein hervorragendes Format für die Weiterbearbeitung von 3D-Visualisierungen, da sich Tiefeninformationen in diesem Format speichern lassen. Weiterhin bietet RLA acht zusätzliche Kanäle an:

1. Z-Tiefe: Zeigt Z-Pufferinformationen in wiederholten Verläufen von Weiß nach Schwarz an. Die Verläufe zeigen die relative Tiefe des Objekts in der Szene an.
2. Materialeffekte: Zeigt den Effektkanal an, der von Materialien verwendet wird, die Objekten in der Szene zugewiesen sind.
3. Objekt: Zeigt die Objektkanal-ID des G-Puffers an, die Objekten im Dialogfeld "Objekteigenschaften" zugewiesen wird. Die G-Puffer-ID wird während der Zusammensetzung in der Video-Nachbearbeitung eingesetzt.
4. UV-Koordinaten: Zeigt den Bereich der UV-Mapping-Koordinaten als Farbverlauf an.
5. Normalenvektoren: Zeigt die Ausrichtung der Normalenvektoren als Graustufenverlauf an.
6. Nicht geklammertes RGB: Zeigt Bereiche im Bild an, deren Farbe außerhalb des gültigen Farbbereichs liegt.
7. Z-Bereich: Speichert den Bereich des Oberflächenfragments, aus dem andere G-Pufferwerte (Z-Tiefe, Normalen usw.) abgeleitet werden.
8. Hintergrund: Speichert die Farbe des Objekts hinter dem vorderen Objekt. Dieser Kanal ist eigentlich nur gültig, wenn das vordere Objekt nicht den gesamten Bereich abdeckt oder wenn das vordere Objekt zumindest teilweise transparent ist.

RPF

RPF steht für Rich Pixel Format und ist ein erweitertes, unkomprimiertes SGI-Format. Noch unter dem Namen Kinetix, nahmen die Entwickler von Max das RLA-Format unter die Lupe und erweiterten es. So wurden zusätzliche Kanäle, speziell für Bewegungsdaten (Bewegungsunschärfe) in das vorhandene Format eingebaut und dieses als Kinetix-eigenes RLA-Format in Max integriert. Die Entwicklung ging noch weiter und das RLA-Format wurde als RPF auf den Markt gebracht. Wie auch das RLA-Format ist RPF ein Format, welches speziell für die Nachbearbeitung von 3D-Sequenzen, für die Post-Produktion entwickelt wurde.

Zusätzliche Erweiterungen sind unter anderem:

Transparenz, Geschwindigkeit, Unterpixelgewicht und Unterpixel-Maske.

TGA, (Targa®)

TGA steht für Truevision-Format und ist ein Bildformat, das sowohl komprimiert mit verlustfreier Komprimierung (RLE), als auch unkomprimiert vorliegen kann. TGA wurde für die Verwendung mit Systemen entwickelt, die mit Truevision Videokarten arbeiten; es wird häufig von MS-DOS Farbprogrammen verwendet. Das Targa-Format unterstützt 32-Bit RGB-Dateien mit einem einzelnen Alpha-Kanal und indizierte Farb-, Graustufen- und 16-Bit und 24-Bit RGB-Dateien ohne Alpha-Kanäle. TGA-Formate werden häufig zum Rendern von Standbildern eingesetzt.

TIF, TIFF

TIF, TIFF steht für Tagged-Image File Format und ist sicherlich eines der verbreitetsten Bildformate in allen Bereichen. Es kann sowohl komprimiert (meist LZW) als auch unkomprimiert vorliegen. TIF wird verwendet, um Dateien zwischen unterschiedlichen Programmen und Plattformen auszutauschen. TIF ist ein flexibles Bitmap-Format, das von praktisch jedem Mal-, Bildbearbeitungs- und Seitenlayoutprogramm unterstützt wird. Auch nahezu alle Desktop-Scanner produzieren TIF-Bilder.

Das TIF-Format unterstützt CMYK-, RGB- und Graustufen-Dateien mit Alpha-Kanälen und Lab-, indizierte Farb- und Bitmapdateien ohne Alpha-Kanäle. TIF unterstützt LZW-Komprimierung.

PCX

PCX steht für Picture Exchange und mit dem RLE-Verfahren verlustfrei komprimiert werden. PCX wurde von der Firma Zsoft ursprünglich als Bildformat für das Malprogramm Paintbrush entwickelt. Die meisten PC-Programme unterstützen PCX Version 5. Version 3 unterstützt noch keine eigenen Farbtabellen. Das PCX-Format unterstützt RGB-, indizierte Farb-, Graustufen- und Bitmap-Dateien. Es unterstützt keine Alpha-Kanäle. PCX unterstützt die RLE-Komprimierung. Bilder können eine Farbtiefe von 1, 4, 8, oder 24 Bit besitzen.

PS

PS steht für Postscript, ist unkomprimiert, eigentlich eine Druckersprache und ein medien- und auflösungsunabhängiges Format von ADOBE. Es wurde für die Grafikindustrie entwickelt und wird bis heute als Standard im Print- und Medienbereich eingesetzt. Postscript beschreibt Inhalt und Aussehen einer Seite mit Text und Grafik. Postscript kann Vektor und Pixelinformationen enthalten.

Ergänzend hierzu gehört das Format EPS (Encapsulated Postscript) erwähnt: EPS ist eine erweiterte Varinate von Postsript und bietet außer der Möglichkeit Vektor- und Pixelinformationen zu verarbeiten auch die Option Freistellungspfade zu verwenden. EPS unterstützt Lab-, CMYK-, RGB-, indizierte Farb-, Duplex-, Graustufen und Bitmap-Dateien. Es unterstützt keine Alpha-Kanäle.

PSD

PSD ist die Dateinamenerweiterung für Grafikdateien aus Adobe Photoshop. Es basiert auf Postscript und hat sich inzwischen als „Standard" der Bildverarbeitung etabliert. Das PSD-Format findet als Datei-Format für die Bildbearbeitung immer stärkeren Zuspruch. Das Format unterstützt mehrere Bild-Layer, die übereinandergelegt das eigentliche Bild ergeben. Jeder Layer kann beliebig viele Kanäle aufweisen (R, G, B, Maske usw.). Durch die verschiedenen Layer bietet dieses Dateiformat einen großen Gestaltungsspielraum, der Platz für zahlreiche unterschiedliche Spezialeffekte läßt. PSD unterstützt alle Farbtiefen.

Welches Bildformat für welchen Einsatz?

Es stellt sich natürlich die Frage, welches Bildformat für welchen Zweck eingesetzt werden sollte. Je nach Art der weiteren Verwendung empfiehlt es sich, die zu generierenden Bildformate als Original-Daten in möglichst hoher Qualität zu produzieren. Damit fallen alle Bildformate mit verlustbehafteter Kompression sozusagen aus dem Rennen.

Ein hochwertiges Bildformat nachträglich zu reduzieren ist kein Problem, hat man aber bereits mit hoher Kompression Zugeständnisse an den Platzbedarf des Festplattenspeichers gemacht, so ist ein Weg zurück immer mit Qualitätseinbußen verbunden.

Eine gute Art des Vorgehens ist es, ein qualitativ hochwertiges Ausgangsformat zu generieren und dieses als Grundlage für die weitere Verwendung zu nutzen.

- **Ausgangsformat:** Als gute Ausgangsformate eignen sich TGA oder TIF. Beide können Alphakanäle verwalten und sind verlustfrei komprimierbar. Diese Ausgangsformate eignen sich auch für die Erstellung von Standbildern. Es ist Geschmackssache, ob man eher zu TGA oder zu TIF tendiert. TIF ist durch die Möglichkeit CMYK zu verwalten sicherlich stärker mit der Printmedienbranche verbunden, TGA hingegen ein fest etablierter Standard der digitalen Videobearbeitung Da es wenig Sinn macht, aus einem 3D-Programm direkt CMYK zu erzeugen (was in der Regel auch nicht geht), ist es sicherlich von Vorteil sich auf den RGB-Farbraum zu beschränken. Hier ist, falls erforderlich, die spätere Überarbeitung mit entsprechender Farbanpassung über eine Bildverarbeitungssoftware wie Photoshop sicherlich der bessere Weg.

☐ **Weitere Bildformate:** Je nach Einsatzbereich empfiehlt sich für Multimedia-Anwendungen die Erzeugung von JPEG oder PNG. Beide können aus dem Ausgangsformat generiert werden.

Tipp **EPS-Format mit Druckgrößen**

Wollen Sie ein Bild mit festen Abmessungen rendern, so wählen Sie das EPS-Format. Hier haben Sie die Möglichkeit, sowohl die Seitenabmessungen, als auch die Auflösung (dpi) direkt einzugeben.

RLA und RPF-Dateien machen aber grundsätzlich nur Sinn, wenn Sie eine Software zur Post-Produktion wie Combustion oder After Effects einsetzen.

Videoformate

Zwei Videoformate wurden bereits erwähnt: AVI und MOV. Diese beiden Formate lassen sich direkt aus nahezu allen 3D-Programmen heraus rendern, bzw. über die Videonachbearbeitung erzeugen. Beide Formate sind sogenannte Containerformate. Dies bedeutet, dass sie nach außen zwar immer die gleiche Bezeichnung (*.AVI oder *.MOV) tragen, jedoch mit unterschiedlichen Verfahren komprimiert werden können. Die Kompressionsverfahren für Videoformate heißen Codec (Compression / Decompression).

AVI

Audio-Video Interleaved ist das Windows-Standardformat für Filme. AVI-Filmsequenzen werden für folgende Einsatzbereiche verwendet:

☐ Animierte Materialien im Material-Editor
☐ Hintergründe im Ansichtsfenster

☐ Filmschnitt in der Videonachbearbeitung.

Die gängigsten Codecs sind

☐ **Cinepak Codec von Radius:** Dies ist der Standard-Codec der meisten Windows-Plattformen. Die Qualität ist mäßig, aber Sie können sicher sein, das ein mit Cinepak komprimiertes AVI auf jedem Rechner läuft. Cinepak unterstützt Farbtiefen von 24 Bit.
☐ **Intel Indeo Video R3.2, 4.5 und 5.10:** Ein Codec mit hohen Kompressionsraten und guter Qualität. Liegt in der Regel nicht als Standard vor und muss nachträglich installiert werden. Intel Indeo unterstützt Farbtiefen von 24 Bit.
☐ **Microsoft Video 1:** Dieser Codec bietet eine verlustreiche Komprimierung und und unterstützt Farbtiefen von 8 bis 16 Bit.
☐ **MPEG[3]-1:** Das Bildformat ist dem JPEG-Format sehr ähnlich. Dieser Codec wurde - allerdings mehr im asiatischen Raum als in den westlichen Industrienationen - durch den breiten Einsatz für VCD (Video-CD) bekannt.
☐ **MPEG-2:** Standard von MPEG für die Video- und Audiokompression. MPEG-2 ist der Nachfolger von MPEG-1. Die Verringerung der Datenmenge erfolgt nicht nur durch Kompression, sondern auch durch Datenreduktion. Der Nachfolger von Mpeg-2 ist:
☐ **MPEG 4:** MPEG 4 steht für international genormtes Verfahren zur Speicherplatz sparenden digitalen Aufzeichnung von Bewegtbildern zusammen mit mehrkanaligem Ton. MPEG 4 bietet eine sehr starke Kompression bei hoher Qualität. Da MPEG 4 allerdings nicht jedes Bild einzeln komprimiert sondern die Kompression aufgrund der Veränderungen von einem Bild zum nächsten erfolgt, ist dieser Codec nicht für den Videoschnitt geeignet.
☐ **DivX:** Ein frei verfügbarer Codec, der sehr stark am MPEG 4-Codec angelehnt ist. Sehr hohe Kompression und gute Qualität zeichnen diesen Codec aus. Für den Videoschnitt ist DivX ebenso wenig geeignet wie MPEG 4.

---

[3] MPEG steht für Moving Picture Experts Group und besteht aus einer Gruppe von Spezialisten und Experten, die sich mit der Standardisierung von Videokompressionsverfahren beschäftigen (mehr Informationen unter http://www.chiariglione.org/mpeg)

MOV

Apples Quicktime Format wurde Anfang 1997 entwickelt und liegt für nahezu alle Plattformen in vor. Zur Betrachtung des MOV-Dateiformats ist der Quicktime Movie-Player erforderlich. Quicktime kann mehr als 70 Formate (Codecs) aus den verschiedensten Bereichen darstellen und verwalten und beinhaltet die meisten herkömmlichen Multimedia- und Kompressionsstandards.

Weiterhin bietet Quicktime die Möglichkeit, ein interaktives Datenformat, Quicktime VR darzustellen. Dieses Format ermöglicht z.B. Panorama-Darstellungen der 3D-Szenerien und kann aus 3ds max von Haus aus exportiert werden.

Film aus Einzelbildern?

Die beste Vorgehensweise zur Erstellung von Animationen und deren weitere Bearbeitung ist die Erstellung von Einzelbildsequenzen. Rendert man die Animationen in TGA-Dateien, je nach Anforderung auch mit Alpha-Kanal, steht eine sehr solide Grundlage die weitere Bearbeitung zur Verfügung.

Konvertieren Sie die Einzelbildsequenzen erst bei Bedarf in die entsprechenden Videoformate.

In der Regel wird für solche Konvertierungen ein Videoschnitt-Programm wie z.B. Adobe Premiere, Final Cut Pro, MainActor o. ä. eingesetzt. Die meisten Konvertierungen in die gängigen Formate können Sie auch direkt mit der Videonachbearbeitung der meisten 3D-Programme vornehmen.

Bildgrößen

Unterschiedliche Einsatzbereiche erfordern unterschiedliche Auflösungen. So ist für den Einsatz einer Grafik für eine Powerpoint-Präsentation sicherlich eine andere Auflösung erforderlich als für den Einsatz im Printbereich.

Die hier im Buch verwendeten Bilder wurde alle als Graustufendateien im TIF-Format erstellt und haben mit einer Auflösung von 600 dpi und einer maximalen horizontalen Abmessung von 11,7 cm eine Breite von 2764 Pixeln.

Einzelbilder

Für Einzelbilder gibt es (fast) keine Begrenzung. Hier hängt die Ausgabegröße lediglich von den Beschränkungen der verwendeten Software[4] ab.

Einzelbilder für den Druckbereich sollten mit mindestens 300 dpi (Dots pro Inch oder Pixel pro Inch; ein Zoll, englisch Inch, entspricht 2,54 cm) für Farbbilder und mindestens 600 dpi für Graustufenbilder ausgegeben werden.

Auflösung für Monitordarstellung

$$L_{pixel} \text{ [erforderliche Länge in Pixeln]} = X \text{ [gewünschte Länge in cm]} \cdot \frac{96 \frac{Pixel}{inch}}{2,54 \frac{cm}{inch}}$$

Die Auflösung mit 96 dpi entspricht der gängigen Auflösung bei PC-Monitoren
Am Beispiel einer Druckausgabe:
Die gewünschte Länge eines Bildes soll 24 cm betragen.
Die erforderliche Auflösung beträgt 300 dpi.

$$L_{pixel} = 24 \text{ cm} \cdot \frac{300 \frac{Pixel}{inch}}{2,54 \frac{cm}{inch}} \qquad L_{pixel} = 2834 \text{ Pixel}$$

Die erforderliche Einstellung beim Rendern beträgt 2834 Pixel.

Abb. 228. Ermittlung der Auflösung in Pixel

Da die Fragestellung nach der Auflösung immer wieder auftaucht, kann obige Formel hier sehr hilfreich sein.

Filmformate

Für die Ausgabe in Filmformaten orientiert man sich am besten an den Standards, die in den 3D-Programmen inzwischen als Standardvorgabe integriert sind. So sind die gängigen Film- und Videoformate bereits in der Rollout-Liste des Renderdialogs vorhanden. Z.B. PAL (Video) mit einer Auflösung von 768 x 576 Pixeln (oder DV-PAL 720 x 576) usw.

---

[4] Bei 3ds max ist bei 8.800 Pixeln Schluss mit Rendern

Hinweis 25 fps in 3ds max

Achten Sie beim Rendern in PAL-Auflösung auch auf die zugehörige Einstellung in der Zeitkonfiguration von 25 Frames pro Sekunde. Die Standardeinstellung von 3ds max ist nämlich auf den amerikanischen Standard NTSC und 30 Frames pro Sekunde eingestellt.

Renderausgabe

Auch wenn Max stellvertretend wie bei allen anderen Beispielen herhalten muss, so sind die wichtigsten Einstellungen und Größen eigentlich in den meisten 3D-Programmen ähnlich geartet.
Nahezu alle Einstellungen für die Renderausgabe finden sich im Dialogfeld Menü SZENE RENDERN (F10).
Hier werden allgemeine Parameter wie Einzelbild, Einzelbild- oder Filmsequenz, die Ausgabegröße und weitere Optionen wie Dateinamen der zu speichernden Datei(en), Elementausgabe, Auswahl und Einstellungen des aktuellen Renderers definiert.

Ausgabegröße

Die Ausgabegröße hängt, wie bereits erwähnt, von den weiteren Anforderungen an Ihre Daten ab.
Ein Wert, der immer wieder ins Auge sticht sind die Größen 640 x 480 Pixel. Dieser Wert stammt noch aus alten Tagen der VGA-Auflösung (immer im Seitenverhältnis von 4:3) und lässt sich auf nahezu jedem Computermonitor abspielen.

Bild-Seitenverhältnis

Bei der Einstellung der Renderauflösung wird immer ein Bild-Seitenverhältnis (Pixel Breite zu Pixel Höhe) sowie ein Pixelseiten-Verhältnis angegeben. Mit dem Pixelseiten-Verhältnis wird die Form der Pixel festgelegt (1 entspricht einem Quadrat). Dieses Verhältnis entstammt den unterschiedlichen Videoformaten.

Hinweis Pixelmaße

Maße sind nicht nur beim Seitenverhältnis des Bildes (Frames) relevant. Einige Videoformate geben dasselbe Seitenverhältnis wieder, verwenden aber ein anderes Seitenverhältnis für die Pixel, aus denen sich der Frame zusammensetzt. Das D-1 (CCIR-601)-Standardformat stellt beispielsweise dasselbe Seitenverhältnis von 4:3 wie die Windows-, Macintosh- und NTSC-Standardformate her, verwendet aber rechteckige Pixel mit einer Auflösung von 720 x 486.

Abb. 229. Das linke Bild zeigt bei einer Auflösung von 768 x 576 Bildpunkten eine rechteckige Form der Pixel. Das Pixelseiten-Verhältnis beträgt hier (stark übertrieben) 0,6. Das rechte Bild weist ein Pixel-Seitenverhältnis von 1,0 und somit quadratische Pixel auf.

Video-Farbprüfung

Manche Farben liegen, je nach weiterem Einsatz für die Videoerstellung, außerhalb der gültigen Grenzwerte des Videoformats. Mit der Option Video-Farbprüfung werden die Werte des zu renderenden Bildes geprüft und entweder korrigiert oder aber schwarz dargestellt.

Atmosphäre

Atmosphäreneffekte werden in der Renderausgabe gesteuert. Hier werden Parameter manipuliert und Effekte ein- oder ausgeschaltet.
Bei Testrenderings kann viel Zeit gespart werden, wenn hier zur Überprüfung Atmosphäreneffekte kurzfristig deaktiviert werden.

Super Black

Super Black ist eine interessante Variante, an Stelle der Verwendung eines Alpha-Kanals. Sie wollen eine fertige Filmsequenz direkt als AVI rendern und Sie haben einen schwarzen Hintergrund in Ihrer Szene (z.B. Objektvisualisierungen). Wenn Super Black aktiviert ist, bekommt der Hintergrund die Farbe Schwarz (RGB 0,0,0), alle anderen Objekte der Szene, die eigentlich auch schwarz sein sollten, werden in einem etwas „helleren" Schwarz gerendert. Dadurch ist es nachträglich möglich, die Objekte freizustellen, bzw. den Hintergrund für Maskenfunktionen auszuwählen (zu „keyen").

Renderausgabe als Bildsequenz

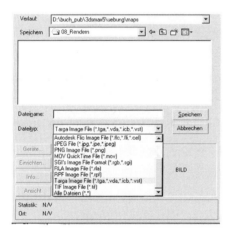

Abb. 230. Auswahl des Dateiformats

Will man beispielsweise eine Bildsequenz aus TGA-Dateien erstellen, so wird jedes einzelne gerenderte Bild mit einer fortlaufenden Nummer versehn. Die Bilder lauten dann Bild0001.TGA, Bild0002.TGA usw.

Sichere Frames

Sichere Frames zeigen den tatsächlichen zu rendernden Bereich bereits im Ansichtsfenster an. Sie stellen damit eine zusätzliche Kontrolle der Ausgabe dar.

Zur Aktivierung klicken Sie mit der rechten Maustaste auf eine Ansichtsfensterbeschriftung: *KONFIGURIEREN • ANSICHTSFENSTER KONFIGURIEREN • REGISTERKARTE SICHERE FRAMES.*

Die Einstellungen sind im Menü *ANPASSEN* unter *ANSICHTSFENSTER KONFIGURIEREN ... • SICHERE FRAMES* zu finden.

Bildkontrolle mit dem RAM-Player

Hat man die Szene sozusagen im Kasten, sind alle Einstellungen vorgenommen und es geht nur noch darum, ein wenig an diversen Parametern zu drehen, um dem Bild den letzten Schliff zu geben, dann bietet sich in 3ds max der RAM-Player als hervorragendes Werkzeug zur Kontrolle an.

An einem Beispiel könnte das Ganze etwa so aussehen:

Sie haben die Einstellungen beendet und das erste Ergebnis gerendert. Sie könnten jetzt natürlich die Datei speichern und mit einem Bildbetrachtungsprogramm wie z.B. ACDSee oder auch mit einem Bildbearbeitungsprogramm wie Photoshop öffnen, die nächste Version rendern, abspeichern und in dem entsprechenden Programm nebeneinander betrachten. Oder man setzt den RAM-Player zur direkten und gezielten Überprüfung „vorort" ein.

Kanal A
Rendert man das Bild, ohne eine Dateiausgabe einzugeben in den Virtuellen Frame-Puffer (Umschalt+Q) und öffnet anschließend den RAM-Player (*RENDERN • RAM-PLAYER*) kann das Bild durch Auswahl im Kanal A über die Option: *ZULETZT GERENDERTES BILD IN KANAL A ÖFFNEN* geladen werden.

Das Bild rechts zeigt das Ergebnis im RAM-Player.

Ändert man nun Parameter und Einstellungen von beispielsweise der Lichtquelle, kann in Folge die Veränderung direkt überprüft werden.

Abb. 231. RAM-Player mit dem ersten Bild im Kanal A

Kanal B
Nach erfolgten Veränderungen kann das neue Ergebnis in den noch geöffneten RAM-Player geladen werden. Das Bild wird dabei in den Kanal B geladen. Man sieht im rechten Bild die Trennlinie zwischen den beiden Ergebnissen. Durch die Möglichkeit, die Trennlinie zu verschieben, können Veränderungen und deren Auswirkungen sehr schnell und effektiv überprüft werden.

Die einzige Einschränkung besteht darin, dass die Bilder für neue Vergleiche erneut gerendert werden müssen.

Abb. 232. RAM-Player mit dem ersten und dem zweiten Bild in den Kanälen A (links) und B (rechts)

Effizienz steigern

Abgesehen von Beispielen aus einem Lehrbuch und dem Spaß am Ausprobieren, steht hinter der Produktion von Einzelbildern oder Animationen doch oft ein immenser Zeitdruck. Deshalb ist es wichtig, gerade beim Rendern zu versuchen, die Ressourcen sparsam einzusetzen und den Renderprozess so gut es geht zu beschleunigen.

Ein paar Worte zur möglichen Effizienzsteigerung beim Rendern:

- **Modellgenauigkeit:** Seien Sie sparsam mit einer zu hohen Detailhaftigkeit Ihrer Modelle. Bauen Sie Details nur dort ein, wo sie wirklich angebracht sind. Überlegen Sie, ob die eine oder andere Darstellung nicht auch mit einem animierten Map gelöst werden kann. Gerade Anfänger und quereinsteigende CAD-Anwender tendieren dazu, jedes Detail zu modellieren. Jede zusätzliche Fläche kostet Renderzeit.
- **Auflösung der verwendeten Bitmaps**: Wenn Sie Bitmaps für Bild-Hintergründe oder Texturen verwenden, so stammen diese oft aus eigens gescannten Vorlagen. Achten Sie darauf, nicht zu hoch auflösende Bilddateien zu verwenden.
- **Schattenwurf:** Überlegen Sie bei der Beleuchtung, wie viele Ihrer Lichtquellen tatsächlich Schatten werfen sollen. Jede Schattenberechnung kostet Renderzeit, egal ob es um die Generierung von Schatten-Map beim Scanline-Rendern oder die Berechnung von Raytrace-Schatten geht.
- **Beleuchtungsmodelle:** Radiosity-Berechnungen sind oft von Vorteil, aber nicht immer notwendig. Überlegen Sie, ob es nicht möglich ist, ohne auszukommen. Wenn Sie Radiosity einsetzen wollen, denken Sie daran, dass die Radiosity-Berechnung für eine Szene mit unbeweglichen Objekten nur einmal berechnet werden muss, wohingegen bei bewegten Objekten jedes Mal die komplette Lichtverteilung neu ermittelt wird.

Probieren Sie diese vier Schwerpunkte aus. Verwenden Sie für gleiche Szenen unterschiedliche Polygonzahlen, um die Auswirkungen der unterschiedlichen Flächenanzahlen zu vergleichen. Verwenden Sie Materialien statt Modellen wo es möglich ist. Testen Sie verschiedene Bitmap-Auflösungen und stoppen Sie die Renderzeiten zum Vergleich. Spielen Sie mit den Schattenparametern der Lichtquellen.

Netzwerkrendern

Eines ist sicherlich nicht zu übersehen: Rendern kostet Zeit. Je komplexer die Szenen, desto länger werden die Wartezeiten.

Randbedingungen des Netzwerkrenderns

Zeitdruck, Länge der Animation und verfügbare Rechnerleistung sind die Randbedingungen, die ein Projekt realisierbar machen - oder eben nicht.
An einem durchschnittlichen Beispiel mit viel Geometrie, einigen Atmosphäreneffekten und animiertem Wasser könnten die Rahmenbedingungen etwa so aussehen:
Die durchschnittliche Renderzeit beträgt ca. 3 Minuten auf einem Standard-PC (AMD/INTEL 3200, 1,5 Gbyte RAM, WinXP). Nehmen wir weiter an, wir wollen eine Animationslänge von 1,5 Minuten erstellen. Die Voraussetzung sind 25 Frames pro Sekunde (PAL, 720 x 576 Pixel). Dies bedeutet:
1,5 Minuten x 60 Sekunden/Minute x 25 Frames/Sekunde x 3 Minuten
und ergibt eine Renderzeit von:

- 6750 Minuten oder
- 112,5 Stunden oder
- 4 Tagen, 16 Stunden und 30 Minuten.

Es ist schwer vorstellbar, den PC, an welchem man seine tägliche Arbeit erledigt, für die Dauer von 4 Tagen, 16 Stunden usw. nur für die Berechnung eines Renderjobs auszulagern.
Selbst wenn man die Animation nur nachts berechnen ließe (10 Stunden pro Nacht), bräuchte man fast 2 Wochen, um sie abzuschließen. Eine lange Zeit.
Stellen Sie sich vor, Sie hätten 4 PC in Ihrem Büro stehen, die alle nachts oder vielleicht zu einem gewissen Anteil der täglichen Arbeitszeit an der Berechnung mitwirken könnten. Damit wäre die Angelegenheit nach ein paar Tagen erledigt und Sie können mit Ihren Ressourcen und vor allem auch mit ihren Nerven besser haushalten.

Was ist unter Netzwerkrendern zu verstehen?

Netzwerkrendern bedeutet nichts anderes, als dass eine bestimmte Anzahl von PC sich an der Berechnung einer Animation beteiligt. Hiermit ist auch klar, warum die Erstellung von Einzelbildern Sinn macht: Jeder Netzwerkrenderer erhält einen Render-Auftrag und berechnet anschließend Bild für Bild. Hat er ein Bild beendet wird dieses gespeichert (z.B. als TGA), kurz überprüft, welches Bild als nächstes an der Reihe ist und weiter geht's.

Eine Videosequenz wie AVI oder MOV verteilt berechnen zu lassen wäre prinzipiell vorstellbar, bringt aber keine nennenswerten Vorteile. Das Problem ist auch immer die Möglichkeit eines Programmabsturzes. Beendet das Programm die Berechnung einer Filmsequenz abrupt und ungewollt, so ist der Film in der Regel nicht zu gebrauchen und das Spiel beginnt erneut. Bei einer Einzelbildberechnung hingegen geht es einfach beim zuletzt gerenderten Bild weiter.

Rendereffekte und Umgebung

Einige Effekte sind im Vorfeld bereits aufgetaucht und wurden bereits vorgestellt. Bewegungsunschärfe, Tiefenschärfe, Nebel, Atmosphäre oder Linseneffekte sind Effekte, die erst bei der Bildberechnung, beim Rendern vorgenommen werden. Sie liefern die Möglichkeit, ein normalerweise klar konturiertes Computerbild mit allen Arten von „Stimmungsmachern" zu versehen.

Abb. 233. Eine Punktlichtquelle soll die Sonne mit Hilfe eines Glow-Effektes simulieren.

Es gibt unterschiedliche Arten von Effekten in der Nachbearbeitung, die nicht immer klar voneinander zu trennen sind.

Einige der Effekte dürften Ihnen bereits aus Bildbearbeitungsprogrammen bekannt sein. Effekte wirken in unterschiedlicher Art und Weise auf einzelne Objekte (Videonachbearbeitung), die ganze Szene oder Lichtquellen.

Übersicht der Render- und Umgebungseffekte

Tabelle 8. Rendereffekte

Art des Effekts	Beschreibung	Auswirkung
Lens Effects	Linsenblendeffekte die in der Natur nicht auftreten, sondern nur als Wirkung durch die Betrachtung mit einer Kamera zu beobachten sind.	Wirken nur mit einer Lichtquelle. Die Lichtquelle stellt das Ausgangsobjekt des Effekts dar.
Unschärfe	Unschärfe ermöglicht eine nachträgliche Weichzeichnung der Szene.	Wahlweise auf das ganze Bild oder einzelne Szenenelemente.
Helligkeit/Kontrast	Helligkeit/Kontrast ermöglicht Kontrast und Helligkeit eines Bildes nachträglich einstellen.	Wirkt auf die gesamte gerenderte Szene.
Farbbalance	Farbbalnace ermöglicht die nachträgliche Anpassung der Farbkanäle zur Farbkorrektur.	Kann wahlweise für jeden Farbkanal einzeln oder für alle Kanäle gleichzeitig angewandt werden und wirkt sich immer auf das komplette Bild aus.
Tiefenschärfe	Tiefenschärfe simuliert die natürliche Unschärfe von Szenenelementen im Vorder- und Hintergrund, die in einer Kameralinse entsteht.	Kann wahlweise auf Basis einer Kamera und einem Zielobjekt oder auf die ganze Szene angewandt werden.
Filmkörnung	Ermöglicht die Simulation von Filmkörnung.	Wirkt auf das gesamte Bild.
Bewegungsunschärfe	Hier wird die Bildbewegungsunschärfe erst nach-	Wirkt auf das gesamte Bild.

	träglich auf das fertige Bild angewandt.	
Feuereffekt	Der Feuereffekt ermöglicht animierte Feuer-, Rauch- und Explosionseffekte.	Die Anwendung erfordert einen Atmosphären-Gizmo, der die Ausmaße des Effekts beschränkt.
Nebel	Hiermit lassen sich Nebel und der atmosphärische Effekt der Farbperspektive (die Farben verlieren an Sättigung je weiter sie entfernt sind) simulieren.	Wirkt auf die gesamte Szene.
Volumennebel	Volumennebel ermöglicht Nebeleffekte innerhalb einer definierten Umgrenzung, deren Dichte variieren kann.	Die Anwendung von Volumennebel erfordert einen Atmosphären-Gizmo.
Volumenlicht	Hiermit können Lichteffekte auf Basis von Lichtreflexion mit Rauch oder Atmpsphäre realisiert werden.	Die Anwendung erfordert eine Lichtquelle, die als Ausgangsobjekt des Volumenlichts dient.

Abb. 234. Fügt man der Lichtquelle einen Glow-Effekt hinzu, so sieht das Ergebnis mit wenig Aufwand sehr ansprechend aus.

Layer für die Nachbearbeitung

Die Arbeit mit Layern ist in der Nachbearbeitung komplexerer Vorhaben nicht mehr wegzudenken und kann eine angenehme Arbeitserleichterung darstellen. Damit ist die schichtweise Ausgabe von Rendererergebnissen in Layern oder Ebenen und die Möglichkeiten der Nachbearbeitung in einem Composite- oder Bildbearbeitungsprogramm gemeint.

Die einfachste Art der Layerbearbeitung ist die Ausgabe der jeweiligen Ebene in ein eigenständiges Bild. Die Vorteile des Arbeitens mit Layern hier kurz zusammengefasst:

- **Splitten der Bearbeitung:** Große und komplexe Szenen können in einzelne „Bauteile" (Layer) zerlegt werden und werden einzeln gerendert. So werden beispielsweise komplexe bewegte Objekte und der Hintergrund in verschiedene Bildsequenzen gerendert, die später im Composite wieder zusammengefügt werden. Muss der Hintergrund geändert werden, reicht es, diesen getrennt zu bearbeiten.
- **Fehlerkontrolle:** Wurden die Szenen separat gerendert und es zeigen sich im Nachhinein Fehler, so muss (meist) nur der fehlerhafte Bestandteil neu erstellt werden.
- **Geschwindigkeit:** Ein aufwendiger Hintergrund (Standbild) mit Wolkeneffekten oder Ähnlichem kann getrennt berechnet werden und muss nicht für jedes Bild der gesamten Szene neu gerendert werden.
- **Farbkorrekturen:** lassen sich auf einzelne Schichten beschränken. Somit kann aufwendiges Freistellen (keying) reduziert werden.

Hinweis Alpha-Kanal

Eine der wichtigsten Voraussetzungen für eine nachträgliche Montage des zu erstellenden Bildmaterials sind die Informationen zur Freistellung, bzw. welche Bereiche werden transparent oder nicht. Die Information zur Freistellung lässt sich im Alpha-Kanal speichern. Somit ist ein Bildformat, welches Alpha-Kanäle unterstützt eine zwingende Voraussetzung. Mögliche Formate sind: TIF, TGA und PNG.

Am Beispiel der Sonnenuntergangsszenerie könnte ein Ergebnis in etwa so aussehen:

Für eine mögliche Nachbearbeitung sollen die Szenen in Ebenen berechnet werden. Der Hintergrund soll ohne großen Aufwand geändert werden können. Gegebenenfalls sind nachträgliche Effekte wie Tiefenschärfe einzubauen. Die Farbstimmung soll veränderlich sein. Auch soll die Renderzeit verkürzt werden, da die Berechnung der kompletten Szene mit allen Atmosphäreneffekten zu lange dauert. In unserem Beispiel wird die Szene in drei Layer zerlegt um die grundsätzliche Vorgehensweise zu zeigen.

In Layer rendern

Layer Hintergrund
Im Beispiel besteht der Hintergrund aus einem Farbverlauf. Geht man davon aus, dass sich der Hintergrund „still" verhält, also keine Veränderungen der Wolkenformationen entstehen und auch der Glow-Effekt für diese kurze Sequenz keine Veränderung erfährt, so kann ein Hintergrundbild erstellt werden, welches für mögliche Animationen unveränderlich bleibt. Deaktiviert man alle Objekte und rendert das Bild, so erhält man als Ergebnis nur den Farbverlauf des Bildhintergrundes. Alle Objekte der Szene werden deaktiviert. Der Glow-Effekt bleibt aktiv. Als Bildausgabeformat wird TGA mit 24 Bit Farbtiefe gewählt.

Abb. 235. Die Szene mit allen Elementen des Hintergrunds

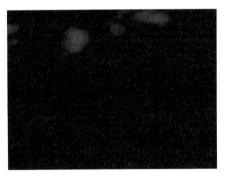

Abb. 236. Die Szene mit Volumennebel ohne Hintergrund und ohne Objekte

Layer Wolken
Die in der Szene befindlichen Wolken wurden mittels Volumennebel erstellt und sollen für eine Filmsequenz animiert werden.

Volumetrische Effekte sind rechenintensiv und unter Umständen kann es sein, dass nachträgliche Änderungen an der Art der Wolkenbewegung erforderlich sein könnten. Alle Objekte der Szene und auch der Hintergrund werden zum Rendern deaktiviert. Als Bildausgabeformat wird TGA mit 24 Bit Farbtiefe und zusätzlichem Alpha-Kanal gewählt.

Layer Objekte
Alle Objekte in der Szene, sowohl der Hintergrund mit Hügeln und Bergkette als auch die im Vordergrund befindlichen Objekte, wie Steine und Gras, sowie die Ebene bleiben unverändert. Sowohl Hintergrund mit Glow-Effekt als auch die Atmosphäreneffekte der volumetrischen Wolken werden deaktiviert. Als Bildausgabeformat wird TGA mit 24 Bit Farbtiefe und zusätzlichem Alpha-Kanal gewählt

Wenn Änderungen erforderlich sind, so sind diese auf Hintergrund und Wolken beschränkt.

Abb. 237. Die Szene mit allen Objekten ohne Hintergrund und ohne Atmosphäre

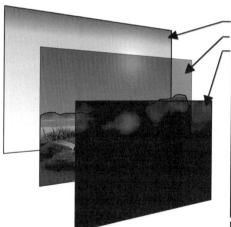

Layer: Hintergrund (ohne Alpha-Kanal)
Layer: Objekte (mit Alpha-Kanal)
Layer: Atmosphäre (mit Alpha-Kanal)

Das in Photoshop zusammengefügte Ergebnis

Abb. 238. Die Montage des fertigen Materials kann nun in jedem beliebigen Videopost- oder Videoschnitt-Programm erfolgen.

Wollte man nun die Atmosphäre animieren, so kann die gesamte Animation nur für den Layer Atmosphäre (die in der Szene eingeblendeten Volumenwolken) erfolgen. Wichtig ist, dass dabei ein Alpha-Kanal erzeugt wird, der die Transparenzinformation der Szene beinhaltet.

Layer für die Nachbearbeitung 285

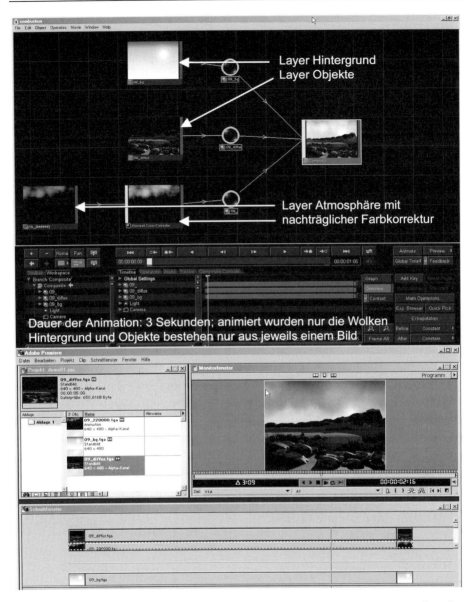

Abb. 239. Die mit einer Animationsdauer von 3 Sekunden versehenen Wolken im finalen Composite in Combustion (oberes Bild)[5] und Adobe Premiere (Bild unten)

---

[5] Combustion ist ein Video-Effektprogramm von Autodesk-Media, www.autodesk.de, Premiere das Schnittprogramm von Adobe, www.adobe.de

Tipp Ein Tipp zur Handhabung

Es kann das Leben erleichtern, wenn man die Objekte einer Szene, die verdeckt oder eingeblendet werden sollen, mit benannten Auswahlsätzen oder entsprechenden (Objekt-)Layern versieht

Einsatz von Z-Buffer

Sie haben eine umfangreiche Szene erstellt und wollen diese mit Unschärfe und gegebenenfalls mit Farbkorrekturen in Photoshop überarbeiten. Die Szene soll in einer sehr hohen Auflösung gerendert werden und Sie wissen bereits im Vorfeld, dass nachträgliche Änderungen an den Einstellungen der Tiefenschärfe vorprogrammiert sind.

Die Bildberechnung mit dem Rendereffekt Tiefenschärfe liefert bei der hohen Auflösung kein befriedigendes Ergebnis und die Berechnung mit Multi-Pass, dem Unschärfe-Effekt der Kamera erfordert einen Mehraufwand von zusätzlichen 12 (Voreinstellung) Bildern, die zu berechnen sind. Und das dauert eindeutig zu lange.

Eine Alternative kann die Nachbearbeitung in Photoshop (oder natürlich auch in einem anderen Bildbearbeitungsprogramm) sein.

Um Tiefenschärfe erzeugen zu können, benötigt man die Tiefeninformationen der Szene, bzw. die Information über die Entfernung eines Objekts von der Kamera. Diese Informationen sind in der sogenannten Z-Tiefe enthalten. Ähnlich wie beim Alpha-Kanal zur Freistellung von Objekten, liefert Z-Tiefe ein Graustufenbild. Jedem Graustufenwert ist dabei eine Entfernung zur Kamera zugewiesen. Weiß bedeutet in diesem Fall: befindet sich an der Kamera und schwarze Pixel weisen auf die maximale Entfernung zur Kamera hin.

Mit Hilfe der Z-Tiefe lässt sich in Photoshop schnell und unkompliziert Tiefenschärfe zufügen und vor allem auch schnell wieder ändern.

Z-Tiefe

Die Dateiausgabe soll als TGA-Datei erfolgen. Im Renderdialog (F10) wird unter ELEMENTE RENDERN (RENDER ELEMENTS) die Option Z-TIEFE (Z Depth) hinzugefügt. Unter PARAMETER AUSGEWÄHLTE OBJEKTE • DATEIEN wird automatisch der Name für die zu erstellende Z-Tiefe-Datei eingetragen:
Name_der_Datei_Z-Tiefe.TGA.

Abb. 240. Elemente rendern und Z-Tiefe

Abb. 241. Das fertige Bildes (links) und die Z-Tiefeninformation (rechts)

Hinweis Z-Elementparameter - den Abstand wahren

Bei der Ausgabe in eine Z-Tiefe-Datei müssen Sie auf die Ausdehnungen (Dimensionen) innerhalb der Szene achten. Empfehlenswert ist vor dem Rendern ein Messen (ERSTELLUNGSPALETTE • HELFER • BAND) der Distanz von der Kamera bis zum (für die Ausgabe relevanten) am weitesten entfernten Punkt zur Kamera, der noch Bestandteil der Z-Tiefe werden soll. Sie können diese Werte anschließend unter Z-ELEMENTPARAMETER als Z MIN: und Z MAX: eingeben.

Z-Tiefe in Photoshop

Nach Öffnen beider Dateien in Photoshop sind es nur noch wenige Schritte bis zur Tiefenschärfe.

Zuerst muss das Bild Bild01_Z-Tiefe.TGA in ein Graustufenbild umgewandelt werden:
BILD • MODUS • GRAUSTUFEN.
(Eine andere Möglichkeit ist die direkte Erstellung eines Graustufenbildes bereits beim Rendern, z.B. GIF AUS ELEMENTE RENDERN im Renderdialog).

Durch die Umwandlung in Graustufen wird ein neuer Kanal in Photoshop erzeugt. Dupliziert man nun die Hintergrundebene des vollständigen Bildes und gibt der so erzeugten Ebene den Namen Weichzeichner. Wählt man im Menü die Option
AUSWAHL • AUSWAHL LADEN...
so kann der Kanal Graustufen in der Graustufendatei als Auswahl geladen werden. Wählen Sie im Menü
AUSWAHL • AUSWAHL UMKEHREN und anschließend im Menü FILTER • WEICHZEICHNUNGSFILTER den Filter GAUSS'SCHER WEICHZEICHNER... aus.

Abb. 242. Kanal und Ebene in Photoshop nach Umwandlung des Bildes in ein Graustufenbild

Abb. 243. Kanal und Ebene in Photoshop nach Umwandlung des Bildes in ein Graustufenbild

Abb. 244. Die fertige Szene im Photoshop mit übertrieben eingestelltem Weichzeichner.

Office-Ergänzung

Einige Begriffe wie Videonachbearbeitung, Bildformate und Kompressionsverfahren sind gefallen, und einige der Parameter für die Ausgabe von Daten aus einer 3D-Umgebung mögen zwar um einiges klarer geworden sein, doch manch einer stellt sich vielleicht die Frage nach dem geeigneten Format für den geeigneten Zweck.

Deshalb hier in Kürze noch ein paar Anregungen und Empfehlungen für mögliche Einsatzbereiche und deren Anforderungen - oder besser wo passiert was mit welchen Programmen und Bildern?

Einbindung von Bilddaten in Office-Dokumente

Gutachten und Berichte stellen einen breiten Einsatzbereich von Bilddaten aus unterschiedlichen Anwendungen dar. Hier ist danach zu unterscheiden, ob Bilddaten nur für den „Hausgebrauch (der Ausdruck erfolgt also auf dem heimischen Laserdrucker) oder für den Printbereich (Publikationen, Werbemittel) erstellt werden sollen.

Werden Bilder beispielsweise in WinWord eingefügt, also importiert, so werden diese beim Import automatisch in das MS-eigene Format BMP umgewandelt. Der Einsatz speichersparender JPEG-Dateien macht in diesem Fall somit keinen Sinn.

Eine Auflösung der Bilder für den Gebrauch im Hause ist mit 150 dpi in der Regel völlig ausreichend. Bei Grafiken und Bildern, die eine hohe Detailgenauigkeit erfordern, die auch für den Einsatz im Printmedienbereich vorgesehen sind, kann die Auflösung bis zu 300 dpi Bildauflösung für Farbbilder und bis zu 600 dpi für Graustufengrafiken gesteigert werden.

Als Empfehlung gilt: Bilddaten nicht importieren, sondern nur verknüpfen. Das Problem dabei besteht darin, dass die externen Bilddaten (am besten in einem eigenen Ordner namens Bilder) beim Kopieren mit berücksichtigt werden müssen. Der Vorteil liegt aber auf der Hand, denn die Bilddaten stehen auch weiterhin für andere Einsatzbereiche zur Verfügung. Empfohlenes Bildformat: TIFF (EPS für Print).

Tabelle 9. Bilddaten im Dokument für Hausgebrauch oder Printbereich

Bilddaten	„Hausgebrauch"	Print
Bildformat	(BMP,) TIFF (RGB)	TIFF, EPS (CMYK)
integriert im Dokument	nein	nein
als separate Datei	ja	ja
Auflösungen	150 dpi	300 dpi

Powerpoint-Präsentationen

Ein oft und gerne genutztes Werkzeug zur Präsentation von Daten und Inhalten ist die Präsentationsumgebung Powerpoint. Da hier in der Regel mittels eines Beamers Projektionen mit einer normalen Auflösung von 1024 x 768 Bildpunkten in unterschiedlichen Lichtstärken an eine Projektionsfläche geworfen werden, ist bei Bilddaten darauf zu achten dass diese nicht höher aufgelöst sein müssen als 96 dpi.

Auch Filmsequenzen können in Powerpoint eingebunden werden. Dabei ist eine maximale Auflösung im klassischen Verhältnis 4:3 und 640 x 480 Bildpunkten völlig ausreichend. Wichtiger ist hierbei darauf zu achten, dass der für den Film verwendete Codec (bei AVI) auf dem Vorführrechner installiert sein muss, bzw. der Quicktime-Player (bei MOV) vorhanden und eingerichtet ist. AVI-Filmen ist aber auf jeden Fall der Vorrang einzuräumen, da diese in Zusammenarbeit mit Powerpoint die geringsten Schwierigkeiten bereiten.

Tabelle 10. Bilddaten im Dokument für Powerpoint-Einsatz

Bilddaten	
Bildformat	JPG, BMP, TIFF (RGB)
Integriert im Dokument	ja
Als separate Datei	nein
Auflösungen	96 dpi
Videodaten	
Bildformat	AVI, MOV
Integriert im Dokument	nein
Als separate Datei	ja
Auflösungen	Max. 640 x 480

Web-Publishing und digitale Dokumentation

Veröffentlichungen und Präsentationen im Intranet und Internet erfordern ein wenig mehr Sorgfalt, was das Thema Dateigröße angeht. JPEG, PNG und GIF sind hier die Bildformate, welche verwendet werden sollten. Programme zur Erstellung von solchen Anforderungen sind z.B. Dreamweaver, Frontpage oder GoLive.

Tabelle 11. Bilddaten für Online-Publikationen

Bilddaten	
Bildformat	JPG, PNG, GIF (RGB)
Integriert im Dokument	nein
Als separate Datei	ja
Auflösungen	72/96 dpi

Zusammenfassung

Es ging gerade um Rendern, Bildformate und Nachbearbeitung. Die gängigen Bildformate für den Einsatz in der 3D-Visualisierung wurden vorgestellt und die Fragen zum Einsatz welchen Bildformats für welchen Zweck angerissen.

Die Kompressionsmethoden für Einzelbilder und die Vor- und Nachteile wurden vorgestellt. Spätestens jetzt sollte bekannt sein, dass Bilddaten in komprimierter oder unkomprimierter Form vorliegen, bzw. erstellt werden können.

Kompression von Bilddaten hat den Vorteil, dass Speicherplatz gespart wird. Diese Ersparnisse gehen allerdings auf Kosten der Bildqualität.

Es ist beim Rndern von 3D-Animationen sinnvoll, diese zuerst in ein hochwertiges, **verlustfrei komprimiertes Bildformat** zu rendern und die so erstellten Einzelbildsequenzen im Nachhinein den Anforderungen entsprechend zu konvertieren.

Sie wissen nun um die beiden bevorzugten Videoformate AVI und MOV und dass diese als so genannte Containerformate unterschiedliche Codecs beinhalten können. Diese Codecs sind maßgeblich für Dateigröße und -qualität der Filmsequenz verantwortlich.

Am Beispiel 3ds max wurden einige markante Schwerpunkte zum Umgang mit der Renderausgabe vorgestellt.

Der RAM-Player in 3ds max ist beispielweise ein sehr geeignetes Werkzeug, um eine schnelle Überprüfung von veränderlichen Parametern von Einzelbildern und Filmen durchzuführen.

Es gibt auch, oder gerade bei der Renderausgabe Möglichkeiten um den Renderprozess zu optimieren und zu beschleunigen. Sie wissen jetzt, dass Modellgenauigkeit, Auflösung der verwendeten Bitmaps, Schattenwurf und die Wahl des passenden Beleuchtungsmodells entscheidenden Einfluss auf die Geschwindigkeit der Bildberechnung haben.

In der Folge wurden einige Rendereffekte vorgestellt. Rendereffekte die als solche bezeichnet werden, wie Lens Effects Glow, sind eigenständige Bereiche der Renderausgabe.

Nebel, Volumennebel und Feuereffekte gehören zu den Atmosphäreneffekten, die unter der Renderumgebung zu finden sind.

Sie wissen auch, dass die Option Elemente rendern Ihnen die Möglichkeit bietet, weitere Bestandteile eines Bildes, wie z.B. Z-Tiefe in eine eigene Datei zu schreiben und diese z.B. in einer Bildbearbeitungssoftware wie Photoshop für Compositing-Zwecke zu nutzen.

Interaktion mit 3D-Daten

Ein kurzer Überblick über die Möglichkeiten zur Interaktion mit Digitalen Geländemodellen und Landschaften.

Im Zeitalter von Half Life 2 und anderen Spielen mit gewaltigem Modellierungsaufwand, Google Earth und Terrain Globe, schnellen Rechnern, günstigen Beamern und schnellen Internetverbindungen hat das Thema Interaktion mit 3D-Daten Konjunktur.

Die Datenschnittstellen zwischen den unterschiedlichen Programmanwendungen funktionieren (leidlich) gut und (fast) vorbei ist die Zeit aufwendiger Echtzeit-3D-Grafik auf Highend-Systemen diverser Supercompute-Servern.

Kurz: Interaktive Sichtung 3-dimensionaler Daten ist zeitgemäß. Es macht Sinn, erleichtert das Verständnis, gibt neue Einsichten, liegt im Trend des Machbaren und macht deutlich mehr Spaß als Filme oder Standbilder in vorgegebener (linearer) Form zu betrachten.

Interaktion?

Prinzipiell ist die Interaktion mit Daten in Echtzeit eigentlich ein „alter Hut". So konnte man bereits vor weit mehr als einem Jahrzehnt mit diversen Möglichkeiten Echtzeit-Visualisierung erstellen; man denke nur an VRML (Virtual Reality Modeling Language) und den mühsam gepflegten Nachfolger X3D. Auch tummeln sich auf dem Feld der interaktiven Echtzeitdarstellung von 3D-Daten inzwischen einige Anbieter mit teilweise sehr guten kommerziellen Lösungen für die Anforderungen an „begehbare Welten".

Doch nach wie vor ist den meisten dieser Werkzeuge eines gemeinsam - die Problematik beim Handling „großer Datensätze". Somit sind einige dieser Tools zwar hervorragend zur Produktvisualisierung geeignet, für die Geländevisualisierung oder Darstellung großer komplexer Szenen reichen die Ressourcen jedoch oft nicht aus.

Lassen sich Szenen aus einfachen Grundgeometrien noch relativ leicht in eine Echtzeitumgebungen einbinden, so ist ein zusammenhängendes „großes" Gitter eine ganz andere Anforderung. Soll dieses auch noch mit einer Kollisionskontrolle versehen werden, ist schnell „Schluss mit lustig" und die Performance bricht zusammen.

Ein weiteres Problem ist der Austausch der 3D-Daten. Beschränkungen in reinen Geometrieaustauschformaten führen häufig dazu, dass das gewählte Format nicht in der Lage ist, die erforderlichen Datenmengen zu bewältigen. Ein Beispiel hierfür ist das Format 3DS. Dieses hat eine Beschränkung hinsichtlich der Anzahl der in der Datei befindlichen Polygone. Allzu oft muss erst eine Datenschnittstelle programmiert werden, die als spezielle Lösungen funktioniert.

Etwas anders sieht die Sache dann mit den auf die Anforderungen der Geländemodellierung spezialisierten Werkzeugen aus.

Allgemeine Anforderungen an Echtzeitdarstellungen

Die Grafikleistung und Spiele der letzten Generation zeigen Möglichkeiten auf, an die man sich gerne und schnell gewöhnt. Dies setzt Maßstäbe und es bleibt die Frage offen, was für die Thematik der Geländevisualisierung eigentlich an erster Stelle steht.

Die nachfolgende Liste zeigt die wichtigsten Aspekte für eine Darstellung von digitalen Geländedaten auf:

- Wiedergabe unveränderter Geometrien
- LOD - Level of Detail
- Einbindung von „großen" Texturen
- Geschwindigkeit
- Aktionen/Verhalten
- Bedienung/Navigation
- Plattform/Präsentation
- Datentransfer.

Diese Punkte beziehen sich auf die Sichtung von bzw. Navigation in Digitalen Geländemodellen (DGM) und die Interaktion mit diesen Daten in einer VR-Umgebung. Der erweiterte Einsatz von Autorenfähigkeiten, wie z.B. bei Spiele-Entwicklungsumgebungen steht hierbei nicht im Vordergrund.

Wiedergabe unveränderter Geometrie

Egal mit welcher Anwendung ein Geländemodell erstellt wird, eine der wichtigsten Anforderungen ist die Option, Geometriedaten im Originalzustand betrachten zu können. Dies gilt in erster Linie für dreiecksvermaschte Gitter (TIN - Triangulated Irregular Network), aber auch für alle Arten von Raster-DGM.

Viele Datenexporter für Interaktiv-Viewer oder VR-Umgebungen dünnen beim Export aus unterschiedlichen Anwendungen mittels eigener Optimierungsalgorithmen (ähnlich wie der Modifikator Optimieren in Max) die Geometrie/Topografie nach gewissen Kriterien aus. Dieser Effekt reduziert zwar die Dateigröße, kann allerdings zu unerwünschten Ergebnissen und zu Informationsverlusten führen.

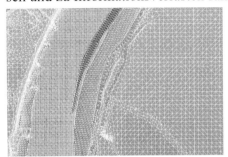

Originalgitter des DGM als TIN   DGM (TIN) mit optimierter Geometrie

Abb. 244. Das linke Bild zeigt den Originaldatensatz, im rechten Bild wurde dieser zugunsten der Dateigröße reduziert - wichtige Informationen wurde dabei entfernt.

Level of Detail (LOD)

Level of Detail ermöglicht die dynamische Datenwiedergabe in Abhängigkeit zum betrachteten Szenenausschnitt und zur Distanz. Hierbei werden Objekte und Texturen in zunehmender Entfernung zur Kamera immer vereinfachter dargestellt. Mit vereinfacht ist eine automatische Reduktion von Geometrie und Textur gemeint. Die Wiedererkennbarkeit der Objekte ist dabei dennoch jederzeit gegeben. Je näher sich ein Objekt an der Kamera befindet, desto detaillierter wird dieses wiedergegeben, bis es in einem definierten Abstand zur Kamera dann seine vollständige Geometrie- und Texturinformation preisgibt.

Einbindung von „großen" Texturen

Texturen sorgen für eine entsprechend realistische und/oder informative Aufbereitung der Daten. Wichtig sind zwei Arten von Texturen, die bei einer interaktiven Anwendung zum Einsatz kommen:

- im beliebigen 3D-Programm erzeugte Texturen (z.B. die Übernahme von Lichtinformationen die z.b. durch Texture-Baking erzeugt wurden)
- georeferenzierte Bilddaten wie z.B. Luftbilder.

Die in die VR-Umgebung eingebundenen Texturen sollten, unabhängig von Ihrer Größe, schnell und mit möglichst geringen Verlusten dargestellt werden.

Tipp Zweierpotenzen

Die meisten Interaktivprogramme kommen mit Bildgrößen einer Pixelanzahl, die sich in 2-Potenzen (2^2, 2^4, 2^{16}) ausdrücken lassen, sehr gut klar. Dies drückt sich auch durch entsprechenden Geschwindigkeitszuwachs aus.

Geschwindigkeit

Die Anwendung sollte auf jeden Fall in der Lage sein, ohne Aufwand eine fließende Bewegung (Flythrough, Walktrough) durch die Topografie zu ermöglichen. Die Bildwiedergabe sollte also möglichst ohne Ruckeln, Wackeln oder Bildaussetzer vonstatten gehen.

Um den Eindruck von „realer" Navigation innerhalb einer 3D-Umgebung zu bekommen, ist eine Bildwiederholrate von etwa 10-15 Bildern pro Sekunde empfehlenswert.

Verhalten / Aktionen

Bei der Navigation durch eine 3D-Umgebung macht es Sinn, bestimmte Aktionen auslösen bzw. mit bestimmtem Verhalten auf diese reagieren zu können.

So ist es auf jeden Fall vorteilhaft, eine Kollisionskontrolle zu integrieren, da nichts mehr irritieren kann als die ständige zufällige Durchdringung von Polygonen und die plötzliche Ansicht der Topografie von „hinten oder unten".

Auch kann es, gerade zu Navigationszwecken, sehr beruhigend wirken, so genannte Hotspots oder POI (Points of Interest) in einer Szene oder Umgebung zu integrieren und diese z.B. mit Zusatzinformationen oder Verknüpfungen zu versehen. Als Zusatzinformationen können beispielsweise 3-dimensionale Texte, Objekte oder zusätzlich eingefügte Bildinformationen zum Einsatz gebracht werden. Verknüpfungen können Sprungziele innerhalb (Kameraansicht zu Kameraansicht) oder auch außerhalb der Umgebung (z.B. HTML-Verknüpfung) sein.

Bedienung / Navigation

In erster Linie soll es leicht fallen, sich in einer gewohnten Umgebung, also seinem Betriebssystem zurechtzufinden. Je einfacher sich die Navigation gestaltet, desto leichter fällt dem Anwender die Handhabung, umso eher wird die Umgebung akzeptiert.

Wichtig ist eine mit den Standardeingaben, wie Tastatur und Maus mögliche Navigation. Da bei der Navigation durch den 3-dimensionalen Raum in der Regel ein Monitor das Fenster zur VR-Umgebung darstellt, ist es weiterhin äußerst wichtig, die 4-dimensionale Komponente (Zeit) leicht bedienbar umzusetzen. Die optimalen Komponenten zur Navigation setzen sich wie folgt zusammen:

- Bewegung entlang aller drei Raumachsen (X,Y,Z)
- Objektbetrachtung (Exploration)
- Fußgänger (Walktrough)- oder Fahrzeug (Drive)-Modus unter Berücksichtigung der Gravitation und
- Flug (Fly)-Modus
- Veränderung der Geschwindigkeit.

Weiterhin sind entsprechende zusätzliche Elemente für die klare Bedienung spezieller Aktionen (Events) wünschenswert. Die Navigation sollte mit den gängigen Eingabeoptionen eines Standard-PC funktionieren. Diese sind Tastatur und Maus. Eine optionale Einbindung anderer Steuergeräte wie z.B. eines Joysticks sind wünschenswert.

Weniger ist mehr! Besser eine schnelle funktionelle, einfach zu bedienende Oberfläche als zuviel Informationen und kompliziertes Handling.

Plattform und Preispolitik

Ist die VR-Umgebung an ein spezifisches Produkt gebunden, stellt sich vorab die Frage, ob dieses Produkt zur Visualisierung der Daten auf einem

Präsentationsrechner installiert sein muss oder ob es möglich ist, ein Plug-In oder einen eigenständigen Viewer zu nutzen. Ein paar Punkte die eine interaktive Nutzung hinsichtlich der Plattform sicherlich positiv unterstützen:
- eigenständiger Viewer, der unabhängig vom ursprünglichen Produkt funktioniert - am besten ohne aufwendige Installationen
- plattformübergreifend (Windows, Linux, Apple)
- Browserintegration via Plug-In (Plug-In möglichst für Windows, Linux, Apple).

Man stelle sich vor, man müsste für jedes erzeugte CAD-File, welches dem Austausch mit Projektpartnern dient, einen Obolus an den Hersteller der Software entrichten - unvorstellbar oder nicht?

Doch dies kommt leider nicht allzu selten vor. So werden webbasierte Lösungen mit einer komplizierten und aufwendigen Lizenzgestaltung oft komplex in der Handhabung und auch noch teuer.

Im Optimalfall wird ein einmaliger Produktpreis gezahlt, der die Publikation bzw. Nutzung der erzeugten interaktiven Szenen beinhaltet. Alle Viewer oder Plug-Ins sollten kostenfrei zur Verfügung stehen.

Datentransfer

Datentransfer und eine unkomplizierte Ausgabe der vorhandenen 3D-Informationen bestimmen den Schritt in die Richtung VR oder Interaktion maßgeblich, denn die Einfachheit der Schnittstelle zu vorhandenen 3D-Werkzeugen, ob dies nun 3ds max, Cinema, Maya oder eines der weiteren vielen Produkte sein mag, bestimmt die Akzeptanz und Nutzung interaktiver Umgebungen.

Einige Punkte zum Datentransfer:

- Integration in vorhandene 3D-Werkzeuge (Plug-In) oder
- Datentransport, der die vorhandenen Informationen „sauber" übernimmt. Dies heißt: keine Nachbearbeitung ist erforderlich!

Alle notwendigen Optionen zur Sichtung eines 3D-Szenarios sollten bereits im 3D-Werkzeug aufbereitet und zur Verfügung gestellt werden. Eine aufwendige nachträgliche Bearbeitung schreckt eher ab.

Verfahren und Methoden

Das interessante an der ganzen Thematik VR, Interaktion und Echtzeit ist die Tatsache, dass sich seit über einem Jahrzehnt eigentlich nichts Grundsätzliches in der Methodik der Datendarstellung geändert hat.

Die Programme sind ausgereifter, die Hardware schneller und die Mäuse und Joysticks sensibler und reaktionsschneller.

Aber noch immer findet der Großteil der Visualisierung von Echtzeitanwendungen am Monitor statt. Große Projektionsflächen sind nach wie vor kein Standard. Als Eingabegerät wird größtenteils noch immer Maus, Tastatur und vielleicht ein Joystick oder Spacemouse verwendet. Stereoskopie hat sich nicht durchgesetzt, auch wenn Shutterbrillen oder Brillen mit Polarisationsfiltern nur noch einen Bruchteil der Herstellungskosten - verglichen mit den Kosten vor 10 Jahren - verschlingen. Weder Datenhandschuh noch taktile Rückkopplung von Eingabegeräten hat sich durchgesetzt. Der Headmounted Display ist wieder verschwunden.

Was bleibt, sind gewohnte Umgebungen. Diese heißen Monitor und (vielleicht) Beamer, Maus und Tastatur.

Die Methoden selbst sind

☐ Interaktion mit Bilddaten (Panoramen) und
☐ Interaktion mit Geometriedaten.

Beispiele hierfür sind QuickTime VR, Datensichtung mit VRML und unterschiedliche kommerzielle Anbieter unterschiedlicher Produkte, die für verschiedenste Einsatzbereiche geeignet sind.

Interaktion mit Bilddaten

Mit „Interaktion mit Bilddaten" ist in diesem Fall eine fertig gerenderte Bilddatei gemeint, die je nach Art der Wiedergabe einen Rundblick innerhalb einer 3D-Szene ermöglicht. In diesem speziellen Fall liegt das finale Ergebnis in voller Qualität vor. Man kann sich weder durch die Szene bewegen, noch ist es möglich, eine „echte" Interaktion mit den Szenenobjekten zu erreichen. Aber für manche Präsentationen ist dies auch schon völlig ausreichend. Ein Werkzeug, das sich im Laufe der letzten Jahre einen festen Platz erobert hat ist der Quicktime Player und seine Möglichkeit, Quicktime VR-Daten, also Panoramabilder darzustellen.

Quicktime VR?

Quicktime VR ist eine von Apple entwickelte Technologie, die es ermöglicht, mit Panorama-Ansichten und/oder 3D-Objekten in begrenztem Maße zu interagieren. Die Grundlage der 3D-Visualisierung mit Quicktime VR ist ein Panoramabild in Form der Abwicklung eines Objektes auf eine Kugel oder einen Kubus als Pixeldatei. Erstellt wird diese Abwicklung einer 3D-Umgebung, die mit entsprechender Software aufbereitet den Eindruck von Dreidimensionalität vermittelt.

Der unschlagbare Vorteil von Methoden wie Panoramabildern oder anderen Verfahren, wie sie Quicktime VR zur Verfügung stellt, ist die Möglichkeit, photorealistische Wiedergaben zu generieren.

Wo die Wiedergabe eines „echten" 3D-Modells wie in einer Spieleumgebung gefragt ist, stößt man schnell an Grenzen, was die Wiedergabe hoher Polygonzahlen betrifft.

Abb. 245. Szenenexport als Panoramabild - Die Abbildung zeigt das abgewickelte Ergebnis als Einzelbild (oben) und unterschiedliche Einstellungen im Quicktime-Player.

Zwar ist auch zur Betrachtung von Quicktime VR-Daten der Quicktime-Player erforderlich, doch hat dieser inzwischen eine so hohe Verbreitung erreicht, dass man diesen getrost als „Semi-Standard" bezeichnen darf.

Das interessante beim Einsatz von Quicktime VR ist, dass das Ergebnis direkt aus der Anwendung heraus gerendert wird. Eine spezielle Aufbereitung der Szene, wie dies bei 3D-Echtzeitanwendungen der Fall ist, ist nicht erforderlich.

Es gibt für nahezu alle 3D-Anwendungen inzwischen eine entsprechende Exportmöglichkeit zur Erstellung solcher Panoramabilder. In 3ds max beispielsweise ist diese unter RENDERING • PANORAMA EXPORTER zu finden.

Interaktion mit Geometriedaten

Damit ist die Darstellung einer 3D-Szene in Echtzeit gemeint. Hier geht es darum, möglichst ressourcensparend viel Geometrie- und Texturinformationen darzustellen.

Vorbereitung

Bevor es an den Datenexport der Modelle aus 3D-Programmen zu beliebigen 3D-Autorenumgebungen geht, ist in der Regel eine gewisse Vorarbeit hinsichtlich Geometrieinformationen und Texturen notwendig.

So ist es empfehlenswert, komplexe, auf die Geometrie angewandte Modifikatoren zu entfernen, bzw. das (oder die) 3D-Objekt(e) zuvor in ein bearbeitbares Netz oder Polygon umzuwandeln. Auch lohnt ein kurzer Blick auf den Schwerpunkt (Pivot) und die Anpassung der Ausrichtung der lokalen Koordinaten des jeweiligen Objekts an die Weltkoordinaten.

Bei Texturen gilt: Prozedural erzeugte Texturen werden in der Regel für eine interaktive Darstellung nicht umgesetzt. Somit gilt es, im Vorfeld ein Material zu erzeugen, dessen Streufarben (Diffuse) -Kanal mit einem Bitmap bestückt ist. Luftbilder liegen in der Regel als Pixelgrafiken vor und bereiten somit keinerlei Schwierigkeiten.

Ein vorhandenes prozedurales Map könnte via Texture-Baking in eine Datei gerendert und als Bitmap dem Streufarben-Kanal eines neuen Materials zugewiesen werden, bevor es ans Exportieren der Daten geht. Sollten „Löcher" durch umgekehrte Normalenausrichtung mit Hilfe eines doppelseitigen Materials im 3D-Programm umgangen worden sein so sollten diese „Fehlstellen" vor dem Export korrigiert werden. Auch können durch solche Löcher Probleme beim Texture-Baking auftauchen.

Abb. 246. Eine beliebige Topologie mit unterschiedlichen Texturen - Der Materialeditor links mit der ursprünglichen Oberfläche mit Verlaufsart (Gradient Ramp) und rechts mit dem mittels „in Textur Rendern" erzeugten Bitmap im Streufarben-Kanal

Als Textur-Datenformate für die meisten 3D-Echtzeitanwendungen sind folgende Datenformate geeignet:

- Joint Photographic Experts Group (*.jpeg;*.jpg)
- CompuServe Graphics Interchange (*.gif)
- Data Dictionary System (*.dds)
- Portable Network Graphics (*.png)
- SGI Image Format (*.rgb)
- Tagged Image File Format (*.tif;*.tiff)
- Truevision Targa (*.tga)
- Windows Bitmap (*.bmp).

Geeignete Datenaustauschformate für Geometrien sind:

- OpenFlight Files (*.flt)
- Autodesk 3D Studio Files (*.3ds)
- Virtual Reality Modeling Language VRML 1.0/VRML97 Files (*.wrl)
- Wavefront Files (*.obj)
- LightWave Object Files (*.lwo)
- Open Scene Graph Files (*.osg).

Wer Polytrans der Firma Okino oder Deep Exploration von Right Hemisphere sein eigen nennt, kann dort problemlos unterschiedliche 3D-Formate aus beliebigen 3D-Anwendungen konvertieren.

Geometriereduktion

Bei gewohnter Arbeitsweise entstehen meist komplexe Gebilde an Modifikatoren und Verformungen, bis man endlich das gewünschte Ziel erreicht hat. So wird auf ein Terrain beispielsweise ein Rauschen angewandt und nachträglich mit einem Smooth-Modifikator mit weicheren Konturen versehen, anschließend kommt noch eine Anpassung der UVW-Koordinaten des Objektes hinzu usw. Diese Verformungen und Modifikationen bleiben in der Originalszene in der Regel erhalten und ermöglichen nachträglich schnelle Anpassungen oder Veränderungen. Für den Einsatz in einer interaktiven Umgebung mit einem anderen Programm macht dies keinen Sinn und spätestens beim Export der Geometrie werden alle noch vorhandenen Modifikatoren der Szene auf ein bearbeitbares Netz oder Polygon reduziert. Dieser Automatismus beim Export macht Sinn, doch leider erstellt dieser auch gelegentlich eigenartige Effekte. Um dieser möglichen Unsicherheit zu begegnen, sollten die Geometrien vor dem Export manuell vereinfacht werden.

Am besten erstellt man hierzu eine Kopie der Szene und speichert diese unter einem klaren Namen (SZENENAME_INTERAKTIV.XYZ oder so ähnlich).

Zwar ist eine der Prämissen bei der interaktiven Präsentation von Geländedaten die möglichst genaue Wiedergabe des Modells, doch es kann auch vorkommen, dass die Aufbereitung des DGM eher qualitativen Charakter hat. In einem solchen Fall ist die korrekte Wiedergabe aller DGM-Elemente nicht zwingend erforderlich und es besteht die Möglichkeit, die Topologie des Modells zu vereinfachen. Diese Vereinfachung bedeutet die Reduktion von Polygonen und ist mit unterschiedlichen Methoden und Werkzeugen zu erreichen. In 3ds max stehen hierfür beispielsweise die Modifikatoren OPTIMIEREN und MULTIRES zur Auswahl. Beide Modifikatoren entfernen Polygone nach unterschiedlichen Kriterien. Meist wird so eine Fläche durchgängig gleicher Höhe, die z.B. aus einem Rasterdatensatz stammt, durch einige wenige Punkte beschrieben. Punkte gleicher Höhe, die sich inmitten dieser Fläche befinden, werden entfernt.

Die Vorgehensweise zur Reduktion konstruktiver und optimierender Modifikatoren ist nachfolgend beschrieben.

Modifikatoren

Ein beliebiger Quader wurde in ein bearbeitbares Polygon umgewandelt. Anschließend sorgt ein DISPLACEMENT-MODIFIKATOR für die Verformung des Geländes.

Der Modifikator wirkt nur auf die oberen ausgewählten Polygone des ursprünglichen Quaders.

Als Höheninformation dient eine Graustufendatei, die mit Photoshop erstellt wurde. Darauf wird noch ein UVW-MAPPING-MODIFIKATOR angewandt um die Ausrichtung der Textur (ein prozeduraler Farbverlauf) anzupassen. Der Vorteil dieser Konstruktion besteht darin, dass sowohl der DISPLACEMENT-MODIFIKATOR als auch die UVW-Koordinaten jederzeit bequem geändert werden können.

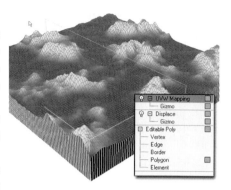

Abb. 247. „Originalgelände" mit allen vorhandenen Modifikatoren

Kollabieren

Nun werden alle Modifikatoren auf das Objekt angewandt und sozusagen fest in die Geometrie verbacken. Eine nachträgliche Manipulation der einzelnen Modifikatoren ist nicht mehr möglich. Ein Klicken mit der rechten Maustaste auf die geöffneten Modifikatoren öffnet in 3ds max ein Fenster, welches die Möglichkeit anbietet, alle Inhalte zu „kollabieren" (Collapse all). Das Ergebnis ist wahlweise ein bearbeitbares Netz oder Polygon.

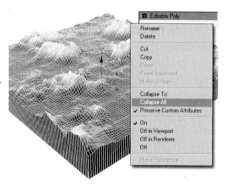

Abb. 248. Geändertes Gelände - alle vorhandenen Modifikatoren wurde zusammengefasst. Übrig bleibt ein bearbeitbares Polygon.

Reduzieren
Die Möglichkeit Netze zu vereinfachen, zu optimieren, reduziert das Datenaufkommen nochmals gewaltig. Aber hier ist Vorsicht angeraten. Denn je nach Anwendungsfall ist es nicht angebracht, nachträgliche Optimierungen des Gitters vorzunehmen. Dies gilt vor allem, wenn die Visualisierungen zur Diskussion und Entscheidungsfindung herangezogen werden sollen.

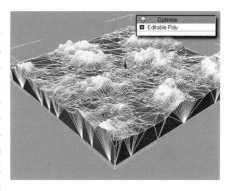

Abb. 249. Optimiertes Gelände

Texture-Baking

Nachdem die Geometrie aufbereitet und ggf. sogar optimiert wurde, muss das Material des Objekts in eine Textur „gebacken" werden. Texturebaking bedeutet nichts anderes, als dass das Material eines Objekts mit seiner Licht- und Schatteninformationen versehen wird und diese, gemeinsam mit allen anderen Eigenschaften in ein Map exportiert werden.

Der Hintergrund ist jener, dass viele Echtzeitanwendungen ein Objekt zwar mit seiner Textur (vorausgesetzt diese ist eine Pixelgrafik) darstellen, und auch beleuchten können, aber keinen Schattenwurf berechnen können.

Oder man denke an die Visualisierung mit einer Radiosity-Berechnung, die man gerne in Echtzeit darstellen möchte. Hier lassen sich die Beleuchtungsinformationen sozusagen fest mit der Textur verdrahten und auch in Echtzeit eine Simulation mit (in die Textur gebackener) Radiosity-Simulation präsentieren.

Materialien
Das DGM ist mit einem Multi-Material versehen. Eine blaue Flächenfüllung sorgt für die Farbe der Umrandung und ein Farbverlauf für die höhenkodierte Darstellung.

Um den Effekt der Beleuchtung und des damit verbundenen Schattenwurfes besser zu erläutern, wurden die drei Quader mit Schachbrettmuster hinzugefügt.

Die Untermaterialien bestehen aus

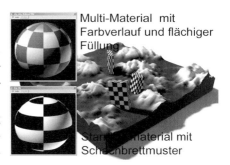

Abb. 250. Multi-Material

prozeduralen Maps, die in einer Echtzeit-Umgebung normalerweise nicht übernommen werden.

Render To Texture
Wählt man RENDERING • RENDER TO TEXTURE, so öffnet sich ein Dialogfenster zur Definition der notwendigen Einstellungen.

Beachtet man folgende Einstellungen:
1. AUSGABE-PFAD (OUTPUT-PATH) festlegen. Hierher werden die Ergebnisse gerendert.
2. MAPPING KOORDINATEN • OBJEKT: AUTOMATISCHES ZUWEISEN VERWENDEN, KANAL 3 (MAPPING COORDINATES-OBJECT: USE AUTOMATIC UNWRAP, CHANNEL 3
3. VERBUNDMATERIAL • QUELLE SPEICHERN • NEUES VERBUNDMATERIAL RSTELLEN (BAKED MATERIAL • SAVE SORCE • CREATE NEW BAKED) aktivieren.
4. AUSGABE • ALLE AUSGEWÄHLTEN (OUTPUT - ALL SELECTED) auswählen, HINZUFÜGEN (ADD) klicken und VOLLSTÄNDIGES MAP (COMPLETE MAP) auswählen und als ZIEL-MAP-FELD: STREUFARBEN (TARGET MAP SLOT: DIFFUSE COLOR) aktivieren.
GRÖSSE 2048 (MAP SIZE 2048) aktivieren.

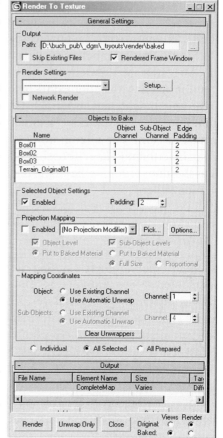

Abb. 251. Render To Texture Screenshot

So lässt sich schnell und unkompliziert das gesamte Material in eine Textur rendern. Um die so erstellten Texturen möglichst vielseitig einsetzen zu können empfiehlt es sich, JPG oder PNG als Ausgabeformat zu wählen.

Texturen zuweisen
Als nächstes ist für jedes Objekt ein neues Standard-Material zu erstellen. Diesem Standard-Material wird im Streufarben-Kanal das gerenderte Tex-

turergebnis zugewiesen und der Map-Kanal auf 3 gestellt. Das neu erstellte Material wird dann auf das Objekt gemappt.

Bei 3ds max wurde durch den IN TEXTUR RENDERN (RENDER TO TEXTURE)-Vorgang den einzelnen Objekten noch der Modifikator UV'S AUTOMATISCH ABFLACHEN (AUTOMATIC FLATTEN UVS) zugewiesen. Durch Auswählen des Objekts und klicken auf die rechte Maustaste wird das Quad-Menü geöffnet. Wird hier die Option IN BEARBEITBARES NETZ KONVERTIEREN ausgewählt, werden die UV-Informationen dem Objekt direkt zuwiesen. Viele Programme im Bereich der Interaktion kommen mit unterschiedlichen Kanälen nur schwer zurecht. TerrainView unterstützt zum Beispiel nur den Map-Kanal 1. Daher muss die „gebackene" Information aus Map-Kanal 3 in Map-Kanal 1 kopiert werden. Dies geschieht mit DIENSTPROGRAMME • KANALINFO. Die Map-Kanäle 2 und 3 können nach dem Kopieren gelöscht werden. Im Material-Editor muss der Map-Kanal wieder auf 1 gestellt werden und dann steht dem Export nichts mehr im Wege.

Als schneller Test, ob die Texturen auch fehlerfrei zugewiesen werden kann ein Export als WRL-Datei (VRML) und ein Überprüfen im Browser mit VRML-Viewer sehr hilfreich sein.

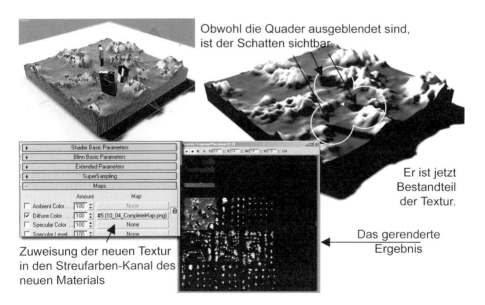

Abb. 252. Die jetzt in ein neues Bitmap „gegossenen" Materialinformationen beinhalten nicht nur alle ehemaligen Farb-Informationen des Multi-Maps, sondern auch die Beleuchtungsinformationen mit Schatten.

VRML

Eine sehr beständige und immer noch sinnvolle Plattform, 3D-Interaktion mit 3D-Daten zu erreichen ist der Einsatz von VRML.

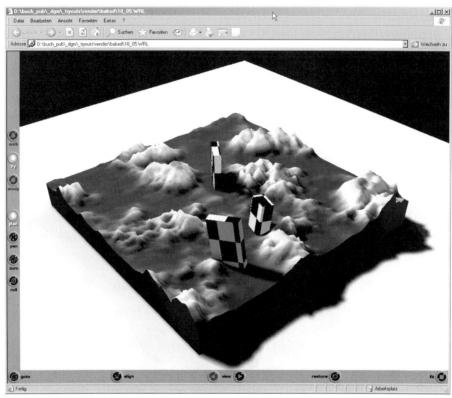

Abb. 253. VRML zur Kontrolle - Das Gelände nach der Zuweisung der via RENDER TO TEXTURE erstellten Texturen und erfolgtem Export als WRL-File im Cortona-Viewer[1] im Internet Explorer

VRML[2], **V**irtual **R**eality **M**odeling (oder auch **M**arkup) **L**anguage ist eine beschreibende Sprache zur Darstellung von 3D-Objekten und Szenen. VRML ist eine im ASCII-Format vorliegende, beschreibende Sprache, die

---

[1] http://www.parallelgraphics.com/
[2] Die vollständige VRML97-Spezifikation finden Sie unter
http://www.vrml.org/Specifications/VRML97. In diesem Dokument wird die gesamte VRML97-Sprache beschrieben. Es enthält außerdem technische Daten zum Verhalten exportierter VRML97-Welten.

durch entsprechende Plug-Ins in Standard-Webbrowsern integriert oder auch mit Standalone-Produkten betrachtet werden kann.

Der Vorteil einer solchen interpretierten Sprache ist ihre Plattformunabhängigkeit und ihre Verfügbarkeit über das World Wide Web. In VRML-Daten können, wie in HTML, sogenannte Hyperlinks eingebunden werden. Diese Hyperlinks werden durch Anwahl, in der Regel klicken auf ein hervorgehobenes Objekt, ausgelöst und liefern somit die Möglichkeit, im Umfeld eines Intranets oder dem Internet Informationen zu integrieren.

Ein entscheidender Nachteil jedoch ist, dass die Beschreibung komplexerer Modelle eine große Menge Daten beinhalten kann. Dies bedeutet beim Einsatz im Rahmen des Internets lange Übertragungszeiten. Es gilt hierbei, die Daten soweit zu optimieren, dass eine ausreichende Datenrate aufrecht erhalten werden kann.

Ist der Einsatz des VRML-Formats NICHT für den Onlinegebrauch gedacht, ist VRML nach wie vor eine sehr gute Alternative zur interaktiven Überprüfung von 3D-Daten in Echtzeit. Allerdings sollte man diese Interaktion auf die Betrachtung von Topologien und einfachen Primitiven reduzieren. Versucht man beispielsweise, polygonale Pflanzen in einer VRML-Szene wiederzugeben, bedeutet dies schnell das Aus.

Soll eine grobe Darstellung für den Online-Einsatz benutzt werden, macht es Sinn, sich an folgende Hinweise zu halten:

- Verwenden Sie GIF, JPG oder PNG als Dateiformat. Die meisten VRML-Viewer haben auch automatisch eine PNG-Unterstützung integriert, so dass es zu empfehlen ist, dieses Format bevorzugt zu verwenden.
- Achten Sie auf die Anzahl der Polygone. Je weniger Polygone zu verarbeiten sind, desto bessere Leistungen lassen sich erzielen. 100.000 bis 300.000 Polygone sind eine Größenordnung, die bei Einsatz moderner Grafikkarten (min. 128 MByte) ohne Probleme verwaltet und dargestellt werden kann.
- LOD: Level of Detail ist eine Option, die sich in ihrer VRML-Datei definieren lässt und mit welcher Sie die Detailgenauigkeit ihrer Objekte in Abhängigkeit von der Entfernung zur Kamera steuern können.
- Verwenden Sie Instanzen, statt Objekte zu kopieren. Auch dies reduziert die Dateigröße gewaltig.
- Reduzieren Sie die Darstellung in Ihrem Webbrowser, so dass nicht der volle Bildschirm für die Darstellung verwendet wird. Definieren Sie ein Fenster für die Einbettung Ihrer VRML-Datei. Dies erreichen Sie über den Einbettungsbefehl:
  ```
  <embed SRC=test.wrl WIDTH=320 HEIGHT=240>
  ```

Somit wird innerhalb der HTML-Seite ein Fenster mit den Abmessungen 320x240 Pixel geöffnet, innerhalb dessen die VRML-Datei dargestellt wird.

☐ Definieren Sie immer mindestens eine Kamera und eine Lichtquelle.

3D-Autorenanwendungen

Sozusagen die Crème de la Crème sind Autorenpakete wie z.B. Anark Studio[3], Quest3D[4] oder Virtools[5], um nur einige zu nennen. Diese oft aus der Produktvisualisierung oder Spieleentwicklung stammenden Werkzeuge bieten so ziemlich alles an Möglichkeiten, was das 3D-Interaktivherz höher schlagen lässt. Ganze Spiele-Level lassen sich hier ebenso erstellen wie einfache Produktdarstellungen in hervorragender Qualität visualisieren.

Die Qualität hat allerdings auch ihren Preis. Mit Drag and Drop ist es nicht getan, hier sind Script- und Programmierkenntnisse erforderlich. Die einfache Bedienung einer vordefinierten Benutzeroberfläche ist leider in den seltensten Fällen gegeben.

Die Datenschnittstellen sind zu den meisten gängigen 3D-Programmen vorhanden und der Datenaustausch selten ein Problem, aber vieles lässt sich oft leichter innerhalb der Autorenumgebungen realisieren, und ein durchgängiges Konzept im Vorfeld ist äußerst wichtig um redundante Arbeiten zu vermeiden.

Die Vorbereitung der Szenen, wie zuvor unter der Überschrift Geometriereduktion beschrieben, ist ebenso unabdingbar, wie ein vertieftes Einarbeiten in die jeweilige Benutzeroberfläche.

Die Lernkurve verläuft sehr flach und man sollte die Einarbeitung in ein solches Werkzeug nur dann ins Auge fassen, wenn häufigere Einsätze auf dem Programm stehen (oder Spaß und Freude den Einsatz zum Hobby werden lassen).

Hat man die rohe Geometrie allerdings erst einmal importiert, sind der Vorstellung keine Grenzen mehr gesetzt. Von der Kollisionskontrolle über auslösbare Events bis zu atmosphärischen Effekten in Echtzeit ist alles möglich.

Ein weiterer Vorteil liegt in der meist sehr ausgereizten Nutzung der heutigen Grafikkarten. So ist DirectX in der neuesten Version die Regel und dementsprechend hoch sind die Anforderungen an den Grafikspeicher.

---

[3] www.anark.com
[4] www.quest3d.com
[5] www.virtools.com

Die Ergebnisse allerdings sprechen in der Regel für sich. So sind hier inzwischen auch eigenständige Physics-Engines im Einsatz, und real wirkende Schatten ergänzen ganze Naturlandschaftsdarstellungen und Pflanzen.

Für den normalen Anwender aus technischem Umfeld ist der Aufwand der Einarbeitung zu hoch. Hier steht die Planung und eine schnelle Ausgabe der Daten für eine Präsentation im Vordergrund. Der Aufwand für eine spieleähnliche Umgebung wird oft nicht bezahlt und findet im technischen Umfeld auch nicht immer Verständnis. Sollte eine solche Anforderung durch einen Auftraggeber doch einmal ins Haus stehen, so lohnt der Blick ins Branchenbuch allemal, denn spezialisierte Dienstleister sind für diesen Bereich sicherlich ausreichend zu finden. Wer aber wie erwähnt Spaß daran hat, wird sicherlich auch einiges an Mehrnutzen und Akzeptanz in die laufenden Projekte einbringen.

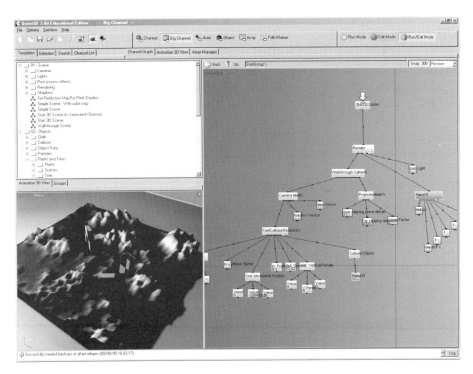

Abb. 254. Screenshot der Quest3D-Umgebung

Geländesache

Zurück zur Visualisierung reiner Geländedaten. Hier wird die Luft ein wenig dünner, denn viele Werkzeuge, die große Geometriedatenmengen beherrschen, sind leider seitens der Bedienung kleine eigene Tempel komplexer Missverständnisse, und es erfordert einiges an Aufwand sich in diese Spezialanwendungen einzuarbeiten.

Im Vordergrund der interaktiven Visualisierung steht die Anforderung, Originaldaten ohne Optimierung und mit möglichst einfacher Navigation darzustellen. TerrainView[6] ist eines der wenigen auf Geländevisualisierung (Planungs- und GIS-Daten) spezialisierten Werkzeuge des kommerziellen Marktes. Das Programm ist ein sehr einfach zu bedienender Viewer mit einigen Extras, der sogar in der Lage ist - dank ausgefeilter LOD-Algorithmen - die gesamte Schweiz im 2,0 Meter Raster Online interaktiv zu visualisieren.

Das bevorzugte Austauschformat ist OpenFlight. OpenFlight überträgt alle benötigten Informationen inkl. Texturierung. Auch ist OpenFlight[7] der momentane Standard in Simulationssystemen und ein „echtes" Terrain-Format. Das OpenFlight-Format bietet beim Export die Möglichkeit, LOD Einstellungen vorzunehmen. LOD bedeutet eine Reduktion der Datendichte für die Grafikausgabe bei zunehmendem Abstand zur Kamera und damit eine Erhöhung der Geschwindigkeit. Das Format ist bei den meisten 3D-Programmen als Standard oder freies Plug-In verfügbar. Ansonsten stehen weiter Austauschformate zur Verfügung:

Terrain-Formate (Geodaten)
- TerraPage Files (*.txp)
- (OpenFlight Files (*.flt))
- VTree Files (*.vt)

3D-Objekte
- (OpenFlight Files (*.flt))
- VTree Files (*.vt)
- VTree Files (*.vtc)
- Autodesk 3D Studio Files (*.3ds)
- VRML 1.0/VRML97 Files (*.wrl)
- Wavefront Files (*.obj)

---

[6] www.viewtec.ch

[7] OpenFlight ist ein unverschlüsseltes Datenformat. Für alle, die ihre Geodaten geschützt sehen möchten, gibt es für TerrainView das IVC-Konverter zur Verschlüsselung und Optimierung der Daten.

□ LightWave Object Files (*.lwo)
□ Design Workshop Files (*.dw)
□ Geo Files (*.geo)
□ OSG Files (*.osg).

Grundsätzlich wird zwischen zwei Arten 3-dimensionaler Daten unterschieden:
□ Terrain - reine Geländeinformationen, die i.d.R. georeferenziert vorliegen
□ Objects - beliebige 3D-Objekte, die in die Szene importiert werden können.

Es können zwar beliebig viele 3D-Objekte in einer Szene vorkommen, aber nur ein Gelände (Terrain). Die Zuweisung der Materialien erfolgt automatisch, und das Modell steht zur Begehung, Befliegung oder sonstigen Art von Sichtung zur freien Verfügung. Je nach Anforderung lassen sich beliebige 3D-Objekte zur Szene hinzufügen, ein- oder ausblenden und einzeln manipulieren. Die Bedienung ist selbsterklärend und ähnlich aufgebaut wie ein Flugsimulator. Im Klartext: kinderleicht und völlig unkompliziert.

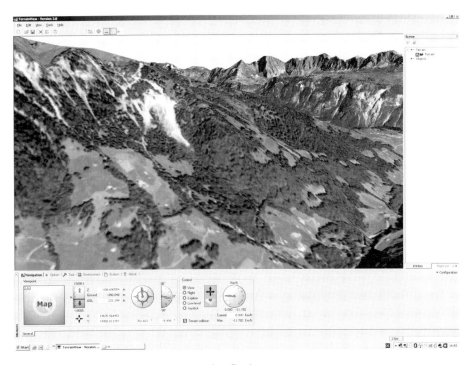

Abb. 255. Screenshot der Benutzeroberfläche

In den Steuerelementen im unteren Drittel des Bildschirms sind alle notwenigen Navigationselemente wie Kompass, Höhenmeter und Geschwindigkeitsskala zu finden. Die jeweilige Kamerahöhe lässt sich parametrisch oder mit Hilfe einer Skala einstellen (z.B. die Geschwindigkeit mit der sich die Kamera über das Gelände bewegt in km/h). Die Größen sind somit genau spezifiziert und nicht in eigenen Systemeinheiten angegeben. Dies ist vor allem bei Realdaten sehr interessant, da sich Flug- oder auch Fahrzeiten relativ genau ermitteln lassen.

Äußerst nützlich ist auch die Möglichkeit, eine 2D-Grafik als Übersicht zu laden. Diese lässt sich mittels Koordinaten bezüglich der 3D-Szene ausrichten bzw. georeferenzieren und interagiert mit dem dargestellten 3D-Szenario. Dies bedeutet, dass die Auswahl eines Punktes auf der 2D-Übersichtsdarstellung die entsprechende 3D-Ansicht aufruft.

In den Modulen des Programms sind einige Gimmicks und nützliche Werkzeuge versteckt. Hierzu gehört unter anderem im Bereich „Tools" die Möglichkeit, POI (Points of Interests) zu definieren. Diese entsprechen eigenen Kamerapositionen und besitzen die Eigenschaft als Sprungziele ausgewählt und aktiviert werden zu können.

Die Beschaffenheit des Wetters, ob sonnenklar oder bewölkt, steht als Environment-Parameter zur Verfügung. Müßig zu erwähnen, dass natürlich auch Wolkenform und -dichte sowie Hintergrundbilder recht schnell im gleichen Dialog erstellt und angepasst werden können. Der Tageszeitverlauf lässt sich ähnlich einfach wie bei den Flugpfaden animieren.

Auch die stereoskopische Betrachtung der 3D-Szenen ist mit Hilfe einer Shutterbrille jederzeit möglich.

Zusammenfassung

Interaktion ist die Sahne im Kaffee der 3D-Visualisierung. Allerdings ist Interaktion auch ein vielschichtiges Thema und meist mit nicht geringem Aufwand und oft auch zusätzlichen Kosten verbunden.

Es gibt unterschiedliche Arten von Interaktion. Die hier vorgestellten entsprechen den gängigsten Verfahren und sind im PC-Bereich geläufig. Auch sind diese Verfahren im Rahmen regulärer Projektarbeit zu realisieren.

Es gibt einige grundsätzliche Anforderungen und Vorgehensweisen bei der Erstellung interaktiver Präsentationen. Hierzu gehören Anforderungen an die Art der Geometrie der Geländemodelle, an die Aufbereitung von Materialien und Texturen und natürlich auch einige Anforderung an die Navigation mit interaktiv zu betrachtenden Daten.

Die Problematik von zu vielen Modifikatoren wurde ebenso wie das Problem des Texture-baking vorgestellt.

Man unterscheidet zwischen sehr eingeschränkten Interaktionen, wie z.B. dem Einsatz von Panoramen aus 3D-Anwendungen heraus oder der Wiedergabe von Geometriedaten in Echtzeitanwendungen.
Die bekanntesten kostenfreien Methoden sind:

- QuickTime VR für Panoramadarstellungen
- VRML für die Wiedergabe von Geometriedaten.

Unter den kostenpflichtigen Produkten wurden Programme wie Anark, Quest3D und Virtools angerissen, aber nicht vertieft.
Ein sehr einfach zu bedienendes Werkzeug zur interaktiven Betrachtung von Geländedaten ist das Programm TerrainView.

Aus der Praxis

Zwei Projekte aus der Praxis mit starkem Bezug zur Visualisierung schließen mit diesem Kapitel das Buch ab.

Public Golf Bad Ragaz

Workflow einer digitalen Landschaftsgestaltung
Im Rahmen eines Forschungsprojektes untersuchte die HSR Hochschule für Technik Rapperswil die Frage, wie „Earth Grading by Realtime GPS" als Teil eines gesamten digitalen Arbeitsablaufs am Bespiel einer Golfplatzplanung funktionieren könnte

Veranlassung und Planung

Der neue 9-Loch-Golfplatz in Bad Ragaz, welcher vom bekannten Golfplatzarchitekten Peter Harradine geplant wurde, ist eingebettet in die reizvolle Landschaft des Schweizer Rheintals. Durch den sensiblen Umgang mit dem Gelände und eine große Wasserfläche passt sich das Projekt gut in die Umgebung ein.
In dem HSR-Forschungsprojekt wurde erstmalig für den Garten- und Landschaftsbau in der Schweiz ein digitaler Arbeitsablauf von Anfang bis Ende demonstrativ durchgespielt. Die Daten des Golfplatzes erhob ein Vermessungsbüro mittels GPS.

Im Büro von Peter Harradine konstruierten die Mitarbeiter einen digitalen Werkplansatz (u. a. den Höhenplan und den Pflanzplan) mit 2D CAD. Weitere Gelände- und Vegetationsdaten, die sich während der Entwurfsphase als wichtig herausstellten und wo es zu aufwendig gewesen wäre extra einen Vermesser zu beauftragen, nahmen die Planer direkt mit dem GS20 vor Ort auf.

Abb. 256. Höhenplan

Leica Geosystems entwickelte dieses GPS-System speziell für Anwender, die nicht aus der Vermessung kommen. Mit den Vermessungsdaten und dem Höhenplan wurde ein 3D-Geländemodell erstellt, das in das DHM 25 Basismodell mit darüber gelegten Orthophotos integriert wurde.

Abb. 257. Pflanzplan der Planungsmaßnahme

DGM und Visualisierung

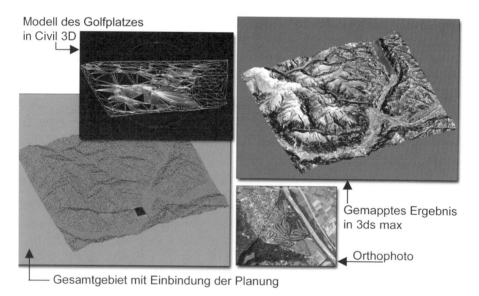

Abb. 258. Von der Planung zur Erstellung des 3D-Modells und Integration in die Gesamtumgebung

Durch eine Schnittstellenoptimierung zwischen den Programmen 3ds max und TerrainView, standen die Daten zur interaktiven Begehung der geplanten Situation zur Verfügung.

Plausibilisierung

Nachdem die Landschaftsarchitekten Änderungen, basierend auf der 3D-Echtzeitbegehung vorgenommen hatten, fand die Geländemodellierung mit einem 3D-GPS-Bulldozersystem statt.

Ausführung

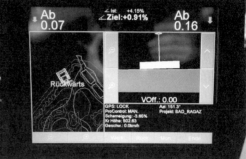

Abb. 259. Einsatz des Leica GPS-Maschinenautomationssystem und damit direkte Übernahme der DGM-Daten in die Praxis

Die Höhenpunkte gab man direkt aus Autodesk Civil 3D an das Leica GPS-Maschinenautomationssystem weiter.
Der aufwendige Arbeitsschritt der Absteckung vor Ort entfiel.

Im Herbst 2005 modellierte eine Landschafts-, Strassen- und Tiefbaufirma den Public Golfplatz mit einem 3D-GPS-Bulldozer. Generell setzt man im Garten- und Landschaftsbau aber hauptsächlich Bagger ein.

Während zum Zeitpunkt der Vorführung das neue 3D-GPS-System für Bagger noch nicht zur Verfügung stand, hat Leica Geosystems mittlerweile eine Version entwickelt. Mit dieser Entwicklung ist es nun möglich, auch komplizierte Geländemodelle, wie sie im Garten und Landschaftsbau anfallen, ohne aufwendige Absteckungen zentimetergenau von der Planung in die Realität mit einem 3D-GPS-Baggersystem umzusetzen

Eingesetzte Software

Planung und DGM - AutoDesk Civil 3d 2005
GISDataPro - Leica Geosystems
GIS-Datenaufbereitung und Konvertierung - ArcGIS
3D-Visualisierung und Animation - AutoDesk Media 3ds max
3D-Interaktion - Terrain View.

Fazit

Die technischen Möglichkeiten sind gewaltig. Die Anbindung von Erfassung, Planung und Ausführung funktioniert nahezu reibungslos. Die Visualisierung der Planungsdaten ist ein entscheidender Faktor zur Plausibilisierung der Planungsmaßnahme. Im vorliegenden Projekt war die Sichtung der Daten nach Erstellung des DGM ein entscheidender Schritt für den problemlosen Ablauf der gesamten Maßnahme.

Für den praktischen Einsatz lässt sich festhalten, dass GPS-Maschinenautomation auch außerhalb der klassischen Einsatzgebiete wie Bergbau und Straßenbau zum Einsatz kommen kann. Die geeigneten Technologien und Technikkomponenten sind vorhanden und werden von den heutigen, auf den Baustellen eingesetzten Maschinen bereits unterstützt. Bedingung ist allerdings, dass die Planer ihre Entwürfe und Pläne, aufbauend auf einem vom Vermesser erstellten Höhenmodell des vorhandenen Geländes, als dreidimensionale Datensätze dem Bauunternehmer übergeben!

Gesamtkonzeption Bundesgartenschau München 2005

Im Rahmen der Planung für die Bundesgartenschau 2005 in München setzte das Büro von Rainer Schmidt verstärkt auf die Visualisierung der Planung, um bereits im Vorfeld die landschaftsarchitektonischen Elemente klar und effizient zu kommunizieren.

Ein Auszug aus dem Leitgedanken:
Der vorhandene Landschaftspark der BUGA mit seinen großzügigen Wegeverbindungen, Wiesenflächen und Gehölzmassiven stellt einen wesentlichen Attraktionspunkt dar und bildet den Ruhepol zu den benachbarten Ausstellungsflächen.

Das Parkleben mit seinen diversen Mikrostrukturen wird auf subtile Weise zum zentralen Bestandteil der Gartenschau: Aufnahmen der Lebewelt aus dem Park werden in den so genannten Häusern der Perspektive gezeigt und eröffnen auf diese Art dem Besucher eine neue Perspektive .

Die temporären gärtnerischen Leistungsschauen finden in klar strukturierten Bereichen der späteren Bebauung ihren Raum. Diese BUGA-Ausstellungsflächen, sowie einzelne Gartenthemen innerhalb der Daueranlage des Landschaftsparks, folgen in Ihrer inneren Organisationsstruktur biologischen Grundformationen (Zellengarten, Blattgarten und Gärten der Potenzen). Durch die Reduktion in der Formensprache werden die temporären Ausstellungsflächen zu ausdrucksstarken, einprägsamen Landschaften, in denen ein Perspektivenwechsel erlebt werden kann. Die lineare Terrasse ist hierbei eine wichtige Verknüpfungslinie; sie ist die Nahtstelle zwischen gebauter Realität und fiktiver Bilderwelt.

Planung

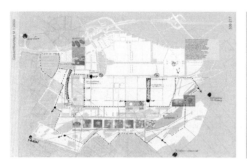

Abb. 260. Das linke Bild zeigt die Einbindung des Landschaftsparks und des Umfelds in das Konzept der Bundesgartenschau. Perspektivenwechsel als roter Leitfaden der Gesamtkonzeption der Bundesgartenschau mit Einbindung des Landschaftsparks. Bild rechts: Riem als Ruhepol zu den benachbarten Ausstellungsflächen

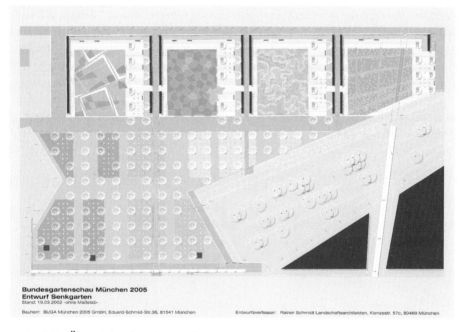

Abb. 261. Übersichtsplan der Senkgärten

Beispiele zur Visualisierung

Abb. 262. Bild links: 3D-Visualisierung der Senkgärten Potenz 10^{-4}, Epidermis der Laubunterseite der Sumpfdotterblume; Bild rechts: Fertiggestellter Garten der Potenzen

Abb. 263. 3D-Visualisierung der Senkgärten aus der Vogelperspektive

Alle Bilder mit freundlicher Genehmigung des Büros Rainer Schmidt Landschaftsarchitekten.

Name des Projekts: Bundesgartenschau 2005 München
Ansprechpartner im Büro: Prof. Rainer Schmidt
Homepage: www.schmidt-landschaftsarchitekten.de
Adresse: Klenzestrasse 57c, D-80469 München

Eingesetzte Software

Planung und Konzept: VectorWorks 11.0, AutoCad 2000
Bildbearbeitung: Photoshop 7.0
3D-Visualisierung: 3d-Studio Max

Glossar

Eine Zusammenfassung der wichtigsten Begriffe der 3D-Visualisierung

Begriffe und Definitionen

123

3DS-Dateien — Netzdateiformat von 3D Studio Release 4

A

Additive Farben — Eine additive Farbe liegt vor, wenn eine weiße Fläche von verschiedenfarbigen Lichtquellen beleuchtet wird. Die additive Farbmischung zweier Komplementärfarben ergibt Weiß. Die additive Farbmischung ist die Grundlage der Computergrafik.

ADI — Abkürzung für Autodesk Device Interface, einer Schnittstelle zu Produkten von Autodesk

Aliasing — Treppeneffekt

Alpha blending — Jedem Pixel wird zusätzlich zum Farbwert (Rot, Grün, Blau) ein Wert für dessen Transparenz zugefügt. Dieses erlaubt die Darstellung von Materialien mit unterschiedlicher Transparenz, zum Beispiel Glas, Milchglas, Nebel, Rauch.

Alpha-Kanal — Farbwerte von Pixeln werden durch die Farben Rot, Grün und Blau zusammengesetzt. Indem man ein weiteres Byte hinzufügt kann man die Transparenz dieses Pixels festlegen - man bezeichnet dieses zusätzliche Byte als "Alpha-Kanal". Bei einem 8bit - Alpha-Kanal können 256 Transparenzstufen dargestellt werden. In der Bildverarbeitung dient dieser Kanal häufig dazu, Maskierungen zu speichern.

Analog — Ständig variierendes, elektronisches Signal um Informationen zu reproduzieren. Gegensatz: digital.

Animatics — Animierte Drehbücher, die i.d. Regel als Zusammenschnitt der einzelnen gezeichneten Scribbles in Form eines Qicktime oder AVI-Movies erstellt werden. Diese fertigen Videosequenzen nennt man ANIMATICS.

ANSI — Abkürzung für American National Standards Institute

Anti-Aliasing	Interpolation der Farben benachbarter Pixel, um die 'Pixel-Sichtbarkeit' in einem Bild zu verhindern. Dient im Allgemeinen dazu, bei schrägen Kanten oder Linien den "Treppcheneffekt" zu verhindern.
ASCII	Abkürzung für American Standard Code for Information Interchange. Einfacher Kode zur digitalen Speicherung alphanumerischer Daten, der von fast jedem Computersystem gelesen werden kann; umfasst maximal 256 Zeichen.
ASCII ArcInfo Grid Format	Ein räumliches Datenmodell, das durch ein Raster gleichmässiger Pixel (Graustufenbild) definiert wird. Jedes Pixel enthält einen Attributwert, der z.B. die Geländehöhe definiert. Für die Bearbeitung ist die Extension, Spatial Analyst oder 3D Analyst, zu Arc-Map - ArcInfo notwendig.
ATKIS	Amtliches topographisch-kartographisches Informationssystem
Atmosphäreneffekte	Dunst und Nebel über einer Naturszene, der leichte Dunstschleier in der Ferne, Wolkenbildungen und Rauch sind Beispiele für Atmosphäreneffekte.
Attribut	Information, die an Objekten eines GIS- oder CAD-Systems gekoppelt ist und deren geometrische oder thematische Eigenschaften beschreibt (Flächeninhalt, Volumen).
Auflösung	Anzahl der Bildschirmpunkte (Pixel) in horizontaler und vertikaler Richtung auf dem Bildschirm. Je höher die Auflösung, desto klarer und schärfer wirkt das Bild.
AVI-Dateien	Microsoft's Videoformat AVI (Audio Video Interleaced)

B

Batch	„Stapel" oder auch Batch-Job. Im Batch-Betrieb werden Programme oder Befehle von Rechnern ohne weitere Einflussnahme des Benutzers ausgeführt.
Bewegungsunschärfe	Bewegungsunschärfe simuliert den Effekt, daß Objekte unscharf erscheinen wenn sie sich in Bewegung befinden. Es gibt die Möglichkeit, die Unschärfe über Objekteigenschaften den einzelnen Objekten direkt zu zuweisen, oder im Renderdialog als Weichzeichner auf die komplette Szene anzuwenden.
Beziérkurve	Beziérkurven verleihen dem Modell weichere Formen als die "geradekantigen" Polygone. Beziérkurven interpolieren durch Oberflächenpunkte in regelmäßigen Abständen den

	Kurvenverlauf. Die Krümmung wird über an der Kurve anliegende Tangenten bestimmt.
Beziér-Spline, B-Spline	Abkürzung für Basis-Spline. B-Splines stellen eine Erweiterung der Beziérkurven dar. Mathematisch als kubische Splines bezeichnet, die durch Kontrollpunkte (Knoten), die nicht auf der Kurve liegen, definiert werden. (Siehe auch Spline)
Bildrate	Anzahl der dargestellten Bilder pro Zeiteinheit. Softwarevideos haben eine feste Bildrate, beim Abspielen kann die wirklich dargestellte Bildrate von der im Video angebotenen erheblich abweichen. (Siehe auch fps)
Billboard	Rechteckige, transparente Ebene, auf der sich ein Bild (Bitmap) befindet und mit dem ein 3D Objekt dargestellt werden soll. In der Landschaftsvisualisierung häufig eingesetzte Technik für die Vegetationsdarstellung.
Bitmap	Digitales Rasterbild
Bit pro Pixel	Anzahl von Bit, die die Farbinformation eines Pixels darstellen.
	8 Bit entsprechen 256 Farben,
	16 Bit ergeben ca. 65.000 Farben (High Color) und mit
	24 Bit lassen sich 16,7 Millionen Farben (TrueColor) darstellen.
	32 Bit pro Pixel erlauben die Darstellung von 16,7 Millionen Farben + 8 Bit Alpha-Kanal für Transparenz informationen. (Siehe auch Alpha-Kanal)
Blendenfleck	Simulation einer Lichtbrechung die durch einen hellen Lichtstrahl erzeugt wird, der auf die Linse einer Kamera fällt
Blickfeld	Die Brennweite erfaßt das Blickfeld, das sogenannte „Field of View" (FOV) und definiert somit die aufzunehmenden Bereiche ihrer 3D-Szene.
Blinn Shading	Blinn shading ist eine Schattierungsmethode, die vom Phong shading abgeleitet wurde. Ein wesentlicher Unterschied besteht darin, daß Glanzlichter auf glänzenden Oberflächen runder erscheinen.
Blur	Siehe Unschärfe
BMP-Dateien	Bitmap. Windows Dateiformat für Pixelgrafiken.
Boolean Modeling	Mit dieser Methode können durch logische Operanden: UND, ODER, NICHT Objekte addiert, verschmolzen bzw. subtrahiert (ein Objekt wird vom anderen abgezogen) oder

Brennweite
deren Schnittmenge gebildet werden.
Die Brennweite ist die Hauptinformation eines Kameraobjektivs. Objektive decken in der Regel eine bestimmte, fixe Brennweite ab: 28 mm, 50 mm, 85 mm.

Allerdings gibt es auch Zoomobjektive, die ein bestimmtes Brennweitenspektrum abdecken: 20 - 28 mm, 28 - 85 mm, 70 - 210 mm.

Bump-Mapping (Relief-Map)
Um einer Textur eine wirklichkeitsnahe Struktur zu geben, muß man ein Bump-Map, welches Höhen- und Tiefenwerte an die Textur übergibt, auf diese legen. Eine Bump-Map ist ein Graufstufenbild, dessen unterschiedliche Helligkeitswerte Höhen- und Tiefen-Informationen übermitteln. Je dunkler die Werte des Bump-Map, desto mehr Tiefe bekommt die Textur.

C

CAD
Computer Aided Desgin

CAM
Computer Aided Manufacturing

CAVE
COMPUTER AUGMENTED VISUALIZATION ENVIRONMENT (Cave - Höhle)

CGA
Abkürzung für Color Graphics Adapter von IBM, einem der ersten Standards für Farbgrafik. Es können entweder 320x200 Pixel mit vier Farben oder 640x200 Pixel mit zwei Farben dargestellt werden.

Chrominanz
Teil eines Videosignals, das dem Farbwert entspricht und Informationen über Farbton und Sättigung enthält. Diese Farbkomponente ergänzt grundsätzlich die Helligkeits- und Luminanzkomponente eines Farbbildes.

Cinepak
Für die Komprimierung von 24 Bit Video zur Wiedergabe von CDs. Er ist sowohl auf Windows- als auch auf Macintosh-Rechnern verfügbar. Das beste Ergebnis erzielt man, wenn der Cinepak-Codec auf die reinen Ursprungsdaten angewendet wird, die noch nicht mit einem stark verlustreichen Kompressor komprimiert wurden. Cinepak ist ein sehr asymmetrischer Codec, d. h. die Dekomprimierung mit Cinepak erfolgt sehr viel schneller als die Komprimierung.

Clipping
Alle derzeit unsichtbaren Bereiche eines 3D-Bildes (abhängig von der zu berechnenden Perspektive) werden ausgegrenzt und bei nachfolgenden Bildberechnungen ausgelassen.

Codec	Hardware, die Audio- oder Videosignale analog und digital konvertieren kann (Encoder/Decoder). Hardware oder Software, die Audio- oder Videodaten komprimieren und dekomprimieren kann (Komprimierung/Dekomprimierung). Oder die Kombination von Encoder/Decoder und Komprimierung/Dekomprimierung. Im Allgemeinen komprimiert ein Codec unkomprimierte digitale Daten, damit diese weniger Speicherplatz belegen.
Constant shading	Konstante Schattierungsmethode. Jede Fläche eines Objekts wir berechnet und dargestellt als ob sie flach wäre. Diese Methode entspricht im wesentlichen dem Flat shading, allerdings werden hierbei Glanzpunkte gesetzt.
CPU	Abkürzung für Central Processing Unit, dem Hauptprozessorchip des Computers, z.B. Pentium-Chip
CV	Abkürzung für Control Vertex (Steuerscheitelpunkt)

D

D/A-Umwandler (DAC)	Wandelt digitale Eingangssignale in analoge Ausgangssignale um, d.h. Bilddaten im Anzeigespeicher der Grafikkarte werden in Videosignale umgewandelt, damit sie der Monitor anzeigen kann.
DDS-Format	Das Data Dictionary System erlaubt den Austausch von Parameterdefinitionen und Binären Daten zwischen Anwendungsprogrammen und dem Endnutzer.
Delaunay-Triangulation	Bei der Delaunay-Triangulation (Dreiecksvermaschung) befindet sich kein anderer Punkt innerhalb des Kreises, der von den Scheitelpunkten eines beliebigen Dreiecks definiert wird.
Delta-Bild	Ein Bild, das nur die Daten enthält, die sich seit dem letzten Bild verändert haben. Delta-Bilder sind ein effektives Mittel, Bilddaten zu komprimieren.
Depth Cueing	Spielt eine wichtige Rolle bei der realistischen Darstellung von 3D-Modellen: weiter entfernte Gegenstände erscheinen unschärfer und dunkler als nahe Objekte. Man erreicht diesen Effekt in dem man Überblendungen mit schwarzen Pixeln mit in das Bild einberechnet. Im Prinzip wird beim Depth-Cueing schwarzer Dunst mit eingerechnet.
DEM	Digital Elevation Model (*.dem - NASA-Format)
DGM	Digitales Geländemodell
DOM	Digitales Oberflächenmodell (mit Bebauung und Bewuchs)

DTM	Digitales Terrainmodell (ohne Bebauung und Bewuchs)
DHM-Basismodell	Das Schweizer Basismodell besteht aus digitalisierten Höhenkurven und -koten, alpinen Hauptbruchkanten als Polylinien und unregelmässig verteilten Punkten. Es ist bei swisstopo (Bundesamt für Landestopografie) für die Schweiz erhältlich
DHM-Matrixmodell	Das DHM-Matrixmodell wurde aus dem DHM-Basismodell interpoliert, besitzt eine Standard-Maschenweite und eine regelmässige Punktverteilung.
Digital	(1) Methode um Ton oder andere Wellen als eine Folge von Binär-Zeichen darzustellen (2) Einstellungsmethode für Radios, bei der die gewünschte Frequenz digital berechnet wird. (3) Numerische Darstellung von Information. Gegensatz: analog.
Digitalisieren	Übersetzung eines analogen Signals in digitale Daten, z.B. durch das Scannen eines Bildes
Digitalisierer	Eingabegerät aus dem CAD-Bereich, um gedruckte Grafiken und Zeichnungen abzutasten, d.h. sie in digitale Computergrafiken umzuwandeln.
Distant-Light	
Dithering	Verfahren um Bilder mit ursprünglich hoher Farbtiefe auch mit geringerer Farbtiefe und damit geringerer Dateigröße gut darzustellen. Dabei wird das Bild gerastert und Farbwerte werden interpoliert.
DOM	Digitales Oberflächen Modell. Das DOM bildet die Erdoberfläche mit Bewuchs und Bebauung ab.
Doppel-Puffer (Double buffering)	Auch als page flipping bezeichnet. Während ein Bild auf dem Monitor angezeigt wird, erfolgt bereits die Berechnung des nächsten Bildes - dieses wird in einen speziellen Speicher geschrieben und erst angezeigt, wenn das Bild vollständig berechnet wurde. Dadurch wird ein sichtbarer zeilenweiser Aufbau verhindert - bei Animationen, Spielen und Videowiedergabe wird das Flackern des Bildes verringert
dpi	Dots per Inch. Mass für die Auflösungsgenauigkeit einer digitalen Darstellung.
Drahtgittermodell	Die Skelettstruktur eines 3D-Modells, das entweder aus Polygonen (s.u.) oder Beziérkurven (s.o.) oder gar NURBS (s.u.) bestehen kann.
Dummy	Ein Dummy ist ein Objekt, welches als Animationshilfe verwendet wird. Ein Dummy wird bei der Bildberechnung nicht gerendert. Dummies werden gerne für die Animation

Begriffe und Definitionen 331

	abgesetzter Gelenke und Verbindungen zwischen Objekten verwendet.
DXF POLYMESH, DXF POLYFACE	Die DXF-Entitäten POLYMESH und POLYFACE sind spezielle Polylinien. Erstere lässt sich mit einem Maschenmodell (Drahtgitter) vergleichen, währenddem DXF POLYFACE eine Flächenbeschreibung ist. Weil in POLYFACE die Indizes der Eckpunkte für alle Teilflächen enthalten sind, ist die Datenmenge rund 2,2 mal grösser als diejenige von POLYMESH.
DXF-Dateien	Data Exchange Format. Entspricht dem AutoCAD-Original-Format DWG als ASCII-Datensatz. Das DXF-Format ist KEIN Standard und ändert sich mit jeder neuen Release von AutoCAD.

E

ECD	Abkürzung für Enhanced Color Display von IBM, für eine 640 x 350 Auflösung
Echtzeit	siehe Realtime
Environment	Die Umgebung, in der sich die 3D-Modelle befinden. Man kann reale (Weltraum, Himmel, Wolken etc.) oder surreale Umgebungen (alles, was die Phantasie hergibt!) wählen.
Environment-Map	Siehe Umgebungs-Map
EPS-Dateien	Encapsulated Postscript. EPS ist eine erweiterte Variante von Postscript und bietet außer der Möglichkeit, Vektor- und Pixelinformationen zu verarbeiten auch die Option Freistellungspfade zu verwenden.
Extrusion	Mit dieser Technik wird einem zweidimensionalen Modell Tiefe im Raum (an einer der Raum-Achsen entlang) gegeben.

F

Farbtiefe	Auch Pixeltiefe genannt. Anzahl von Bit pro Pixel, die Farbinformationen enthalten. Ein System, das 8 Bit per Pixel verwendet, kann 256 Farben darstellen. Ein System, das 16 Bit per Pixel verwendet, kann 65.536 Farben darstellen. Ein System, das 24 Bit per Pixel verwendet, kann über 16,7 Millionen Farben darstellen. 24 Bit-Farben werden oft als Echtfarbdarstellung bezeichnet, weil das menschliche Auge ungefähr zwischen 6 Millionen verschiedenen Farben unterscheiden kann, d.h. weniger als im 24 Bit-Farbsystem zur Verfügung stehen. 24 Bit bedeutet 8 Bit für jedes RGB. Bei 32 Bit-Pixeltiefe werden

	zusätzlich 8 Bit für den Alpha-Kanal verwendet.
Filter	Spezielle Effekte können durch Filter einen Video-Clip oder ein Bild sehr verändern. Filter können auch Probleme aufgrund von Farbkontrasten, Helligkeit oder Balance korrigieren
Flächenlicht	Filmproduzenten und Photografen verwenden gerne die Beleuchtung mit einer sogenannten Lichtwanne.
	Im Bereich der Studioaufnahmen wird diese Technik häufig eingesetzt um natürliche Lichtverhältnisse zu simulieren.
	Lichtwannen oder Area-Lights haben sehr sanfte Hell-Dunkel-Übergänge.
Flächennormale	Eine Flächennormale ist ein Vektor, der senkrecht zur zu einer Fläche liegt und in der Regel nach außen gerichtet ist. Die Normale wird durch die Art bestimmt wie die Fläche in einem rechtsdrehenden Koordinatensystem erstellt wurde.
Flat shading	„Flache" Schattierungsmethode. Alle Flächen eines Objektes werden mit nur einer Farbe dargestellt, also nur einem Lichtwert pro Fläche. Die mit Flat shading berechneten Körper wirken kantig und eckig.
FOV, Field of View	Field of View, Blickfeld
fps	Frames per second. Maßeinheit der Bildrate bei Videos und Animationen. Flüssige Bildfolgen erhält man bei einer Bildrate von etwa 20 frames per second. Fernsehen wird mit 25 Bildern pro Sekunde ausgestrahlt.
Fraktale Geometrie	Teilgebiet der Geometrie, das auf dem Prinzip der „Selbstähnlichkeit" aufbaut. Fraktale Objekte bestehen aus Teilelementen, welche ihrerseits die gleiche Struktur aufweisen, wie die übergeordneten Elemente. Benoit Mandelbrot ist ein Mathematiker, der sich in seiner Forschungen intensiv damit beschäftigt hat.
Frame	Einzelnes Videobild

G

Georeferenzierung	Objekten (Vektoren, Pixel) wird ein Koordinatensystem zugewiesen.
Geo-Tif	Pixelbasierendes Datenformat, das georeferenzierte Informationen enthält.
Ghosting	Früher wurden Animationen auf durchsichtiger Zelluloidfolie gezeichnet, durch die man auf die vorangegangenen handgezeichneten Frames hindurchsehen

	konnte.
GIF-Dateien	Graphics Interchange Format. GIF ist ein LZW-komprimiertes Format, das entwickelt wurde, um die Dateigröße und die Übertragungszeit per Telefonleitungen so weit wie möglich zu reduzieren
GIS	Geographisches Informationssystem. System zur Erfassung, Verwaltung, Analyse und Darstellung grosser Mengen räumlicher Daten und darauf bezogener thematischer Attribute.
Glow	Leuchteffekt beim Rendern
Glühbirne, Omni-Light, Punktlicht	Eine Glühbirne sendet ihr Licht gleichmäßig in alle Richtungen. Der Strahlenfokus einer solchen Lichtquelle läßt sich nicht einstellen.
Goldener Schnitt	Der goldene Schnitt ist die Teilung einer Strecke so, daß die gesamte Strecke sich zu dem größeren Teilstück verhält, wie das größere Teilstück zum kleineren.
	Der Lehrsatz besagt, daß ein Betrachter die Aufteilung einer Strecke oder Fläche im Verhältnis von drei zu fünf als harmonisch empfindet.
Gouraud-Shading	Optimierte Art des Flat-Shading, bei welchem die Kanten mit Farbzwischenwerten interpoliert werden und somit nicht mehr störend auf den Betrachter wirken.
GPS	Global Positioning System
G-Puffer	Bildlayeraktionen in der Videonachbearbeitung verwenden statt der RGB- und Alpha-Masken sogenannte G-Puffer-Masken. Diese basieren auf Grafikpufferkanälen.
Graustufen	Ein Graustufenbild besteht nur aus Grauschattierungen. Das bedeutet normalerweise 254 verschiedene Grauschattierungen plus Schwarz und Weiß: 256 Graustufen insgesamt.
Grid	Gitter, das die Grundstruktur einer Rasterdarstellung bildet.

H

Halbbild	Halbbild: Das Bild eines Fernsehers besteht eigentlich aus zwei Bildern. Diese wechseln 50 mal pro Sekunde.
	Das heißt, daß statt einem linearen Ablauf von 25 Einzelbildern hintereinander 50 halbe Bilder über Ihren Bildschirm jagen.
	Bei der Wiedergabe wird ein Zeilensprungverfahren verwendet, bei welchem ein „normales" Vollbild in festgelegte Zeilen zerlegt wird. Und zwar in gerade und

ungerade Zeilen. Die ungeraden Zeilen werden in das erste Halbbild gesteckt, die geraden Zeilen bilden das Zweite Halbbild.

Dieses Verfahren wurde ursprünglich dafür entwickelt, die Bandbreiten bei der Übertragung der Fernsehsignale zu reduzieren.

HLS — Hue, Lightness, Saturation. Farbsystem zur Definition von Farben nach Farbwert, Helligkeit und Sättigung

HSDS — Hierarchical SubDivision Surfaces ist die nachträgliche Unterteilung von vorhandenen Flächen mit dem Hintergrund, diese für eine hochwertigere Darstellung feiner aufzulösen.

I

IGES — Initial Graphics Exchange Specification. ANSI-Standard zur Definition eines neutralen Formats für den Datenaustausch zwischen unterschiedlichen CAD- (Computer-Aided Design), CAM- (Computer-Aided Manufacturing) und Computervisualisierungssystemen

IK, Inverse Kinematik — Im Gegensatz zum wirklichen Bewegungsablauf eines menschliches Armes, dessen Bewegungskette (Kinematik) z. B. beim Heben eines Armes erst von der Schulter, zum Oberarm, dann zum Unterarm und schließlich zur Hand geht, ist die Steuerung von 3D-Modellen einfacher vom Ende einer Bewegungskette her zu kontrollieren. Diese umgekehrte Bewegungssteuerung wird daher inverse Kinematik genannt.

Indizierte Farbbilder — Indizierte-Farbbilder enthalten eine Farbtabelle in ihren Daten. Diese Tabelle verzeichnet alle Farben, die im Bild vorkommen können. Für ein Indiziertes 16 Bit Farbbild umfaßt die Tabelle 16 Farbeinträge (4 Bit), für ein Indiziertes 256 Farbbild 256 Farben (8 Bit). Weitere Farben können ähnlich den Grauwerten bei reiner schwarzweißen Darstellung simuliert werden, indem man Pixel verschiedener Farben dicht nebeneinander setzt. Das Auge sieht dann Farben, die in der Farbtabelle nicht enthalten sind. Sie können Bilder in Indizierten Farbbilder verwandeln, um sie dann in einigen Programmen wie Windows Paintbrush zu laden, oder um sie auf Monitoren anzuzeigen, die nur 256 oder 16 Farben darstellen können.

INTEL Indeo Video — Für die Komprimierung von 24 Bit Video zur Wiedergabe von CDs. Wie der Cinepak-Codec erreicht er höhere Komprimierungsraten, eine bessere Bildqualität sowie eine schnellere Wiedergabegeschwindigkeit als der Microsoft

	Video 1 Codec und ist sowohl für Windows als auch für Macintosh Computer verfügbar
Interaktiv	Betriebsart eines Systems, bei der während des Programmablaufs Dateneingaben und Ablaufsteuerung vom Benutzer vorgenommen werden können.
Interface	Schnittstelle zweier oder mehrerer Komponenten eines Systems.
Interlaced-Darstellung	Der Bildschirm wird in Zeilen aufgeteilt. Beim Interlaced-Verfahren werden beim Bildschirmaufbau zuerst alle geraden, dann alle ungeraden Bildschirmzeilen aufgebaut. Dadurch wird höhere Grafikauflösung ermöglicht, aber der Bildschirm flimmert mehr als bei non-interlaced Monitoren, die den gesamten Schirm (mit jeder Zeile) jedes Mal vollständig aktualisieren.
INTERLIS	INTERLIS ist ein Beschreibungs- und Transfermechanismus für Geodaten (daher "The GeoLanguage"). Mit dieser einheitlichen Sprache können Fachleute ihre Datenmodelle präzise modellieren und daraus Softwareapplikationen und Schnittstellendienste ableiten. Die Grundidee von INTERLIS besteht darin, dass ein digitaler Austausch von strukturierten Informationen nur möglich ist, wenn die am Austausch beteiligten Stellen eine genaue und einheitliche Vorstellung über die Art der auszutauschenden Daten haben. Weiter Infos unter www.interlis.ch

J

JPEG, JPG-Dateien	Joint Photographic Experts Group. JPEG ist das gebräuchliche Format für die Darstellung von Fotos und anderen Halbtonbildern in HTML-Dateien im World Wide Web und anderen Online-Diensten.

K

Kacheln	Fliesen oder Tapetenmuster sind ein typisches Beispiel für die Verwendung von Kacheln. Sie nutzen einen kleinen Ausschnitt, nämlich eine Fliese, die durch Angabe der Art der Kachelung dann n-fach wiederholt wird. Hier wird in der Regel eine Anzahl von Kacheln in U- und V-Richtung des Maps angegeben. UV sind die lokalen Achsen des jeweiligen Maps.
Keyframe	Eine Keyframe ist ein Basisbild mit dem andere Frames auf Unterschiede verglichen werden.
Keyframe-Animation	Der Begriff stammt aus der Welt der Zeichentrickfilme und bezeichnete die Schlüsselszenen des Trickfilms die von

	einem Chefzeichner gefertigt wurden. Die zwischen den Schlüsselszenen liegenden Szenen wurde durch die in rauhen Mengen vorhandenen Zeichenknechte erledigt.
Kontroll-Punkte	Regelpunkte zur Bearbeitung von Splines oder NURBS, siehe CV
Koordinaten	Zur Orientierung im Raum wird ein Koordinatensystem verwendet. Es beschreibt durch Angabe von X-, Y-, und Z-Wert die Lage eines Punktes im Raum.

L

Landsat Mosaic	Landsat Mosaic ist ein Satellitenbildmosaik der gesamten Schweiz mit 25 m Auflösung, aus mehreren geokodierten und radiometrisch angepassten Szenen natlos zusammengesetzt. Die Satellitenbilder wurden vom Fernerkundungssatelliten Landsat 5 aus einer Höhe von 705 Kilometern aufgenommen. Es umfasst nur die Spektralkanäle 3, 2 und 1 (entsprechend R/G/B) und ist in den Auflösungen 25 m und 100 m im TIFF-Format erhältlich.
Landschafts-modelle	Landschaftsmodelle geben die Objekte der Landschaft im flexiblen Vektorformat wieder. Sie bestehen aus thematischen Ebenen (Bsp. Verkehrsnetz). Jede Ebene umfasst georeferenzierte punkt-, linien- oder flächenförmige Objekte. Jedes Objekt enthält Attribute und Beziehungen (Topologie).
LandXML	Dieses Format bildet die Topologie eines TIN in einer Knoten- und Elementliste ab. Das Format ist als Schnittstelle für TIN optimal, da auch alle Bruchkanteninformationen erhalten bleiben. LandXML ist ein offenes OpenSource-Format und wird von vielen GIS-Produkten und -Herstellern inzwischen unterstützt.
Lathe, Rotations-körper	Zweidimensionale Vektorgrafiken (Linienzüge) werden durch drehen um eine Achse zu einer dreidimensionalen Form gewandelt. Der Halbquerschnitt eines beliebigen Objektes ist dabei die ideale Vorlage für ein Lathemodell.
Lichtabnahme, Attenuation	Mit zunehmendem Abstand zu seinem Ursprung nimmt die Lichtstärke immer mehr ab. Objekte die sich nahe an der Lichtquelle befinden erscheinen heller als Objekte, die weit davon entfernt sind.
Lichter	3D-Programme unterscheiden in der Regel mehrere Arten von Lichtern bzw. Lichteinfallformen.

Lichtwanne	Siehe Flächenlichter
Linseneffekte	Linseneffekte sind Effekte die bei unserer Wahrnehmung von Beleuchtungen entstehen. Stellen Sie sich vor, sie würden direkt in die Sonne blicken (tun Sie dies ohne Filter auf gar keinen Fall). Sie würden ein Menge Strahlen und ein diffuses Leuchten um die Sonne herum wahrnehmen, eine ausgeprägte Aura. Linseneffekte werden in der Computergrafik meist über Filter in der Nachbearbeitung generiert.
LOD	Level Of Detail - Echtzeitobjekte müssen in unterschiedlichen Detaillierungsgraden dargestellt werden. Normalerweise mit weniger Details in der Ferne und mit mehr im Vordergrund.
L-System	Beschreibungssystem für die Simulation der Entwicklung graphischer Strukturen, wird insbesondere für die Generierung von Pflanzenbildern angewendet.
Luminanz	Teil eines Videosignals, das den Helligkeitswert angibt - grundsätzlich die Schwarz-Weiß-Grundierung eines Farbbildes.

M

Mapping	Mapping ist der gängige Begriff für die Belegung von 3D-Oberflächen mit einer Textur, einem Material
Material	Der Begriff des Materials, der Textur beinhaltet alles was die Oberflächenbeschaffenheit eines Objekts ausmacht
Matte-Objekt	Mit Matte-Objekten hat man die Möglichkeit einem Objekt Unsichtbarkeit zu zu weisen und die dahinter liegende Geometrie ohne den Hintergrund zu verdecken
Meshes	Beschreibung von Objekten durch meist polygonale Netze
Metadaten	Daten über Daten, wie die Quelle, Datum, Genauigkeit und weitere Attribute.
Metal shading	Metal shading findet Verwendung beim Einsatz von stark reflektierenden Oberflächen wie Metall oder Glas.
Microsoft Video 1	Komprimierung von analogem Video. Er bietet eine verlustreiche, räumliche Komprimierung (siehe unten), die Farbtiefen von 8- bis 16 Bit unterstützt.
MIP maps	Mip maps sind eine Sammlung von optimierten Bitmaps (4 x 4, 16 x 16, 256 x 256 Pixel), die zusätzlich zur Haupttextur vorliegen. Vor allem in Echtzeitanwendungen werden Mip maps verwendet, um die Geschwindigkeit des Flugs zu erhöhen. Die Abkürzung „MIP" entspricht dem Lateinischen multum in parvo und bedeutet „viel in einem

Morphing	kleinen Raum". Spezialeffekt, bri dem eine Form allmählich in eine andere übergeführt wird.
MOV-Dateien	Movie. Apple's Datenformat für Audio und Video
MPEG4	MPEG4 ist ein international genormtes Verfahren zur Speicherplatz sparenden digitalen Aufzeichnung von Bewegtbildern zusammen mit mehrkanaligem Ton. Hinter dem Format steht die "Motion Joint Picture Expert Group" (MJPEG). Wichtiges Merkmal aller bisherigen JPEG-Formate sind die Aufwärtskompatibilität; d.h. fortschrittlichere Encoder/Decoder (Codecs) können jeweils auch ältere Formate derselben Edition verarbeiten.

N

Nebel	Ein Verblassungseffekt, der vom Abstand des Objektes zum Betrachter abhängt.
Normale	Die Flächennormale bezeichnet den Vektor, der die Richtung definiert, in die eine Fläche zeigt. Eine Textur wird i.d.R. auf die Seite mit der Flächennormalen gemappt.
NTSC	NTSC ist die Abkürzung für National Television Standards Committee. Dies ist die Bezeichnung des in Nordamerika, großen Teilen von Mittel- und Südamerika und in Japan gebräuchlichen Video-Standards.
NURBS	Non-Uniform-Rational-B-Spline, NURBS sind mathematisch genau definierte Funktionen, deren Genauigkeit nicht wie die polygonale Modellierung von der Detailierung der Elemente abhängt.
NURMS	Non-Uniform-Rational-Mesh-Smooth, spezieller in Max integrierter Mesh-Smooth-Modifikator

O

OBJ-Dateien	Aliaswavefront-Datenformat
Opazität	Lichtundurchlässigkeit. Geringe Werte entsprechen einer geringen Lichtundurchlässigkeit, hohe Werte einer hohen Lichtundurchlässigkeit.
OpenFlight	MutliGen Paradigm's Datenformat, das sich im Bereich der Simulation von Geländedaten zum "Standard" entwickelt hat.
OpenGL	3D-Softwareschnittstelle (3D API) für Windows NT und Windows 95, von Microsoft lizensiert und basierend auf Iris GL von Silicon Graphics.

Ortho Rectifizierung	Der Prozess der Anpassung einer Fotoaufnahme an einen konstanten horizontalen Massstab
Orthofoto	Ein Orthobild ist ein durch geometrische Transformation korrigiertes Luft- oder Satellitenbild, das geometrisch einer orthogonalen Projektion des Geländes auf eine kartografische Bezugsfläche entspricht.
Overshoot	Option die die gesamte Szene erleuchtet, unabhängig vom eugentlichen Lichtkegel. Schattenwurf findet jedoch nur im Bereich des Lichtkegels statt.

P

PAL	"Phase Alternate Line". PAL ist der Fernseh-Standard der meisten europäischen Länder
Partikelsystem	Mit Partikelsystemen lassen sich Schnee, Regen, Staub usw. simlieren.
Patch	Patch-Objekte eignen sich zur Erstellung sanft gekrümmter Oberflächen.
PDF-Dateien	Das Portable Document Format (PDF) ist wie HTML ein plattformunabhängiges Dateiformat zur Verwaltung vonText- und Bilddaten.
Perspektive	Ansicht,m die der menschlichen Sichtweise nachempfunden ist. Objekte werden in der Entfernung kleiner dargestellt wodurch der Eindruck von räumlicher Tiefe erzeugt wird.
Phong shading	Beim Phong shading werden die Kanten und Flächen geglättet. Glanzlichter von gleichmäßigen glänzenden Oberflächen werden realistisch gerendert.
Photometrie	Unter Photmetrie versteht man die auf physikalischen Gegebenheiten basierende Simulation der Ausbreitung von Licht in einer definierten Umgebung.
Pixel	Abkürzung für Bildschirmpunkt (Pixel engl. von 'Picture Cell / Element'), der kleinsten dargestellten Einheit auf dem Monitor. Sie könnte mit den Punkten der Fotoabbildungen in Zeitungen verglichen werden. Auch pel genannt.
Pixelschattierung (Dither)	Darstellung einer Farbe durch das Mischen von eng verwandten Farben
Pixeltiefe	Auch Farbtiefe genannt. Anzahl von Bit pro Pixel, die Farbinformationen enthalten. Ein System, das 8 Bit per Pixel verwendet, kann 256 Farben darstellen. Ein System, das 16 Bit per Pixel verwendet, kann 65.536 Farben darstellen. Ein System, das 24 Bit per Pixel verwendet, kann über 16,7 Millionen Farben darstellen. 24 Bit-Farben

	werden oft als Echtfarbdarstellung bezeichnet, weil das menschliche Auge ungefähr zwischen 6 Millionen verschiedenen Farben unterscheiden kann oder weniger als im 24 Bit-Farbsystem zur Verfügung stehen. 24 Bit bedeutet 8 Bit für jedes RGB. Bei 32 Bit-Pixeltiefe werden zusätzlich 8 Bit für den Alpha-Kanal verwendet.
POI, Point of Interest	Gegenstand und Mittelpunkt der dargestellten Szene. Der POI ist der Schwerpunkt der betrachteten Darstellung.
Polygon	Eine Fläche, die aus beliebig langen Geradenstücken bestehen. Das kleinste Polygon ist ein Dreieck.
POV, Point of View	Kamerastandpunkt. Ausgangspunkt zum Betrachten der Szene
Primitive	Objekte aus einfachen geometrischen Formen. Kugeln, Würfel, Pyramiden. Da diese Formen mathematisch leicht beschreibbar sind, sparen sie Rechenzeit und Arbeitsspeicher. So weit es realistisch bleibt, sollte man beim Modeling immer auf diese Grundobjekte zurückgreifen.
Projektion	Mathematische Formel für die Konvertierung von Punkten einer gewölbten Fläche (z. B. Erde) auf eine Ebene (z. B. Plan).
Prozedur-Map	Im Gegensatz zur festen Matrix eines Bitmaps werden Prozedur-Maps anhand mathematischer Algorithmen generiert. Mit Hilfe eines Prozedur-Maps lassen sich die unterschiedlichsten Arten von Formen erstellen.
PS-Dateien	Postscript. Eigentlich eine steuerbare Druckersprache
PSD-Dateien	Photoshop-Dateiformat

Q

Quicktime	Quicktime-Movie. Apple's Datenformat für Audio und Video

R

Radiosity	Radiosity betrachtet Licht als Energie und ist dadurch in der Lage, die diffuse Lichtverteilung in einem Raum physikalisch nahezu exakt zu berechnen.
Rasterformat Bilder	Abspeicherung einer graphischen Darstellung über die Zerlegung der Grafik in gleich grosse und regelmässige Bildelemente (Pixel).
	Am Beispiel Bitmap (und seinen variablen Einsatzmöglichkeiten):
	Bitmap - allgemeine Bezeichnung für Pixelgrafiken

Begriffe und Definitionen 341

	Bitmap *.bmp - Microsoft eigenes Bildformat (siehe bmp)
	Bitmap - Größe als Farbtiefe (2 Farben: schwarz und weiß)
Rasterformat DGM	Rasterformat bezeichnet bei Digitalen Geländemodellen den Aufbau auf Grundlage einer gleichmäßigen Matrix zur Definition des Geländemodells in Reihen und Spalten.
Raytracing	Beim Raytracing wird zwischen dem Auge des Betrachters, also ihrer Kamera und der betrachteten Szene eine „virtuelle" Projektionsfläche aufgespannt. Diese Projektionsfläche entspricht der gewünschten Auflösung des Ergebnisbilds in Länge und Breite (Pixel).
Realtime	In der Echtzeit-3D-Visualisierung entfällt die langwierige Berechnung der Bilder und Szenen, da hier auf hochspezialisierte Hardware (High-Tech-Graphikkarten) zurückgegriffen wird, die in den meisten Standard-PC-Systemen heute vorhanden ist. Diese Graphikkarten haben viele Algorithmen auf Hardwarebasis eingebaut, die sonst von der Software und der CPU des Rechners abgearbeitet werden mußten. Mit Hilfe dieser Graphikkarten können Berechungen in Echtzeit, d.h. mit mehr als 25 Bildern pro Sekunde ausgeführt werden.
Refraktionsindex	Der Grad der Lichtbrechung, wenn das Licht auf ein mehr oder weniger transparentes Material trifft. Eine virtuelle Glaskugel ist besonders realistisch, wenn der Refraktionsindex der "Glastextur" den typischen Brechungsfaktor von wirklichem Glas gleichgesetzt wird.
Rendern	Bezeichnet den Rechenprozess, der für die zweidimensionale Darstellung eines 3D-Modells oder einer 3D-Szene erforderlich ist. Dieser Prozess kann nach mehreren Berechnungsarten mit unterschiedlichem Rechenaufwand und unterschiedlicher Qualität des Ergebnisses durchgeführt werden.
RGB 8 Farben	Der RGB 8-Farben-Datentyp ist ein 3 Bit-Typ, in dem jedes Pixel eine von acht Farben annehmen kann. Die RGB 8-Farben-Bilder werden automatisch zu indizierten 16-Farbbildern umgewandelt, wobei die acht Farben beibehalten werden, aber Platz für acht weitere Farben geschaffen wird. Sie können aber keinen Dateityp selbst in den RGB 8-Farben-Typ umwandeln.
RGB Echtfarb-darstellung (True Color)	RGB steht für Rot-Grün-Blau. Alle in diesem Datentyp darstellbaren Farben setzen sich aus je einem Anteil einer der drei Grundfarben zusammen. Der Anteil jeder der drei Grundfarben kann in 256 Stufen variieren. Wenn Sie diese Farben zusammenmischen, kommen Sie auf 16,7 Millionen

	mögliche Farbkombinationen. (3 mal 8 Bit = 24 Bit, 2 hoch 24 = 16,7 Mio.). Das menschliche Auge kann zwischen Farbnuancen in dieser Größenordnung nicht mehr unterscheiden. Daher erklärt der Begriff True Color = Echtfarbdarstellung.
RGB-Format	Eine Tif-Datei ist meistens zu gross, um einer Echtzeitumgebung eingesetzt zu werden. Das Bild muss optimiert werden, damit die Grafikkarte es möglichst schnell laden kann, hierfür eignet sich das Format .rgb. RGB Dateien können aus dem Photoshop geschrieben werden, allerdings muss ein PlugIn installiert werden. Das Plug-In für Photoshop findet man unter: http://www.telegraphics.com.au
RGB-Farbraum	Monitore bilden aus den Farben Rot, Grün und Blau per additiver Mischung ein Bild mit unendlich vielen Farben. Die Verarbeitung von Bildinformationen erfolgt deshalb mit den Daten für die RGB-Farben. Die drei Farbvektoren bilden einen Farbraum, in dessen Ursprung der Wert für Schwarz und in der gegenüberliegenden Ecke der Wert für Weiß beschrieben wird.
RLA-Dateien	RLA ist ein weitverbreitetes SGI-Format. Das RLA-Format unterstützt 16 Bit RGB-Dateien mit einem einzelnen Alpha-Kanal. RLA ist ein hervorragendes Format für die Weiterbearbeitung von 3D-Visualisierungen, da sich Tiefeninformationen in diesem Format speichern lassen.
Rotationskörper	Siehe Lathe
Rotoskopie	Als Rotoskopie wird der Vorgang bezeichnet, bei dem Video-Frames als Hintergrund für passende Objekte importiert werden.
RPF-Dateien	RPF-Dateien ersetzen RLA-Dateien als vorrangiges Format beim Rendern von Animationen, die weitere Nachbearbeitung oder Arbeit an Effekten erfordern.

S

Sättigung	Die Sättigung definiert die Reinheit einer Farbe. Eine Farbe mit hoher Sättigung ist sehr intensiv, eine Farbe mit niedriger Sättigung sieht ausgeblichen aus.
Scanline-Renderer	Ein Scanline-Renderer berechnet die Helligkeit für jeden einzelnen Punkt einer Fläche. Somit sind realistische Übergänge von hell nach dunkel, Glanzpunkte und Texturen in Ihrer Ausgabe möglich.
Schattenfarbe	In der Regel kann man sagen, daß die Schattenfarbe der

	Komplementärfarbe der Hauptlichtquelle entspricht
Schattenmaps (Shadow-Map)	Als Schatten-Map wird ein Bitmap bezeichnet, das der Renderer während eines ersten Durchgangs beim Rendern der Szene erzeugt. Die Schattengenerierung in einem Scanline-Renderer erfolgt mittels sogenannter Schattenmaps. Die Größe des Schattenmaps bestimmt die Präzision des Schattens. Je höher der Wert, desto genauer wird der Schatten berechnet.
Schattierung (Flat, constant, Phong, Blinn)	Schattieren oder Rendern bietet eine Möglichkeit, die Farben auf einer gewölbten Oberfläche zu definieren, um dem Objekt ein natürliches Aussehen zu verleihen. Um dies zu erreichen, werden die Oberflächen in kleine Dreiecke aufgeteilt.
Scheinwerfer, Spot-Light	Spotlights verhalten sich im Grunde wie Pointlights, nur daß sich das Licht innerhalb eines Kegels ausbreitet - ein Spotlight mit 360 Grad wäre ein Pointlight. In den meisten 3D-Programmen läßt sich dieser Winkel stufenlos verstellen.
Schlüsselszene	Die sogenannten Keyframes dienen dem Festlegen der einzelnen Animationsabschnitte.
Schwerpunkt (Pivot)	Der Schwerpunkt stellt die lokale Mitte und das lokale Koordinatensystem eines Objekts dar.
Seitenverhältnis	Das Seitenverhältnis drückt die Proportionen eines Standbilds oder Frames in einem Film als Verhältnis von Breite zu Höhe aus. In der Regel wird das Seitenverhältnis entweder als Quotient aus Breite und Höhe (zum Beispiel 4:3) oder als Verhältniszahl mit der Basis 1 (zum Beispiel 1,333) angegeben.
Selbstillumination	Über die Selbstillumination erreichen Sie den Effekt, eine Oberfläche leuchten zu lassen ohne daß diese in der Lage wäre einen Schatten zu werfen. Diese Illusion wird dadurch erreicht, daß die Schatten auf der Oberfläche durch die Streufarbe ersetzt werden
shapefile	Ein Vektor-Datenformat für die Speicherung der Lage und von geographischen Attributen
Skinning	Mit dieser Technik legt man eine Haut (Skin) um die Querrippen eines Modells.
SMTP	SMPTE (Society of Motion Picture and Television Engineers) ist eine Zeitanzeige, die für die meisten professionellen Animationsproduktionen verwendet wird. Das SMPTE-Format zeigt Minuten, Sekunden und Frames von links nach rechts, durch Doppelpunkte getrennt, an.

	Beispiel: 01:14:12 (1 Minute, 14 Sekunden und 12 Frames).
Sonnenlicht	Beim Sonnenlicht fallen die Lichtstrahlen parallel auf die Szene - je nach Tageszeit und Wetterkonstellation verändert sich der Einfallwinkel des Lichtes, dessen Kraft und die Färbung (von hohem Weißanteil zur Mittagszeit bis zur Rötung in der Abendzeit). Dies wirkt sich wiederum auf die Schattenstärke, den Schattenwurf und die Schattenfärbung des angestrahlten Objektes aus.
Spline	Eine Kurve, deren Form durch Kontrollpunkte außerhalb der Kurve bestimmt wird. Die Methode ähnelt jener der Beziérkurven, wird jedoch mathematisch anders definiert. Der Begriff Spline stammt übrigens aus dem Schiffsbau. Metallbänder am Schiffsrumpf wurden durch an verschiedenen Stellen fixierte Gewichte (Knoten) in die vorgesehene Form gebracht.
SPOT Mosaic	Spot Mosaic ist das neue 5 m-Satellitenbildmosaik der Schweiz, aus mehreren geokodierten und radiometrisch angepassten Szenen natlos zusammengesetzt. Die Satellitenbilder wurden vom Fernerkundungssatelliten Spot 5 aus einer Höhe von 822 Kilometern aufgenommen. Das Echtfarbenbild mit 5 m-Auflösung, stammt aus mosaikierten simultanen Bildpaaren mit zwei verschiedenen Auflösungen und wird im TIFF-Format erhältlich sein.
	http://www.npoc.ch
Streufarbe	Dies ist der Farbbereich der direkt beleuchteten Oberfläche. Fragt uns jemand nach der Farbe eines Objektes, geben wir i.R. die Streufarbe an.
Subtraktive Farben	Eine subtraktive Farbe liegt vor, wenn aus dem auftreffenden Licht durch Absorption eine oder mehrere Farben des Spektrums entfallen. Werden alle Farben des Spektrums absorbiert, nehmen wir die Farbe Schwarz wahr
Szene	Gesamtheit aller Elemente (Modelle, Lichter, Texturen etc.) einer 3D-Komposition

T

Texturen	Durch das Überstülpen bzw. Ummanteln (Mappen) eines 3D-Modells mit einer Textur, die eine organisch wirkende Oberfläche hat, gibt man dem 3D-Modell erst das wirklichkeitsnahe Aussehen. Eine Textur kann ein Bitmapbild oder prozedural sein (siehe Prozedur-Map). Mit Parametern wie Refraktion oder Transparenz u.v.a.m. kann

	man das Erscheinungsbild und die Lichtwirkung der Textur beeinflussen.
Texturendarstellung (Texture mapping)	Das Abbilden einer Bitmap auf einem Objekt unter Rücksichtnahme auf die perspektivische Korrektur (z.B.: Tapete an einer Wand oder Holzmaserung auf Möbeln). Auch Video kann dafür verwendet werden.
TGA-Dateien	Truevision-Format. TGA wurde für die Verwendung mit Systemen entwickelt, die mit Truevision Videokarten arbeiten.
TIF(F)-Dateien	Tagged-Image File Format. TIF ist ein flexibles Bitmap-Format, das von praktisch jedem Mal-, Bildbearbeitungs- und Seitenlayoutprogramm unterstützt wird. Auch nahezu alle Desktop-Scanner produzieren TIF-Bilder.
TIN	Trianguliertes irreguläres Netzwerk. Es werden jeweils die am nächsten zueinander liegenden Punkte zu unregelmässigen Dreiecken vereint; die dadurch entstehenden Flächen bilden ein Geländemodell.
Topologie	Lehre von der Lage und Anordnung geometrischer Gebilde im Raum
Topologische Datenstruktur	Abspeicherung graphischer Daten in einer Weise, dass die topologischen Verhältnisse zwischen einzelnen Objekten ermittelt werden können.
Transformations-Matrix	Die Sprache der 3D-Grafik ist die lineare Algebra. Alle Transformationen innerhalb einer Szene wie z.B. Skalierung, Rotation oder die Positionierung von Objekten sind durch 4 x 4 Transformations-Matrizen definiert.
Transparenz	Transparenz bezeichnet die Lichtdurchlässigkeit eines Materials im Gegensatz zur Opazität, die die Lichtundurchlässigkeit eines Materials definiert
True Color-Darstellung	Gleichzeitige Darstellung von 16,7 Mio. Farben (24 oder 32 Bit pro Pixel). Die Farbinformation, die im Anzeigenspeicher gespeichert ist, wird direkt dem D/A-Umwandler übergeben und nicht erst durch eine Übersetzungstabelle verarbeitet. Daher müssen Farbinformationen für jedes einzelne Pixel gespeichert werden. Es wird davon ausgegangen, daß das menschliche Auge nicht mehr als 16,7 Millionen Farben unterscheiden kann.

U

Umgebungslicht, Ambient light	Das Umgebungslicht bestimmt die Grundhelligkeit und die Grundfarbe Ihrer Szene.

Umgebungs-Map	Umgebungs-, Environment-Maps simulieren die Strahlenberechnung der reflektierten Umgebung indem ein Bitmap als Reflexion verwendet wird. Somit kann also ein vorhandenes Bild für Reflexion und Refraktion eingesetzt werden.
UVW-Koordinaten	Man bezeichnet Mapping-Koordinaten als UV- oder UVW-Koordinaten. Diese Buchstaben beziehen sich auf die Objektraumkoordinaten im Gegensatz zu den XYZ-Koordinaten, mit denen die gesamte Szene beschrieben wird.

V

Vektorgrafik	Abspeicherung graphischer Daten auf der Basis der Koordinaten einzelner Punkte bzw. von Strecken oder geometrischer Kurven
Vertex	Punkt
VGA	Abkürzung für Video Graphics Adapter von IBM mit einer Standardauflösung von 640 x 480 Pixel und 16 Farben
Virtual Reality	Virtuelle Realität. VR ein Begriff um die Interaktion in 3D-Welten zu beschreiben. Das ausgeprägteste Beispiel hierfür sind CAVE-Technologien.
Volumenmodell	Digitale Beschreibung eines geometrischen Körpers mitsamt seiner 3-dimensionalen Eigenschaften
Vorwärts gerichtete Kinematik (VK)	Unter VK versteht man die hierarchische Verknüpfung eines übergeordneten Objekts mit einem untergeordneten Objekt.
VRAM	Abkürzung für Video Random Access Memory; Speicherchip für schnelle Grafikkarten
VRML	Virtual Reality Modeling (oder Markup) Language gesprochen WÖRMEL. Beschreibungssprache für 3D-Welten

W

Weltkoordinatensystem	Die Welt ist das universale Koordinatensystem für alle Objekte in der Szene. Die Ausrichtung des WKS erfolgt nach der Rechte-Hand-Regel.
Wireframe	Drahtgitteransicht eines 3D-Modelles. Der nackte Modellkörper ohne Texturen. Es gibt Wireframe-Ansichten mit verdeckten (hidden) Linien (also nur die sichtbaren Kanten) und sämtlichen Linien (durchsichtiges Modell).

X

XML Die Extensible Markup Language, abgekürzt XML, ist ein Standard zur Erstellung maschinen- und menschenlesbarer Dokumente in Form einer Baumstruktur.

Xref Externe Referenz. Eine externe Datei auf die verwiesen wird

Y

YUV-Farbraum Die Bildinformationen einzelner Bilder setzen sich aus einem Helligkeitsanteil und zwei Farbanteilen zusammen. Die Farbanteile errechnen sich durch Differenzbildung mit dem Helligkeitswert. Dieses Verfahren stammt ursprünglich aus der Farbfernsehtechnik.

Z

Z-Buffer Information über 3D-Tiefe (Position in der 3. Dimension) für jedes Pixel. Z-Buffering ist eine Methode, um verdeckte Oberflächen zu entfernen.

2.5 D 3D-Oberflächen, bei denen jeder X, Y-Punkt nur einen einzigen Z-Wert besitzt (z. B. Geländemodelle ohne Überhänge und Höhlen)

Abbildungen und Tabellen

Abbildungsverzeichnis

Abb. 1. Isartal, bei Bad Tölz 1
Abb. 2. Catal Höyük (Wandmalerei) - Eine der ersten kartographischen Darstellungen 15
Abb. 3. Hügel und Bergformen und ihre Entwicklungen über die Jahrhunderte 16
Abb. 4. Auszug aus Leonardo da Vinci's Karten der Toscana 17
Abb. 5. Kupferstich des Hortus Palatinus des Heidelberger Schlossgartens aus dem Jahre 1620 18
Abb. 6. Moderner Pflanzplan mit flächenhaften Farbanlagen und Schattierungen 19
Abb. 7. Moderner Höhenplan eines Golfplatzes bei Bad Ragaz 20
Abb. 8. Flyer des Red Book von H. Repton 21
Abb. 10. Auszug aus dem Red Book. Mittels darüber gelegter Varianten konnte dem Auftraggeber eindrucksvoll eine Baustudie präsentiert werden 23
Abb. 13. Schema einer Laserscann-Befliegung 27
Abb. 14. Punkte, Bruchkanten und ein aus diesen Informationen erzeugtes TIN 33
Abb. 15. Gauß-Krüger-Koordinaten im deutschen Bezugssystem 34
Abb. 16. Landeskoordinaten in der Schweiz 35
Abb. 17. Gängiger Datenfluss bei der Erstellung von 3D-Visualisierungen aus Geodaten 37
Abb. 18. Bezugspunkt der Rasterelemente 39
Abb. 19. DGM 8 Bit Graustufenbild (gleichmäßiges Pixelraster mit Attributwerten für die Geländehöhe) und darauf aufbauendes Drahtgitter-Modell 40
Abb. 20. Verschieben der Objekte in Richtung Ursprung reduziert die erforderliche Speichermenge 46
Abb. 21. Beispiel eines DGM in AutoCAD-Umgebung (Civil3D) 47

Abb. 22. Das importierte DGM. Zur Veranschaulichung wurden die aus der Originaldatei extrahierten Bruchkanten mit eingefügt (dicke Konturlinien)..48
Abb. 23. Beispiel eines DGM im LandXML-Format 49
Abb. 24. DGM als VRML-File im Cortona-VRML-Viewer 50
Abb. 25. Screenshot aus dem in direkt 3ds max triangulierten Modell.....52
Abb. 26. Das linke Bild zeigt das mit Terrain Mesh Import in 3ds max triangulierte DGM, das rechte Bild das direkt über die CAD-Schnittstelle importierte DGM. Beide Datensätze wurden im Vorfeld in Richtung des Ursprungs verschoben. 52
Abb. 27. Differenzdarstellung der beiden überlagerten Modelle...............53
Abb. 28. DEM-Import und Bearbeitung der Höhenkodierung mittels automatisch generiertem Multi-/Unterobjekt-Material.......................54
Abb. 29. Geometrische Verformung eines Quaders durch Manipulation der einzelnen Gitterpunkte des Netzes (Netz Bearb.-Modifikator in 3ds max) und anschließendem Einsatz von Rauschen.........................55
Abb. 30. Erstellung eines Geländeobjekts auf Grundlage von Bruchkanten oder Höhenlinien 56
Abb. 31. Erstellung eines beliebigen Graustufenbildes zur Definition der Höhen eines Geländemodells..57
Abb. 32. Vorgehensweise bei der Verwendung eines Displacement-Verfahrens zur Erzeugung eines Geländemodells 58
Abb. 33. Verwendung einer aus ArcGIS erzeugten Farbskala als Bitmap im Streufarbenkanal in 3ds max 65
Abb. 34. Mit Hilfe des Maps Verlaufsart lassen sich farbkodierte Höheninformationen prozedural und schnell in 3ds max erstellen....66
Abb. 35. Landschaft mit Top/Bottom-Material. In Abhängigkeit unterschiedlicher Parameter, wie z.B. der Normalenausrichtung wird die Landschaft in unterschiedlicher Weise mit zusammengesetzten Materialien belegt. 68
Abb. 36. Verwendung eines Mental Ray-Materials für die Darstellung von Geländeoberflächen 69
Abb. 37. Top/Bottom-Material als einfache Lösung für den Einsatz eines Überblenden-Materials auf Grundlage zweier Materialien für Fels und den darauf liegenden Schnee. 70
Abb. 38. Vermeidung scharfer Kanten (Color Jump) durch den Einsatz von Blend-Materialien 71
Abb. 39 Das Ergebnis zeigt eine Straße und eine anschließende Grasoberfläche. Der Übergang zwischen Strasse und Gelände soll NICHT scharfkantig sein, sondern weich und verwaschen. 72
Abb. 41 Erstellung eines Blend-Materials mit zugehöriger Maske aus dem Map Verlaufsart (Gradient Ramp)..74

Abb. 42 Verlaufsart (Gradient Ramp) zur Erstellung der Transparenzinformation 74
Abb. 43 Das linke Bild zeigt, wie nach Zuweisen des Modifikators VERTEXPAINT alle Flächen weiß gefärbt werden. Im rechten Bild sieht man die Auswirkung: alle Flächen sind mit dem Material Gras belegt 75
Abb. 44 Flyout-Fenster VertexPaint 76
Abb. 46 Vertex Color als Maske zuweisen 76
Abb. 47 Überpüfung mit dem Werkzeug Channel Info 77
Abb. 48 Mehr als nur zwei Materialien erfordern den Einsatz von Multi/Sub-Object 77
Abb. 49 Erstellung eines Multi-Materials 77
Abb. 50. Das fotografierte Flussbett 80
Abb. 51. Verschiebungseffekt im Photoshop 80
Abb. 52. Maske zur Begrenzung 80
Abb. 53. Das Ergebnis nach erfolgter Bearbeitung mit dem Kopier-Stempel 81
Abb. 54. Das Ergebnis nach erfolgter Farbanpassung 81
Abb. 55. Zur Überprüfung des Ergebnisses sind das ursprüngliche Bild (links) und die überarbeitete Variante (rechts) nebeneinander dargestellt 81
Abb. 56. Ein Beispiel aus der „Natur" für eine unglückliche Aufbereitung kachelbarer Texturen 82
Abb. 57. Originalgelände 84
Abb. 58. Erosionseffekt mit Mezzotint 84
Abb. 59. Wiederholung des Effekts 84
Abb. 60. Auswahl der Punkte für die geplante Animation 87
Abb. 61. Transformation der ausgewählten Punkte bei Frame 50 87
Abb. 62. Morphing eines DGM in sieben Schritten 88
Abb. 63. Zwei Displacement-Maps, Displace01 (links) und Displace02 (rechts) 89
Abb. 64. Zwei Displacement-Maps 89
Abb. 65. Mix-Map 89
Abb. 66. Ablauf der Animation mit Hilfe eines Mix-Maps im Displacement-Modifikator 90
Abb. 67. Brennweite und Aufnahmewinkel 97
Abb. 68. Projektionen der 3D-Darstellung 98
Abb. 69. Standard-Brennweite und "normale" Betrachtung der Szene (50 mm) 99
Abb. 70. Weitwinkel und perspektivische Verzerrung (20 mm) 99
Abb. 71. Szene mit Tele (135 mm). Die Unschärfe im Szenenhintergrund wurde via Unschärfe-Filter in der Nachbearbeitung hinzugefügt 99

Abb. 72. Kleine (kurze) Brennweiten zeigen einen erheblich größeren Bildausschnitt als große (lange) Brennweiten von Teleobjektiven; allerdings muss hierfür eine starke perspektivische Verzerrung in Kauf genommen werden. 100
Abb. 73. Horizont im oberen Bilddrittel 102
Abb. 74. Horizont in der Bildmitte 102
Abb. 75. Horizont im unteren Bilddrittel 102
Abb. 76. Blick aus der Froschperspektive, Vogelperspektive und der Standardperspektive 104
Abb. 77. Unterschiedliche Bildausschnitte mit unterschiedlichen Bildformaten ermöglichen verschiedene Bildschwerpunkte 105
Abb. 78. Extremes Breitformat im 70 mm Panavision Format mit einem Seitenverhältnis von 1: 2,2 106
Abb. 79. Stürzende Linien und ihre Vermeidung durch nachträgliche Entzerrung 107
Abb. 80. Graustufen, bzw. Farbverlauf für den Bildhintergrund und Farbkorrektur 109
Abb. 81. Linsenblendeffekte 110
Abb. 82. Glühen-Effekt 111
Abb. 83. Ring-Effekt 111
Abb. 84. Stern-Effekt 111
Abb. 85. Tiefenschärfe zur Unterstützung der räumlichen Tiefe einer 3D-Szene 112
Abb. 86. Einmessung und Aufnahme der Messlatten 113
Abb. 87. Einbindung des Hintergrundbildes in 3ds max 113
Abb. 88. Bei der Erstellung eines Kamerapfades ist dem Spline immer der Vorzug zu geben. 114
Abb. 89. Beispielszene eines „beliebigen" Geländes mit gerendertem Kamerapfad 115
Abb. 90. Möglichkeiten zur Beschleunigung an einem Kamerapfad 118
Abb. 91. Der Kamerazielpunkt ist mit einem, mit Bewegungspfad versehenen Helferobjekt verknüpft. 121
Abb. 92. Der Kamerazielpunkt ist mit einem, mit Bewegungspfad versehenen Helferobjekt verknüpft, die Kamera folgt dem zweiten Helferobjekt. 122
Abb. 93. Die optimale Konstellation in der die Kamera selbst keinerlei Animationsdaten (Keyframes) direkt erhält, sondern nur via Verknüpfungen animiert wird. 123
Abb. 94. Objekt-Bewegungsunschärfe 124
Abb. 95. Unschärfe der außerhalb des Fokus der Kamera befindlichen Objekte 124
Abb. 96. Die Sonne sorgt für Licht und Schatten 127

Abb. 97. Ein Punklicht sendet Licht gleichmäßig in alle Richtungen....130
Abb. 98. Ein Spot-Licht sendet Licht kegelförmig, wie eine Taschenlampe in eine Richtung aus...131
Abb. 99. Die Lichtstrahlen des gerichteten Lichts verlaufen alle parallel. 132
Abb. 100. Das Bereichslicht hat eine flächenhafte Ausdehnung und verursacht weiche Schattenränder...133
Abb. 101. Beleuchtung einer Szene nur mit Umgebungslicht. Zwar wird Räumlichkeit erkennbar, aber Schatten fehlt völlig und die Szene wirkt sehr flach. 134
Abb. 102. „Global Lighting" - Umgebungslicht in 3ds max...............134
Abb. 103. Das Hauptlicht in der Szene sorgt für Schattenwurf und steuert die Lichtrichtung...135
Abb. 104. Wird das Fülllicht hinzugefügt, hellen sich die Schattenbereiche des Hauptlichts auf. 136
Abb. 105. Albrecht Dürers „Unterweisung der Messung" zeigt sehr klar, dass das Thema der Strahlenverfolgung und der Abbildung auf Projektionsebenen keine moderne Erfindung ist 138
Abb. 106. Local Illumination mit einer Lichtquelle............................139
Abb. 107. Global Illumination mit einer Lichtquelle..........................140
Abb. 108. Raytracing - Die Kamera verfolgt den Lichtstrahl durch den Bildschirm und einen Pixel (z.B. 1280 Pixel Breite x 1024 Pixel Höhe), bis er auf ein Objekt trifft und dann zur Lichtquelle...........141
Abb. 109. Das linke Bild zeigt Screenshots einer Szene vor - und im rechten Bild nach - der Berechnung eines Radiosityverfahrens. Eingeblendet sieht man das numerische Gitter. 142
Abb. 110. Beispiel einer Landschaft mit Standardlichtquellen. Diffuse Reflexion wurde hierbei durch mehrere Lichtquellen sehr vereinfacht simuliert. 144
Abb. 111. Die Sonne wird durch ein Zielrichtungslicht (Direkt- oder Parallel-Licht) simuliert. Der verwendete Schattentyp ist ein Raytrace-Schatten, der scharfe Konturen hervorruft. 145
Abb. 112. Die linke Hälfte zeigt das gerenderte Ergebnis mit dem Hauptlicht (1), im rechten Bild wurde zusätzlich das Gegenlicht (2) aktiviert - allerdings ohne Schatten...146
Abb. 113. Von rechts nach links - Der rechte Bildteil zeigt das gerenderte Ergebnis mit dem Hauptlicht (1) und Gegenlicht (2), im linken Bildteil wurden zusätzlich die beiden Fülllichter (3 und 4) aktiviert. 147
Abb. 114. Der linke Bildteil zeigt den vorherigen Zustand ohne und der rechte den aktuellen Zustand mit aktivem Himmelslicht (5)...........148
Abb. 115. Das fertige Bild mit zusätzlicher diffuser Boden-Reflexion .149

Abb. 116. Das Bild der 3D-Szene zeigt die Veränderung des Rechengitters nach der erfolgten Radiosity-Berechnung. 150
Abb. 117. Das fertige Bild mit einer photometrischen Lichtquelle 150
Abb. 118. Nach einem Brand in der Nähe von Gordon's Bay (ZA) 158
Abb. 119. Auenlandschaft am Oberrhein im Herbst 159
Abb. 120. Beispiel eines Bebauungsplanes mit Pflanzplan 161
Abb. 121. Pflanzen als vereinfachte Symbole 163
Abb. 122. Hintergrundbild mit Alpha-Kanal als Textur auf einer Ebene zur vereinfachten Darstellung eines Waldhintergrunds 164
Abb. 123. Bild mit Transparenzinformation als Material 165
Abb. 124. Erzeugung von Transparenz durch ein sogenanntes Opazitäts-Map 166
Abb. 125. Freistellen der Bildinformation 167
Abb. 126. Das linke Bild zeigt den Schattenwurf mit einem Schatten-Map, die rechte Abbildung die gleiche Szene mit Raytrace-Schatten. 168
Abb. 127. Billboard mit zweiter Fläche zur Erhöhung der Plastizität 169
Abb. 128. Polygonal erzeugte Bäume. Alle 3 Bäume wurden mit Hilfe von Skripten in 3ds max erstellt. 170
Abb. 129. Polygonal erzeugter Baum im Pflanzeneditor Verdant von Digital Elements 171
Abb. 130. Polygonal erzeugter Baum in 3ds max mit Blättern. Die Blätter sind einfache Polygone, die mit einer Textur mit Alpha-Kanal versehen wurden. 172
Abb. 131. L-Systeme mittels Plug-In von Blur in 3ds max integriert. Die Veränderung des Wachstumsverhaltens erfolgt durch Eingabe der Parameter in ein Textfenster. 173
Abb. 132. Partikelerzeugung eines einfachen Partikelsystems 174
Abb. 133. Vorgehensweise für die mögliche Begrünung eines Baumes. 176
Abb. 134. Die „rohe" Szene noch ohne Pflanzen und Bewuchs 177
Abb. 135. Die Untergrundebene wurde mit einer Textur versehen 178
Abb. 136. Auswahl der Polygone, die mit Gras „bewachsen" werden sollen 179
Abb. 137. Verminderung der Polygonauswahl um Durchdringungen zu vermeiden 180
Abb. 138. Einsatz des Partikelsystems *PANORDNUNG (PARRAY)* zur Erzeugung der Grasverteilung 181
Abb. 139. Unterschiedliche Darstellungen von Partikeln in der Bildschirmansicht 181
Abb. 140. Das Ergebnis zeigt das mittels Partikelsystems erzeugte Gras. 182
Abb. 141. Die bereits bekannte Szene mit Bewaldung am Rande der Straße 183

Abb. 142. Fläche mit Baum-Map und Opazitäts-Map 184
Abb. 143. Baumverteilung auf Grundlage einer Schwarzweiß-Bitmap..185
Abb. 144. Flächen zur Darstellung von Waldflächen, die „versehentlich" nicht an der Kamera ausgerichtet sind, hinterlassen einen „flachen" Eindruck..186
Abb. 145. Wechsel der Jahreszeiten durch unterschiedliche Materialien187
Abb. 146. Material für Schnee, STREUFARBEN (DIFFUSE), GLANZFARBEN-STÄRKE (SPECULAR LEVEL) und RELIEF (BUMP) sind mit einem RAUSCHEN-MAP (NOISE-MAP) versehen...187
Abb. 147. Begrenzte Schneeoberfläche mittels Modellierung 189
Abb. 148. Verknüpfen der Option „Biegen" mit der referenzierten Geometrie. Die Steuerung der Biegefunktion erfolgt über einen Schieberegler. Dieser ist animierbar. 190
Abb. 149. Wind wird als „äußere" Kraft auf das Partikelsystem Gras angewandt. 191
Abb. 150. Das Partikelsystem Gras wird mit einer freien Wachstumskonstante versehen. 192
Abb. 151. Pflanzenwachstum am Beispiel einer Blume 192
Abb. 152. Landschaft mit Verlust der Farbsättigung und Kontrast.........197
Abb. 153. Nebel und seine Beeinflussung des Bildhintergrundes 199
Abb. 154. Zunahme der Nebeldichte linear oder exponentiell...............199
Abb. 155. Wertebereich der Nebeldichte für Nah- und Fernbereich......200
Abb. 156. Geschichteter Nebel in unterschiedlichen Schichtdicken. Der Falloff verläuft links nach oben und rechts nach unten. 201
Abb. 157. Meeresblick mit sehr feinem Horizontrauschen...................202
Abb. 158. Volumennebel mit sehr scharfen Kanten zur Verdeutlichung des Effekts. Der „BoxGizmo" dient als Begrenzung der Nebelausdehnung..202
Abb. 159. Weiche Kanten und Reduktion der Dichte sorgen für ein passendes Erscheinungsbild..203
Abb. 161. Hintergrundbild in den Rendering-Einstellungen: UMGEBUNG UND EFFEKTE • UMGEBUNGS-MAP (ENVIRONMENT AND EFFECTS • ENVIRONMENT MAP) 206
Abb. 162. Bei nicht kachelfähigen Bildern stoßen die Kanten hart aneinander...207
Abb. 163. Einsatz einer Halbkugel mit einer nach innen gerichteten Textur, um das Himmelszelt für eine anstehende Animation nachzubilden. 207
Abb. 164. Mit Hilfe eines MISCHEN-MAP (MIX-MAP) werden zwei Maps ineinander geblendet. 209
Abb. 165. Animierter Rauschen-Parameter „Größe" bei Frame 0, 50 und 100 210

Abb. 166. Animierter Wolkenhintergrund mit Volumennebel 211
Abb. 167. Voransicht der Partikel 212
Abb. 168. Partikelsystem *PWOLKE (PCLOUD)* für die Wolkenbildung 213
Abb. 169. Materialaufbau für Wolken 213
Abb. 170. Die fertigen Partikelwolken 214
Abb. 171. Einrichtung eines Partikelsystems 216
Abb. 172. Partikelsystem im Einsatz 217
Abb. 173. Partikelsystem reagiert auf den Deflektor und die Tropfen prallen vom Boden ab. 217
Abb. 174. Die Materialien wurden auf Reflexion und Nässe getrimmt. 218
Abb. 176. *VERSCHMELZEN MATERIAL (BLEND)* mit animiertem *SPLAT-MAP* 219
Abb. 177. Spezielles Material von Peter Watje, das auf fallende Partikel reagiert. Hierbei wird an der Stelle, an welcher ein Partikel auftrifft, eine automatische Blende zu einem zweiten Material erstellt. 220
Abb. 178. Partikelsystem zur Erstellung von Schnee mit Hilfe einer instanzierten Geometrie 222
Abb. 179. Schneeflocke und Material mit Translucent Shader 222
Abb. 181. Ein „Klassiker" - Alle drei Aggregatzustände des Wassers auf einmal 227
Abb. 182. Becken mit ruhigem Wasser im Barcelona Pavillon, 1929, Mies van der Rohe, Barcelona, Spanien 228
Abb. 183. Planentwurf zum „Garten des Poeten" - Ernst Cramer, Zürich [*Schweizerische Stiftung für Landschaftsarchitektur SLA, Rapperswil*] 229
Abb. 184. Garten des Poeten - Ernst Cramer, G | 59, Zürich, nach Fertigstellung [*Schweizerische Stiftung für Landschaftsarchitektur SLA, Rapperswil*]. Die Fotografie zeigt sehr schön die dunkle Wasseroberfläche mit nahezu keinen Wellen, den sich darin spiegelnden Himmel und das Bauwerk. 230
Abb. 186. Die Sache mit dem Fresnel-Effekt 232
Abb. 187. Eine Wasserfläche mit Rauschen und Glow-Effekt 233
Abb. 188. Erstellung einer Ebene (Plane) 233
Abb. 189. Volumenauswahl (*VOL.SELECT - GIZMO SCHEITEL-PUNKTE* und *AUSWÄHLEN NACH KUGEL AKTIVIEREN*) mit Standardrauschen. Dabei wird der Rauscheneffekt nur dem ausgewählten Bereich zugewiesen. 234
Abb. 190. Veränderung des Standardrauschens durch Drehung des Gizmos 235
Abb. 191. Einbau einer Halbkugel für den Hintergrund 235
Abb. 192. Material-Parameter für Reflexion und Glanz 236
Abb. 193. Material-Parameter für Relief und Struktur 237

Abb. 195. Fließgewässer der Beispielszene. Um die Reflexionen auf der Wasseroberfläche hervorzuheben, wurden die Bäume als einfache „Billboards" mit eingefügt. 240
Abb. 196. Das Gelände mit Himmel 241
Abb. 197. Erstellung der Wasser-oberfläche mit Hilfe einer Ebene 241
Abb. 198. Wichtig ist eine ausreichend feine Auflösung. 241
Abb. 199. Zuweisen von Volumenauswahl...242
Abb. 200. Rauschen-Modifikator auf der Volumenauswahl..................242
Abb. 201. Drehen des Rauschen-Gizmos und Animation in Fließ-richtung
....242
Abb. 202. Standard-Material mit Blinn Shader....................................243
Abb. 203. Falloff-Einstellungen und Reflexionsverhalten....................243
Abb. 204. Mask-Map als Relief 243
Abb. 205. Aufbau des Mask-Map und Einflüsse auf die Uferbereiche...244
Abb. 206. Die fertige Szene mit Gras und Uferbewuchs zur Verdeckung
der Schnittlinie Wasser-Ufer 244
Abb. 208. Einsatz eines Matte-Materials, um 3D-Objekte in ein
Hintergrundbild einzufügen. 246
Abb. 209. Standard-Material 247
Abb. 210. Einfache Geometrie 247
Abb. 211. Querschnitt mit Pfad..247
Abb. 212. Rauschen und Glättung...248
Abb. 213. Alle Objekte eingeblendet 248
Abb. 214. Das gerenderte Ergebnis 248
Abb. 215. Aus Partikeln erstellter Wasserfall 250
Abb. 216. Felsblock mit Pfad für den Wasserfall. 251
Abb. 217. Partikel-System Blizzard am Spline ausgerichtet................251
Abb. 218. Geshadete Darstellung des Partikel-Systems. 251
Abb. 219. Abhängigkeiten von Partikel-System und Space Warp..........253
Abb. 220. Übersicht über die Materialparameter 254
Abb. 221. Strömender und schießender Abfluss mit Übergangsbereich.255
Abb. 222. Das Blend-Material (Verschmelzen) für fließenden und
turbulenten Abfluss mit dazugehöriger Maske 256
Abb. 223. Das fließende Wasser mit Übergang und zusätzlich eingefügtem
Partikel-System 256
Abb. 224. Grotte mit Wasser ohne Reflexionen und Caustic-Effekte.....257
Abb. 225. Grotte mit Wasser gerendert ohne Reflexionen und Caustic-
Effekte..257
Abb. 226. Grotte mit zusätzlicher Lichtquelle und verwendetem Projektor-
Map 258
Abb. 227. Grotte mit Mental Ray und physikalisch korrekter Berechnung
des auftretenden Caustic-Effekts 259

Abb. 228. Ermittlung der Auflösung in Pixel 271
Abb. 229. Das linke Bild zeigt bei einer Auflösung von 768 x 576 Bildpunkten eine rechteckige Form der Pixel. Das Pixelseiten-Verhältnis beträgt hier (stark übertrieben) 0,6. Das rechte Bild weist ein Pixel-Seitenverhältnis von 1,0 und somit quadratische Pixel auf. 273
Abb. 231. RAM-Player mit dem ersten Bild im Kanal A 275
Abb. 232. RAM-Player mit dem ersten und dem zweiten Bild in den Kanälen A (links) und B (rechts) 275
Abb. 233. Eine Punktlichtquelle soll die Sonne mit Hilfe eines Glow-Effektes simulieren. 278
Abb. 234. Fügt man der Lichtquelle einen Glow-Effekt hinzu, so sieht das Ergebnis mit wenig Aufwand sehr ansprechend aus. 281
Abb. 235. Die Szene mit allen Elementen des Hintergrunds 283
Abb. 236. Die Szene mit Volumennebel ohne Hintergrund und ohne Objekte. 283
Abb. 237. Die Szene mit allen Objekten ohne Hintergrund und ohne Atmosphäre 284
Abb. 238. Die Montage des fertigen Materials kann nun in jedem beliebigen Videopost- oder Videoschnitt-Programm erfolgen. 284
Abb. 239. Die mit einer Animationsdauer von 3 Sekunden versehenen Wolken im finalen Composite in Combustion (oberes Bild) und Adobe Premiere (Bild unten) 285
Abb. 240. Elemente rendern und Z-Tiefe 287
Abb. 241. Das fertige Bildes (links) und die Z-Tiefeninformation (rechts) 287
Abb. 242. Kanal und Ebene in Photoshop nach Umwandlung des Bildes in ein Graustufenbild 288
Abb. 243. Kanal und Ebene in Photoshop nach Umwandlung des Bildes in ein Graustufenbild 288
Abb. 244. Die fertige Szene im Photoshop mit übertrieben eingestelltem Weichzeichner. 288
Abb. 244. Das linke Bild zeigt den Originaldatensatz, im rechten Bild wurde dieser zugunsten der Dateigröße reduziert - wichtige Informationen wurde dabei entfernt. 295
Abb. 245. Szenenexport als Panoramabild - Die Abbildung zeigt das abgewickelte Ergebnis als Einzelbild (oben) und unterschiedliche Einstellungen im Quicktime-Player. 300
Abb. 246. Eine beliebige Topologie mit unterschiedlichen Texturen - Der Materialeditor links mit der ursprünglichen Oberfläche mit Verlaufsart (Gradient Ramp) und rechts mit dem mittels „in Textur Rendern" erzeugten Bitmap im Streufarben-Kanal 302

Abb. 247. „Originalgelände" mit allen vorhandenen Modifikatoren 304
Abb. 248. Geändertes Gelände - alle vorhandenen Modifikatoren wurde zusammengefasst. Übrig bleibt ein bearbeitbares Polygon. 304
Abb. 249. Optimiertes Gelände 305
Abb. 250. Multi-Material 305
Abb. 251. Render To Texture Screenshot 306
Abb. 252. Die jetzt in ein neues Bitmap „gegossenen" Materialinformationen beinhalten nicht nur alle ehemaligen Farb-Informationen des Multi-Maps, sondern auch die Beleuchtungsinformationen mit Schatten. 307
Abb. 253. VRML zur Kontrolle - Das Gelände nach der Zuweisung der via RENDER TO TEXTURE erstellten Texturen und erfolgtem Export als WRL-File im Cortona-Viewer im Internet Explorer 308
Abb. 254. Screenshot der Quest3D-Umgebung 311
Abb. 255. Screenshot der Benutzeroberfläche 313
Abb. 256. Höhenplan..317
Abb. 257. Pflanzplan der Planungsmaßnahme 318
Abb. 258. Von der Planung zur Erstellung des 3D-Modells und Integration in die Gesamtumgebung 318
Abb. 259. Einsatz des Leica GPS-Maschinenautomationssystem und damit direkte Übernahme der DGM-Daten in die Praxis 319
Abb. 260. Das linke Bild zeigt die Einbindung des Landschaftsparks und des Umfelds in das Konzept der Bundesgartenschau. Perspektivenwechsel als roter Leitfaden der Gesamtkonzeption der Bundesgartenschau mit Einbindung des Landschaftsparks. Bild rechts: Riem als Ruhepol zu den benachbarten Aus-stellungsflächen 322
Abb. 261. Übersichtsplan der Senkgärten 322
Abb. 262. Bild links: 3D-Visualisierung der Senkgärten Potenz 10^{-4}, Epidermis der Laubunterseite der Sumpfdotterblume; Bild rechts: Fertiggestellter Garten der Potenzen 323
Abb. 263. 3D-Visualisierung der Senkgärten aus der Vogelperspektive 323

Tabellenverzeichnis

Tabelle 1. Namensvergabe bei unterschiedlichen Materialien.................67
Tabelle 2. Aufnahmewinkel als Funktion der Brennweite.......................96
Tabelle 3. Tabelle der Brennweiten 98
Tabelle 4. Lichtquellen...129
Tabelle 5. Übersicht der Schattenarten 153

Tabelle 6. Refraktionsindex 238
Tabelle 7. Komprimierungsverfahren Pixelbilder 263
Tabelle 8. Rendereffekte 279
Tabelle 9. Bilddaten im Dokument für Hausgebrauch oder Printbereich 290
Tabelle 10. Bilddaten im Dokument für Powerpoint-Einsatz 290
Tabelle 11. Bilddaten für Online-Publikationen 291

Literatur/Quellen

- **Birn, Jeremy** (2001): Lighting & Rendering, New Riders Publishing
- **Bishop/Lange** (2005): Visualization in Landscape and Environmental Planning. Taylor & Francis, London.
- **Buhmann/Paar/Bishop/Lange** (2005): Trends in Real-Time Landscape Visualization and Participation. Proceedings at Anhalt University of Applied Sciences, Wichmann, Heidelberg.
- **Buhmann/von Haaren/Miller** (2004): Trends in Online Landscape Architecture. Proceedings at Anhalt University of Applied Sciences, Wichmann, Heidelberg.
- **Buhmann/Ervin** (2003): Trends in Landscape Modeling. Proceedings at Anhalt University of Applied Sciences, Wichmann, Heidelberg.
- **Buhmann/Nothelf/Pietsch** (2002): Trends in GIS and Virtualization in Environmental Planning and Design. Proceedings at Anhalt University of Applied Sciences, Wichmann, Heidelberg.
- **Coors/Zipf** (2005): 3D-Geoinformationssysteme, Wichmann Verlag, Heidelberg.
- **Deussen, Oliver** (2003): Computergenerierte Pflanzen. Springer-Verlag, Heidelberg.
- **Draper, Pete** (2004): Deconstructing the Elements with 3ds max 6, Elsevier Oxford.
- **Ervin/Hasbrouck** (2001): Landscape Modeling. Digital Techniques for Landscape Visualization, McGraw-Hill, New York.
- **Fleming, Bill** (1999): Advanced 3D Photorealism Techniques. Wiley Computer Publishing.
- **Gugerli, David, Hsg.** (1999): Vermessene Landschaften - Kulturgeschichte und technische Praxis im 19. und 20. Jahrhundert. Interferenzen I - Chronos Verlag Zürich
- **Hehl-Lange, Sigrid** (2001): GIS-gestützte Habitatmodellierung und 3D-Visualisierung räumlich-funktionaler Beziehungen in der Landschaft - ORL-Bericht 108/2001, ORL ETHZ Zürich.
- **Hochstöger Franz**, (1989): Ein Beitrag zur Anwendung und Visualisierung Digitaler Geländemodelle. Dissertation Technische Universität Wien.
- **Hoeppe, Götz** (1999): Blau die Farbe des Himmels. Spektrum Akademischer Verlag, Heidelberg.
- **Imhof, Eduard** (1982): Cartographic Relief Presentation. De Gruyter, Berlin

- **Lange, Eckart** (1998): Realität und computergestützte visuelle Simulation. Eine empirische Untersuchung über den Realitätsgrad virtueller Landschaften am Beispiel des Talraums Brunnen / Schwyz. Dissertation ETH Zürich.
- **Mach, Rüdiger** (2000): 3D Visualisierung. Galileo Press, Bonn.
- **Mach, Rüdiger** (2003): 3ds max 5. Galileo Press, Bonn.
- **Maguire/Goodchild/Rhind** (1991): Geographical Information Systems (Vol.1 Principles / Vol.2 Applications). Longman Scientific & Technical, Harlow.
- **Miller, C.L. & Laflamme, R.A.** (1958): The Digital Terrain Model - Theory & Application in: Photogrammetric Engineering, Vol. XXIV, No. 3, June 1958. The American Society of Photogrammetry.
- **Muhar, Andreas** (1992): EDV-Anwendungen in Landschaftsplanung und Freiraumgestaltung. Verlag Eugen Ulmer, Stuttgart.
- **Petschek, Peter** (2005): Projektbericht KTI-Forschungsprojekt gps rt 3d p - gps und echtzeitbasierte 3D Planung. HSR Hochschule für Technik Rapperswil, Abteilung Landschaftsarchitektur, Rapperswil.
- **Petschek, Peter** (2003): Projektbericht KTI-Forschungsprojekt Planung des öffentlichen Raumes - der Einsatz von neuen Medien und 3D-Visualisierungen am Beispiel des Entwicklungsgebietes Zürich-Leutschenbach. HSR Hochschule für Technik Rapperswil, Abteilung Landschaftsarchitektur, Rapperswil.
- **Sheppard, Stephen** (1989): Visual Simulation. A User's Guide for Architects, Engineers, and Planners, Van Nostrand Reinhold, New York.
- **Westort, Caroline** (2001): Digital Earth Moving. First International Symposium, DEM 2001, Manno, Switzerland, September 2001, Proceedings. Springer, Heidelberg.

Für das Buch verwendete Software

Software	Hersteller
Betriebssysteme:	Microsoft: Windows 2000, Windows XP Pro
	www.microsoft.de
Textbearbeitung:	Microsoft: Word 2000/XP
	www.microsoft.de
Bildbearbeitung:	Adobe: Photoshop 7.01
	www.adobe.de
Vektorgrafik:	Corel: CorelDraw 12
	www.corel.de
Landschaftsmodellierung:	AutoDesk: Civil 3D
	www.autodesk.de

GIS-Anwendungen:	AutoDesk: Map 3D, www.autodesk.de
	ESRI: ArcGIS 9.1, www.esri.com
3D-Visualisierung:	AutoDesk Media: 3ds max 7.5
	www.autodesk.de
	Itoo Software: Forestpack
	www.itoosoft.com
	Digital Elements: Worldbuilder 4
	www.digital-element.com
	Planetside: Terragen
	www.planetside.co.uk
	Eon Software: Vue 5 Infinite
	http://www.e-onsoftware.com
Pflanzengeneratoren	Digital Elements: Verdant
	www.digital-element.com
Interaktivanwendungen	Anark Corporation: Anark Studio 3.0
	www.anark.com
	Act3D: Quest 3D 3.0
	www.quest3d.com
	Viewtec: TerrainView 3.0
	www.viewtec.ch

Webportal zum Buch

Ergänzend zum Buch wurde ein Webportal erstellt. Das Portal beinhaltet zusätzliche Informationen, Artikel und Beispiele rund um das Thema Visualisierung von Digitalen Gelände- und Landschaftsdaten.
Die Adresse lautet: http://www.terrainviz.com

Druck: Krips bv, Meppel
Verarbeitung: Litges & Dopf, Heppenheim